U0270629

电路理论专题研究

田社平　何　迪　张　峰◎著

内容提要

本书是一本论述电路理论中若干问题的书籍，内容涉及电路的美与趣、电路定理、电路图论与电路-力学相似性、T形电路和Π形电路的等效、无穷电阻网络与负电阻、电桥电路、电路的反馈、动态电路的分析、正弦振荡电路、功率和能量、电路的计算机辅助分析等方面。

本书叙述严谨，既注重理论，又联系实际，特别适合从事电路理论或电路分析教学的教师以及学习电路理论或电路分析的学生阅读。本书也可供进行电路分析或电路设计的工程技术人员或高校相关专业的研究生参阅。

图书在版编目(CIP)数据

电路理论专题研究/ 田社平，何迪，张峰著. —上海：上海交通大学出版社，2017.
ISBN 978-7-313-18021-6

Ⅰ. ①电… Ⅱ. ①田… ②何… ③张… Ⅲ. ①电路理论—理论研究 Ⅳ. ①TM13

中国版本图书馆CIP数据核字(2017)第208513号

电路理论专题研究

著　　者：田社平　何　迪　张　峰
出版发行：上海交通大学出版社　　地　　址：上海市番禺路951号
邮政编码：200030　　电　　话：021-64071208
出 版 人：谈　毅
印　　制：苏州市越洋印刷有限公司　　经　　销：全国新华书店
开　　本：710 mm×1000 mm　1/16　　印　　张：15.75
字　　数：277千字
版　　次：2017年12月第1版　　印　　次：2017年12月第1次印刷
书　　号：ISBN 978-7-313-18021-6/TM
定　　价：68.00元

版权所有　侵权必究
告读者：如发现本书有印装质量问题请与印刷厂质量科联系
联系电话：0512-68180638

前　言

电，无处不在，无时不在。作为电的应用形式之一的电路，亦广泛应用于科学研究、工程技术领域和人类的日常生活。电路理论来源于电路应用的实际，同时也指导电路的应用。因此，掌握好电路理论是合理、正确分析与设计电路的前提。作者在长期从事电路理论的教学和研究的过程中，发现要掌握好电路理论，除了要对电路理论具有总貌性的了解之外，同时也要对电路理论中的具体问题详加探讨，以期对电路理论的基本概念和基本规律有明晰的理解。同样，要应用好电路理论，设计出合理又有实用价值的应用电路，亦须对电路理论具有深刻的理解。本书正是基于这一认识，对电路理论中的一些特殊或特别的应加注意的问题加以探讨，对电路理论的教与学中出现的一些难点加以研究，故名《电路理论专题研究》。

在电路理论的教学过程中，总有学生或学员感慨：电路理论真难学啊。作者以为，学习电路理论的最佳境界，大致应该是：一个阶段觉得较难，另一个阶段觉得比较简单，再一个阶段又觉得较难，如此交替演进。初入门，觉得有点难度；既入门，不过就是所谓的 KCL、KVL、VCR（电压-电流关系）两类约束而已，其实不难；继而为了简化电路的分析（如减少分析电路的方程数量），又须仔细研究；进一步，非线性电路、动态电路、各种变换域方法等又须认真探究。觉得简单，源于已经理解；觉得难解，说明还须学习。如此反复，对电路理论的掌握也就逐步精进、深入。

电路理论经过两百多年的发展（以 1800 年意大利物理学家伏特发明伏打电池作为起点），已形成一门逻辑严密、体系完善的科学。在这一理论的指导下，对集中参数电路而言，其基本规律就是基尔霍夫定律以及电路中集中参数元件的电压-电流关系。所有的集中参数电路均受到此基本规律的约束。正是基于此而形成了集中参数电路理论。对于电路应用中的实际问题，往往涉及电路理论中多方面的内容，问题的解决亦须综合运用电路理论的方法。作者希冀对这些问题的讨论，起到抛砖引玉的作用，以辅助读者加深对电路理论的理解。

本书所述问题并不按照电路理论的系统性来展开，只是进行粗略的归类，包括电路的美与趣、电路定理、电路图论与电路-力学相似性、T 形电路和 Π 形电路的等效、无穷电阻网络与负电阻、电桥电路、电路的反馈、动态电路的分析、正弦振荡电路、功率和能量、电路的计算机辅助分析等方面。这里分类的目的仅在于方便读者阅读、理解。

感谢上海交通大学教学发展中心对作者在电路理论教学和研究的工作给予的持续支持。感谢上海市北斗导航与位置服务重点实验室在本书的编辑与出版过程中所给予的帮助，以及上海市科委项目(编号：16DZ1100402)、上海智能诊疗仪器工程技术研究中心(15DZ2252000)对本书出版的资助。

本书的写作得到了清华大学、浙江大学、上海交通大学等多位长期从事电路理论研究与教学的老师的帮助或指导，作者在此致以衷心的感谢。

作者指导的学生对本书亦有贡献，他们是：丁晨华、曲韵、杨光、杨硕、倪守诚。

由于作者才疏学浅，书中存在的错讹之处，敬请读者批评指正。作者的 Email 邮址为：sptian@sjtu.edu.cn；dihe@sjtu.edu.cn；fzhang@sjtu.edu.cn。

目　录

第 1 章　电路的美与趣

1

第 2 章　电路定理

18

第 3 章 电路图论与电路-力学相似性

第 4 章 T 形电路和 Π 形电路的等效

第 5 章 无穷电阻网络与负电阻

第6章 电桥电路

第 7 章 电路的反馈

第 8 章 动态电路的分析

第 11 章 电路的计算机辅助分析

索 引

第1章　电路的美与趣

电路理论是一门体系完整、内容丰富、结构稳定的经典科学。挖掘电路中美与趣的因素，无论对学习电路还是应用电路理论，都有重要的意义。

1.1　论电路之美

人类社会生活中出现了美，并相应地产生了人对美的主观反映，即美感[1]。美，无处不在。著名雕刻大师罗丹曾说过："生活中并不缺少美，而是缺少对美的发现"[2]。电路理论是一门体系完整、内容丰富、结构稳定的经典科学。挖掘电路中美的因素，无论对学习电路理论还是应用电路理论，都有重要的意义。下面从电路名称、内容、应用的角度，讨论电路之美——电路名称之美、电路理论之美、电路应用之美、电路研究之美。

1.1.1　电路名称之美

"电路"之名，由"电"和"路"两个汉字组成。从名称看，电路之名兼具科学与人文之美。电，是指电路这门科学研究的对象。路，是指研究电路的形式与方法。电，具有科学性，它指电子、电力、电现象等，而"路"是一个在社会和生活应用广泛的汉字。按照《现代汉语词典》(2005年版)，路的常用含义有：① 道路，如水路、陆路、铁路；② 路程，如路遥知马力；③ 途径、门路，如生路；④ 条理，如思路、心路；⑤ 路线，如网路、邮路。电路之"路"指路径、路线，因此可以将电路理解为"[电气器件互连而成的]**电**[的通]**路**"。可以说，电路这一名称非常简洁、准确地指出了电路的基本含义，而学习、理解电路的过程也与"路"密切相关，如学习电路的途径、理解电路的思路等都与"路"有关。

从电路之名，也容易让人想到文学作品中对“路”的描述。鲁迅先生说：“世上本没有路，走的人多了也便成了路。”这句话的意思很明白，凡事都不是一定要有先例可循才可以进行，人需要探索精神。

“山重水复疑无路，柳暗花明又一村。”读着如此流畅绚丽、开朗明快的诗句，仿佛可以看到诗人在青翠可掬的山峦间漫步，清碧的山泉在曲折溪流中汩汩穿行，草木愈见浓茂，蜿蜒的山径也愈益依稀难认。正在迷惘之际，突然看见前面花明柳暗，几间农家茅舍，隐现于花木扶疏之间，诗人顿觉豁然开朗(其喜形于色的兴奋之状，可以想见)。同样，学习电路遇到问题多思考多观察，往往峰回路转惊喜连连。

“曲径通幽处，禅房花木深。”曲曲折折的小路，通向幽静的地方，僧人们的房舍掩映在花草树林中。诗人为我们形象地描绘了山寺幽深、清寂的景色。而学习电路亦需要静心揣摩。

电桥，也是一种电路。桥，也是路的一种。由电桥之名，不禁让人想到“一桥飞架南北，天堑变通途。”雄伟宏图，展现眼前。想到“车到山前必有路，船到桥头自然直。”对待任何困难，都要泰然处之，坦然面对。

1.1.2 电路理论之美

1) 简洁美

电路理论内容丰富、结构严谨，具备简洁之美。作为电路理论的基石，KCL、KVL 可用两句简明的语句加以描述，或者用两个简单的式子加以表达，形式极具美感。电路理论中许多方法、定理大多描述简洁，公式表达上也十分简明。如戴维南定理可简述为[3]：任何线性含独立电源一端口电阻电路，可以用一个电压源与一个电阻的串联组合来等效。用一句话就表达出定理的内涵。又如，串联电阻分压公式可表示为 $u_k = \dfrac{R_k}{\sum\limits_{j=1}^{n} R_j} u$，形式上非常简单。

更令人不可思议的是当我们从电阻电路进入正弦稳态电路，KCL/KVL、欧姆定律、参数关系呈现惊人的简洁美，如表 1-1 所示。正弦交流稳态电路的表达式只要在直流基础上，电压电流用相量、电阻用阻抗、电导用导纳替换就可以表示了，何其简洁！

简洁美有利于内容的理解和记忆，也是一切科学的基本特征。

表 1-1　电阻电路与正弦稳态电路的对比

	电阻电路	正弦稳态电路
KCL/ KVL	$\sum i=0,\ \sum u=0$	$\sum \dot{I}=0,\ \sum \dot{U}=0$
欧姆定律	$u=Ri,\ i=Gu$	$\dot{U}=Z\dot{I},\ \dot{I}=Y\dot{U}$
元件参数关系	$R=1/G$	$Z=1/Y$

2）对称美

对称既是几何学的一个基本法则，又是美学的一个基本要素。几何学中有众多的轴对称、中心对称图形，它们是绘画艺术中对称美的来源。对称可以产生结构或形式上的美感。古今中外不少伟大的画家都善于将对称之美运用到绘画艺术中。中外很多古代建筑、教堂、庙宇、宫殿等也都以“对称”为美作为基本要求。

构成电路的基本单位——电路元件，其符号许多就具有对称的形式，如电阻、电容、电感、理想变压器、理想回转器等。正是这种对称性，既展示了电路元件符号的形式美，又展示了利用这些元件构成的电路的形式美。

在众多的电路中，也有许多结构对称的例子。电路结构的对称，是实现电路功能的需要，同时也展示了电路形式美。仪表放大器电路是一种典型的采用对称结构的电路[4]，如图 1-1 所示。在电路的输入端采用了完全对称的结构，使仪表放大器具有高共模抑制比、高输入阻抗、低噪声、低线性误差、低失调电压及漂移、低输入偏置电流等优点，在数据采集、传感器信号放大、高速信号调节、医疗仪器和高档音响设备等方面得到了广泛的应用。

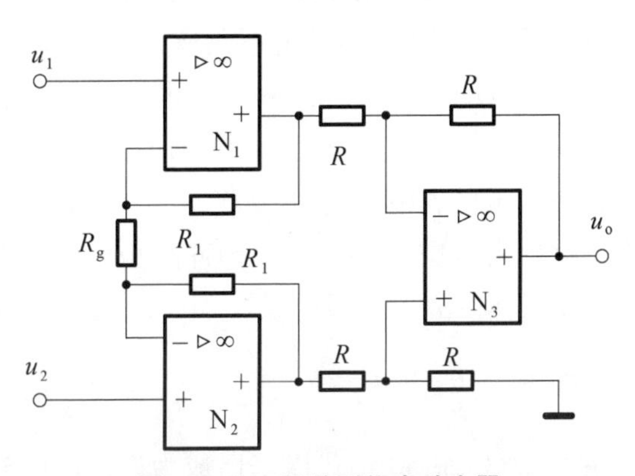

图 1-1　三运放型仪表放大器

图 1-2 是一个对称、无穷的电阻网络，设方格电阻电路四周均伸向无穷远接地，所有未标识的电阻均为 1 Ω，试求电流 i。这是一个有趣的电路难题[5]。从电路结构看，它具有对称美。而解决这一问题的方法又充分利用了这一对称性，从而更加增强了求解过程的美感。

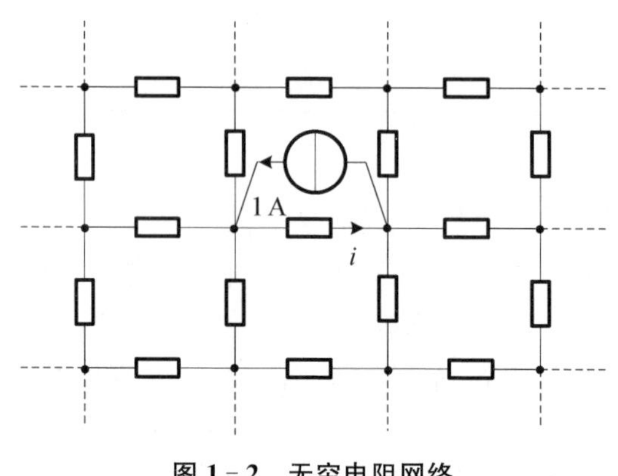

图 1-2　无穷电阻网络

3）对偶美

对偶是一种普遍现象。所谓对偶，就是相对应的两件事或物。对偶具有形式上的美感，如文学作品中运用的对偶句、日常生活中的春联等，它们都讲究对仗工整，遣词典雅，寓意深刻，规格严谨，从而使人赏心悦目，美感油然而生。

在电路中，对偶是一种普遍规律。电路的对偶指出了如果对电路中某一现象、关系式、定理的表述是成立的，那么将表述中的概念(变量、参数、元件、结构等)用其对偶因素置换所得的对偶表述也一定是成立的[6]。利用对偶性可以帮助我们在理解一种电路现象的情况下快速、准确地认识其对偶现象，从而简化电路的分析。例如，图 1-3(a)、(b)所示电路互为对偶，RC 并联电路在冲激电流源激励下的电容电压、电容电流与 RL 串联电路在冲激电压源激励下的电感电流、电感电压呈现精致的对偶美。如果需求图 1-3(b)电路中的电感电流、电压的冲激响应，只要把图 1-3(c)冲激响应中的电容电压、电流更换为电感电流、电压即可，如图 1-3(d)所示。电路中的对偶例子可以说是俯拾皆是、举不胜举。

4）混沌美

混沌理论的研究自 20 世纪 60 年代以来已成为许多不同学科领域的热点。科学家发现许多自然现象即使可以化为单纯的数学公式，但是其行径却无法加

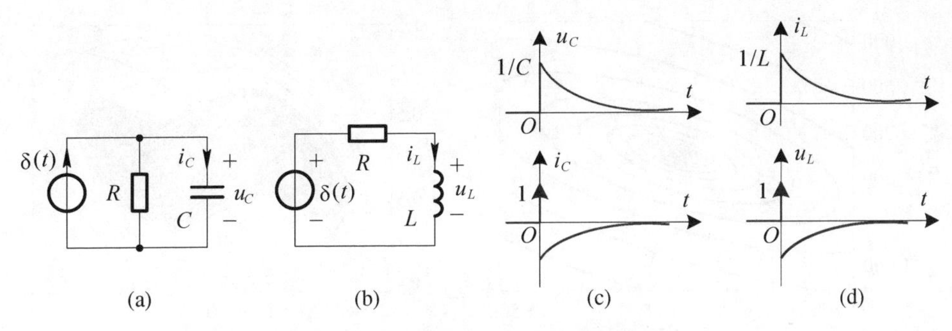

图1-3　*RC*和*RL*电路的冲激响应

(a) *RC*电路；(b) *RL*电路；(c) *RC*电路冲激响应；(d) *RL*电路冲激响应

以预测。如气象学家 Lorenz 发现简单的热对流现象居然能引起令人无法想象的气象变化，产生所谓的“蝴蝶效应”[7]。粗略地说，混沌是发生在确定性系统中的一种不确定行为，这种不确定性展现了混沌之美。

通过混沌电路可展示混沌现象的特性。如图1-4所示为著名的蔡氏电路，又称为双涡卷电路[8]。电路非线性电阻 R_1 采用含运放电阻电路实现，其 VCR 满足

$$i_{R1}=f(u_{R1})=G_b u_{R1}+\frac{1}{2}(G_a-G_b)(|u_{R1}+E|-|u_{R1}-E|) \tag{1-1}$$

蔡氏电路是一个三阶非线性自治电路，该电路在不同参数值条件下会发生丰富多样的动态过程，并有混沌出现，同时方程的解对初始条件十分敏感。选取蔡氏电路实际元件参数如下[9]：$C_1=2.5$ nF，$C_2=22.5$ nF，$L=5$ mH，$R=1\,820\ \Omega$，$E=1$ V，$G_a=-0.72$ mS，$G_b=-0.41$ mS。图1-5给出了电路在不同初始条件下 $u_{C1}-u_{C2}$ 状态平面上的相轨道。可以看出，初始条件的微小变化，对同样参数的电路，具有丰富而十分不同的动态过程。

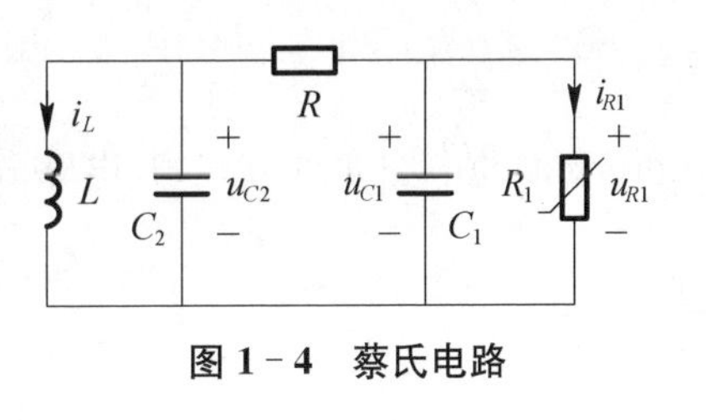

图1-4　蔡氏电路

1963年，气象学家 Lorenz 在研究大气对流时，建立了 Lorenz 方程组，试图以此为基础进行天气预报。在数值计算过程中，Lorenz 发现方程组的解对初值极度敏感，在长时间以后结果便显示出与初值无关的特性。借助于 Lorenz 混沌电路系统，可以非常方便地展示 Lorenz 混沌系统的特性。文献[10]给出了一种

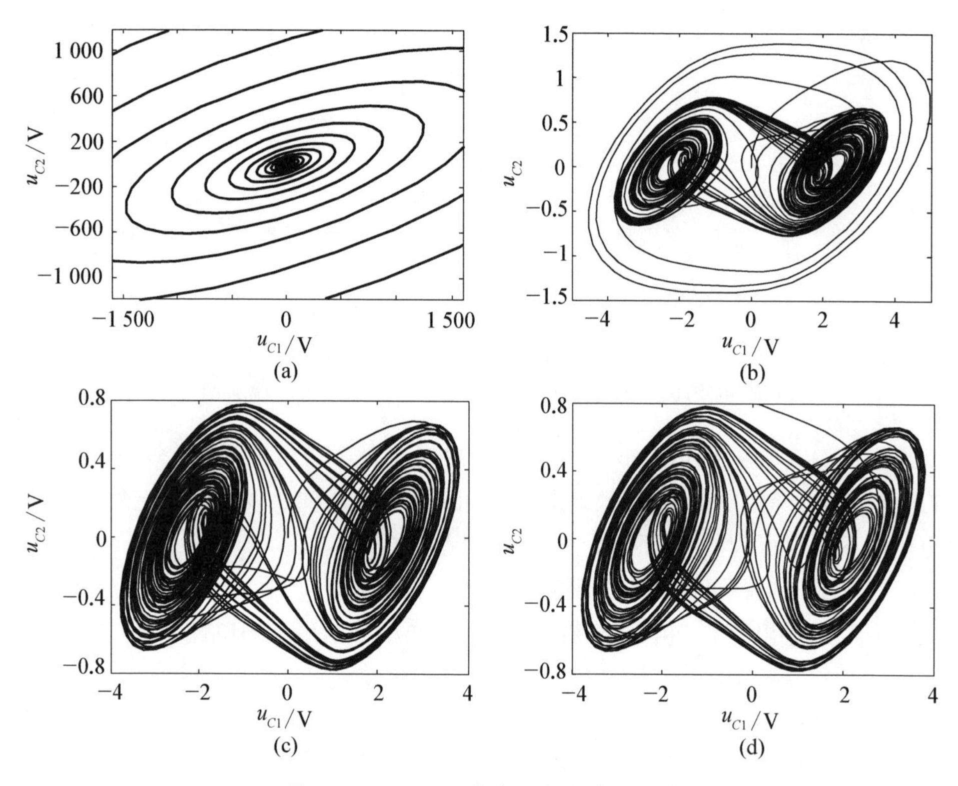

图 1-5　u_{C1}—u_{C2} 状态平面上的相轨道

(a) $[u_{C1}(0), u_{C2}(0), i_L(0)]=[0, 0, 2.5\text{e}-3]$;(b) $[u_{C1}(0), u_{C2}(0), i_L(0)]=[0, 0, 2\text{e}-3]$;
(c) $[u_{C1}(0), u_{C2}(0), i_L(0)]=[0, 0, 1\text{e}-3]$;(d) $[u_{C1}(0), u_{C2}(0), i_L(0)]=[0.1, 0.8, 0]$

Lorenz 混沌电路实现方式,其电路方程为

$$\begin{cases}\dot{x}_1=\sigma(x_2-x_1)\\ \dot{x}_2=\gamma x_1-x_2-10x_1x_3\\ \dot{x}_3=10x_1x_2-\beta x_3\end{cases}$$

式中,$\sigma=16$, $\gamma=45.92$, $\beta=4$。图 1-6 给出了在初始条件 $[x_1(0), x_2(0), x_3(0)]=[0, 1\times10^{-10}, 0]$ 下的三维相轨迹图。

1.1.3　电路应用之美

在电路理论发展的同时,电路的应用也在如火如荼地进行着。电路的应用展现出波澜壮阔、五彩斑斓的雄壮之美。电路应用和电路理论相互促进、齐头并

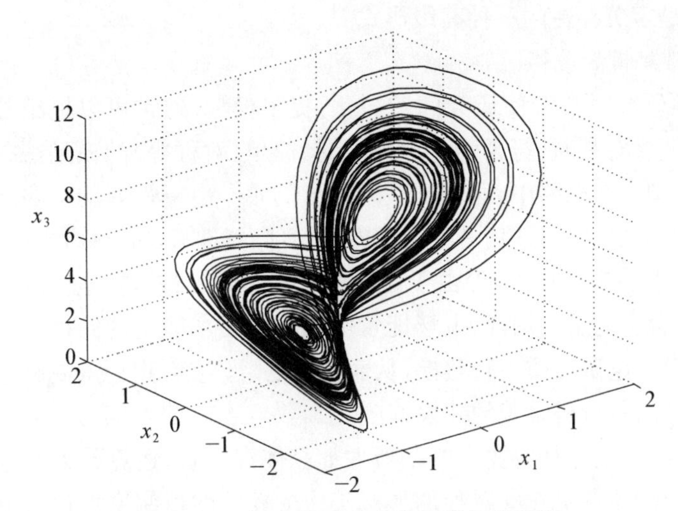

图 1-6　Lorenz 混沌电路的三维相轨迹图

进。各种电效应、电现象相继发现，各种电动装置相继发明，并广泛地应用于人类的日常生活之中。

没有一门科学像电学这样极大地改变着人类的生活。2010 年，英国《新科学家》杂志曾评选出历史上 10 项"看起来不行却最终改变了世界"的科学[11]，其中包括陀螺仪、复数概念、飞机、数字通信等，而其中排在首位的就是每天都伴随我们的电。

爱迪生发明电灯之前，整个世界的平均睡眠时间比现在多一个小时。电灯的发明改变了人们"日出而作、日落而息"的生活习惯。

电话的发明，改变了人类交流通信的方式；电冰箱的发明改变了人类饮食习惯；电视的发明改变了人类的休息、娱乐方式；等等，不一而足。而基于电的计算机、互联网技术，则将人类带入信息时代。

这一切展示了电路改变人类生活的雄壮之美。

1.1.4　电路研究之美

科学研究是探索自然、社会和人本身的奥秘，发现新现象，揭示和认识新规律，积累新知识；它侧重于理性的抽象、分析、演绎和概括。自然科学的重大发现不仅是科学家以严谨的科学态度，严格的科学方法，敏锐的思维和认真的观察，对自然现象和规律进行探索，而且还和科学家的个性、爱好、人际关系有关，其中很重要的一方面是对美的爱好和认识。科学美和艺术美一样，属于广义的社会文化美，它是审美存在的一种高级形式[1]。

1）电路建模的美感

在科学研究时总要使研究问题简化，提出模型，通常可以提出几个加以选择，有选择就会有判断，符合美学原则（包括简单、对称等）的模型往往是符合客观真实的模型。在电路中，通常把呈现主导的单一电磁性质的电路元件称为理想电路元件。虽然没有任何一种特殊的实际部、器件只呈现一种电磁性质，而能把其他电磁性质排除在外，但由于任何一个实际部、器件，在电流或电压作用下都只可能包含有能量的消耗、电场能量的储存和磁场能量的储存等三种基本效应，所以对单一电磁性质进行建模，从而得到电阻、电容、电感等电路元件是一种符合客观实际、具有科学美的建模方法。

受控源的建模也是对实际电路器件如晶体三极管、运算放大器等的一种理想反映，其模型体现了一种对称的形式美。受控源的控制变量包括电压、电流，受控变量亦是如此，两种排列组合，就得到了四种受控源。

理想运算放大器也是一种有趣的、极具美感的电路元件，其美体现在化繁为简。我们知道，实际的运放内部电路结构复杂，一般含有数十、数百、数千甚至更多的电子元器件，但理想运算放大器却用一个非常简单的电路符号和电压-电流关系加以高度概括。含运放的线性电路千千万万，但其分析万变不离其宗：运放的虚短、虚断特性。这里就体现了一种建模的抽象美和简单美。

2）逻辑推理的美感

科学理论注重逻辑推理，运用严密的逻辑推演，往往得出具有普遍而深远含义的结论。这里以忆阻元件的预测与发现加以说明。

1971 年 Chua 根据电路元件端口变量间关系的结构完整性，提出了存在直接关联电荷和磁链的第四类基本的无源电路元件——忆阻元件，并阐述了忆阻系统和忆阻元件在电路中的潜在用途[12]。但当时这一重大发现没能引起足够的重视，因为并没有真正的无源忆阻元件制造出来。直到 2008 年惠普实验室声明成功制作出了基于金属和金属氧化物的纳米尺度的忆阻元件，并建立了忆阻元件的微分数学模型[13]，使得忆阻元件的研究成为热门。

这里体现了一种科学研究的规律，即运用逻辑推理的方法可以预测未知的事物或规律，而这新的认识又反过来指导人们的科学研究。预测忆阻的论文题名为《Memristor — the missing circuit element》，而发现忆阻的论文题名为《The missing memristor found》，两者一呼一应，时间相隔 37 年之久，让人感叹科学家进行科学研究的严谨、坚韧和解决科学问题后的喜悦。

继忆阻元件之后，忆容和忆感元件也被提出并加以研究[14]。进一步，研究者还提出了如图1-7所示的元件关系图，常规的 *RLC* 属于第一层（或称为基础层），忆阻、忆容和忆感属于第二层，更高层的如图中？所示的元件则等待人们去发现。

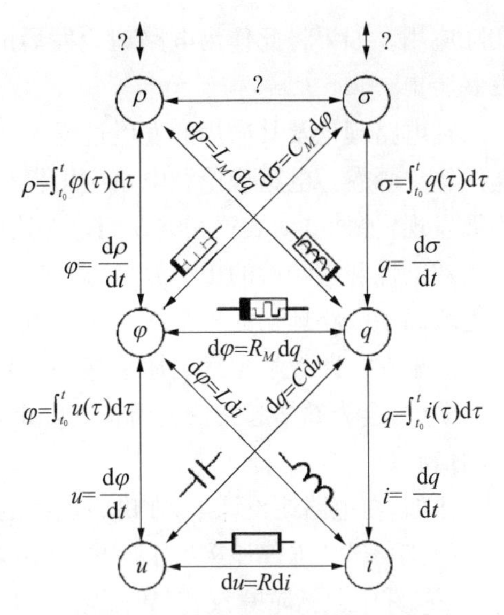

图1-7　基本的无源无记忆元件和记忆元件系统图

1.1.5　结语

爱美之心，人皆有之。美从精神上愉悦人、感染人，陶冶情操，激发情感，启迪思想，引起人的爱慕和追求，使人精神振奋、心情舒畅，甚至陶醉其中。美要靠人去发现、去欣赏，没有人去发现和欣赏，羞答答的玫瑰也只能静悄悄地开放。只有深入挖掘电路之美，才能充分展示电路之魅力。本节基于对电路的认识，说明电路是一门极富吸引力和美感的科学，希望以此抛砖引玉。

1.2　论电路之趣

电路不仅具有美的特性和表现，而且也具有有趣的一面。下面从电路的趣味性角度，讨论电路历史之趣、电路内容之趣、电路方法之趣及其在电路理论学习中的作用和应用。

1.2.1　电路历史之趣

迄今为止，关于电路理论和电路课程的历史如何分段，并没有统一的看法[15]。如果将1600年英国物理学家吉伯特(Gilbert W)在《论磁》一书中首次讨论电与磁作为电路理论发展的起点，那么电路理论已有四百余年的发展历史。1800年，意大利物理学家伏特(Volta A)发明伏打电池，它能够把化学能不断地转变为电能，维持单一方向的电流持续流动，并形成了电路，电磁现象开始付诸实际应用。如果将此作为电路理论发展的起点，那么电路理论也有两百余年的发展历史。

在电路理论及其应用的发展过程中，电路理论表现出一幅波澜壮阔、五彩斑斓的历史画卷。电路理论和电路应用相互促进、齐头并进。各种电效应、电现象相继发现，各种电动装置相继发明。在这些发现和发明的过程中，也产生了无数充满戏剧性和趣味性的历史故事，这些故事非但没有冲淡电路理论的技术性，反而更增添了电路理论的人文性。

如果在电路教学中适当地采撷一些趣味性强的电路发展故事，将其融入电路教学中，会为教学起到锦上添花的效果，增强同学们学习电路的兴趣和学好电路的信心。

比如，在电路绪论课中，在讲解电路的作用时，可穿插如下内容：2010 年，英国《新科学家》杂志曾评选出了历史上 10 项“看起来不行却最终改变了世界”的科学[11]，其中包括陀螺仪、复数概念、飞机、数字通信等，而其中排在首位的就是每天都伴随我们的电。1831 年法拉第发现了可以用磁场来发电，在一次讲座中，一位贵妇人问他“您的发明看起来很有趣，可是实际有什么用呢?”，法拉第回答“新生婴儿有什么用呢”，这成为经典的名言[16]。不出法拉第所料，在短短四五十年后，19 世纪七八十年代美国费城博览会和法国巴黎博览会上，爱迪生的灯泡、留声机，西门子的发电机，贝尔的电话先后展示在了人们的面前，电力作为一种新的能源，走进了人们的日常生活。

从这里可以看出，同任何一门理论一样，电路理论也有一个萌芽、发展、壮大的过程，它也存在一个被人们逐渐认识和接受的过程。

又如，在介绍三相电路时，可插入电路历史上著名的使用直流还是交流的“电流之战”[5]：在 19 世纪后叶，美国曾发生过一场关于是使用直流电还是使用交流电的“电流之战”，论战的一方是直流电的发明者、也是大发明家的爱迪生，另一方是发明了交流电，解决了直流电难以远距离传输问题的特斯拉。爱迪生为了维护自己的利益，阻止交流电的使用，不惜散布各种言论，认为高压交流系统对公众有危险。他甚至用交流电杀死了一些无主的猫狗，并在纽约市装置电椅时鼓励采用交流电，以此引起交流电在人们心中的恐惧。但历史的潮流是无法阻挡的，在其后的几年里，交流电的发展和应用迅速扩大，它逐渐地占领了用户市场。特斯拉和西屋公司用交流电点燃了芝加哥世博会的 90 000 盏电灯，宣告了电流之战的胜利。此后，特斯拉不畏惧默默无闻，拒绝与爱迪生共同获得诺贝尔奖，他不畏贫穷，将交流电专利免费赠予公众，专心科学实验，为世界留下近 1 000 页专利。献身真理，这就是特斯拉的态度。

否定之否定，随着技术的进步，作为解决高电压、大容量、长距离送电和异步联网重要手段的直流输电技术越来越受到广泛的应用。20世纪初，由于直流电机串接运行复杂，而高电压大容量直流电机存在换向困难等技术问题，使直流输电在技术和经济上都不能与交流输电相竞争，因此进展缓慢。20世纪50年代后，电力需求日益增长，远距离、大容量输电线路不断增加，电网扩大，交流输电受到同步运行稳定性的限制，在一定条件下的技术经济比较结果表明，采用直流输电更为合理，且比交流输电有较好的经济效益和优越的运行特性。1950年苏联建成一条长43公里、电压200千伏、输送功率为3万千瓦的直流试验线路。1954年，瑞典把高压直流输电技术应用于高特兰岛到瑞典本土的海底电缆，总长96公里、电压100千伏、送电容量2万千瓦。1961年，英法两国采用海底电缆，建成100千伏、16万千瓦、总长65公里的直流输电线路[17]。我国高压直流输电技术起步较晚但发展迅速，预计到2020年，我国将建成15个特高压直流输电工程，并成为世界上拥有直流输电工程最多、输送线路最长、容量最大的国家。

从这里可以看出，科学技术的发展是曲折的，但又呈现出螺旋式向前发展的态势，一套理论要在实际中得到应用必须要有各种技术因素的支撑。

还可以举出诸多电路理论发展历史中的有趣之例。在教学中适当引入这些例子具有如下作用：

(1) 可以加深大学生对电路理论这门课程的认识和理解。

(2) 可以提高大学生学习本门课程的兴趣。

(3) 可以培养大学生的科学精神、科学态度和科学方法。

1.2.2　电路内容之趣

1) 内容之趣

电路理论具有内容丰富、体系完整、逻辑严密的特点。而“电路理论”或“电路分析”课程尽管介绍的是电路理论的基础，但其内容也是非常丰富的，仅是其中的基本概念和基本分析方法，就让初学这门课程的大学生有眼花缭乱、目不暇接之感。而电路的基本规律又十分简洁：KCL、KVL和元件的VCR。通过充分挖掘电路理论中一些有趣的内容，可以极大地激发学习兴趣，从而提高教学效果。表1-2列出了“电路理论”或“电路分析”课程中笔者认为有趣的若干内容。

表 1－2　电路内容之趣

电路内容	趣味之处
对偶性	最有趣的内容之一。它指出了如果对电路中某一现象、关系式、定理的表述是成立的，那么将表述中的概念(变量、参数、元件、结构等)用其对偶因素置换所得的对偶表述也一定是成立的。利用对偶性可以帮助我们在理解一种电路现象的情况下快速、准确地认识其对偶现象，从而简化电路的分析。
对称性	最有趣的内容之一。利用对称性能够极大地简化电路的分析，但应用面较窄。
KCL、KVL	有趣之处在于，其表述至简，而应用至广，任意集中参数电路均受KCL、KVL 的约束。
KCL、KVL 与特勒根定理	任意其中两者可以推出第三者。
功率	描述电路特性的常用变量之一。其有趣之处在于在电路中存在多种形式的功率概念：瞬时功率、平均功率、无功功率、视在功率、复功率等。
网孔法、节点法、回路法、割集法	方法虽多，但其应用形式相似。这可以从对偶性加以理解。
等效变换	最灵活的电路分析方法，其有趣之处即在于此。
戴维南定理	线性电路应用最广泛的定理之一。可以将复杂的一端口电路简化为电压源和电阻的串联。
置换定理	其有趣之处在于该定理有多种证明方法。
运算放大器	最有趣的电路元件之一。含运放的线性电路千千万万，但其分析万变不离其宗：运放的虚短、虚断特性。
电容电压和电感电流的连续性质	基于能量不能跃变之理。由换路定律来表述。
理想变压器	最有趣的电路元件之一。电阻性元件，但它是动态器件变压器的理想化建模。
阶跃函数、冲激函数	数学函数。对理解和分析电路多有帮助。
三要素法	一阶电路时域分析法的高度凝练。
谐振	电路中有趣而奇特的现象。许多电路的功能实现都有赖于谐振这一特性。
相量法	有趣的电路分析方法。利用它可简便地分析正弦稳态电路。
拉氏变换	有趣的电路分析方法。利用它可简便地分析动态电路。

当然,还可以举出诸多电路理论中的有趣内容。在教学中适当强调这些内容的趣味性具有如下作用:

(1) 可以增加课程教学过程的生动性。

(2) 可以提高大学生学习电路内容的兴趣。

(3) 可以拓展大学生理解和观察电路的角度和视野。

2) 一些例子

电路内容之趣在教学中趣味性的体现,还有赖于教学素材的合理组织。下面通过一些例子加以说明。

(1) 对偶性。利用对偶性可以快速求出T-Π形电路的等效变换关系。如图1-8所示,已知T形电路等效变换为Π形电路的关系为

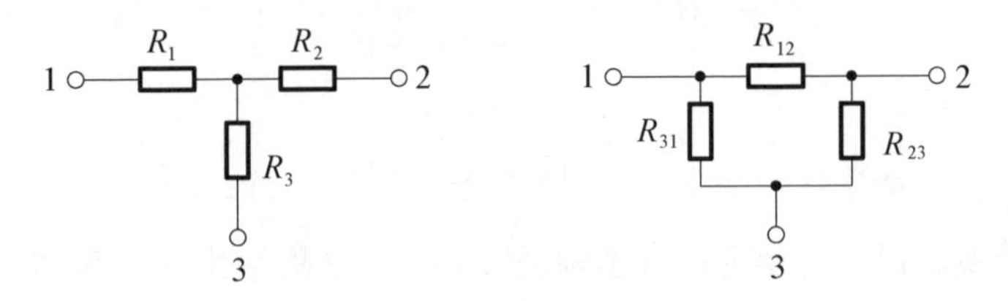

图1-8　T-Π形电路的等效变换

$$\begin{cases} R_{12}=R_1+R_2+\dfrac{R_1R_2}{R_3} \\ R_{23}=R_2+R_3+\dfrac{R_2R_3}{R_1} \\ R_{31}=R_3+R_1+\dfrac{R_3R_1}{R_2} \end{cases} \tag{1-2}$$

利用对偶性,立即得到Π形电路等效变换为T形电路的关系为

$$\begin{cases} G_3=G_{23}+G_{31}+\dfrac{G_{23}G_{31}}{G_{12}} \\ G_1=G_{31}+G_{12}+\dfrac{G_{31}G_{12}}{G_{23}} \\ G_2=G_{12}+G_{23}+\dfrac{G_{12}G_{23}}{G_{31}} \end{cases} \tag{1-3}$$

类似地,已知Π形电路等效变换为T形电路的关系为

$$\begin{cases} R_1 = \dfrac{R_{12}R_{31}}{R_{12}+R_{23}+R_{31}} \\ R_2 = \dfrac{R_{23}R_{12}}{R_{12}+R_{23}+R_{31}} \\ R_3 = \dfrac{R_{31}R_{23}}{R_{12}+R_{23}+R_{31}} \end{cases} \tag{1-4}$$

利用对偶性，立即得到 T 形电路等效变换为 Π 形电路的关系为

$$\begin{cases} G_{12} = \dfrac{G_1G_2}{G_1+G_2+G_3} \\ G_{23} = \dfrac{G_2G_3}{G_1+G_2+G_3} \\ G_{31} = \dfrac{G_3G_1}{G_1+G_2+G_3} \end{cases} \tag{1-5}$$

(2) 置换定理。置换定理有多种证明方法。这里给出一种简洁而有趣的证明方法[18]。

可以用电路的等效变换来证明置换定理。在图 1-9(a)所示电路支路 k 上取三个节点 a、b 和 c，由于 $u_{bc}=0$，因此 b、c 两点间钳接电压为 u_k 的两个电压源，其方向如图 1-9(b)所示。显然，这是一种等效变换，因为在图 1-9(b)中，$u_{bc}=-u_k+u_k=0$。又在图 1-9(b)中，$u_{ad}=u_{ab}+u_{bd}=u_k-u_k=0$，因此 a、d 两点间可用导线短接，图 1-9(b)等效变换为如图 1-9(c)所示。可见图 1-9(a)电路中的支路 k 可用电压为 $u_S=u_k$ 的电压源来置换，电路的工作状态不受影响。

支路 k 用电流源 i_S来置换的情况，可以类似地给出证明。

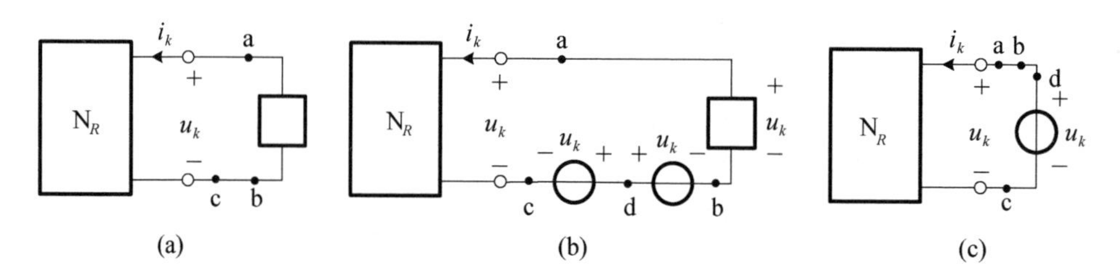

图 1-9　置换定理的证明

1.2.3　分析方法之趣

电路分析方法的趣味性是通过具体电路的分析而体现出来。在电路理论中，存在大量有较强趣味性的电路问题，通过对这些电路进行分析，可以展示电路分析方法之趣。下面略举一些熟悉的例子加以说明。

(1) 入端电阻。在图 1-10 所示电路中，要求端口的入端等效电阻。初看电阻 R 未知，似乎无法得到明确的结果，但利用端口电压除以端口电流，得到

$$R_{\mathrm{i}}=\frac{U}{I}=\frac{2(I+3I)}{I}=8\ \Omega \qquad (1-6)$$

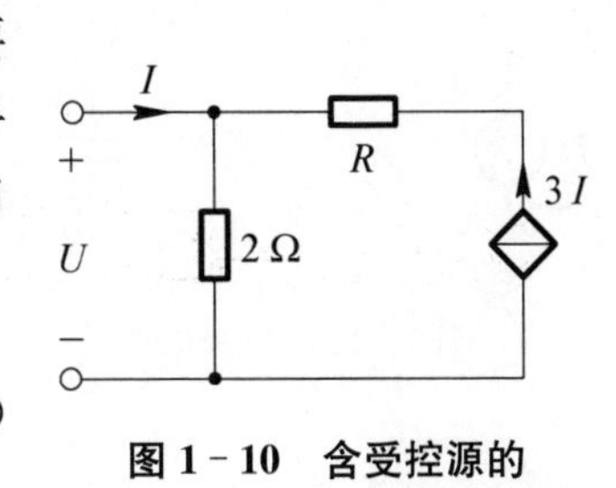

图 1-10　含受控源的一端口电路

此外，还可以将电阻 R 与 CCCS 视为另一端口，其等效电阻为

$$R_{\mathrm{eq}}=\frac{\text{端口电压}}{\text{端口电流}}=\frac{2(I+3I)}{-3I}=-\frac{8}{3}\ \Omega \qquad (1-7)$$

将 2 Ω 电阻与 R_{eq}并联，得到 $R_{\mathrm{i}}=2//(-8/3)=8\ \Omega$。 两种方法结果相同。

从上述分析过程可以发现，电路的求解往往可以采用多种思路多种途径，并且殊途同归，分析过程趣味盎然。

(2) 无穷电阻网络[5]。如图 1-11 所示电路，设方格电阻电路四周均伸向无穷远接地，所有未标识的电阻均为 1 Ω，试求电流 i。

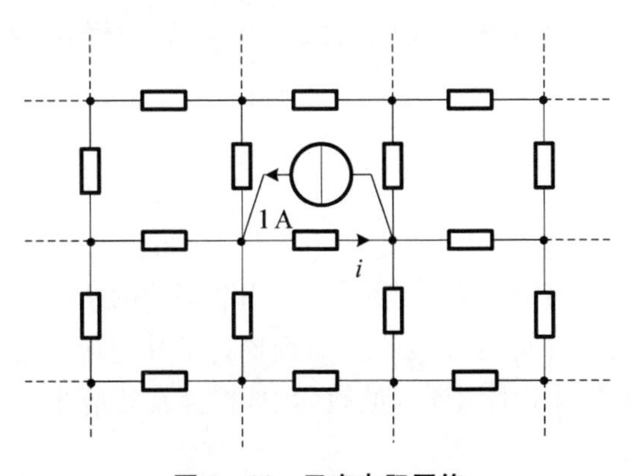

图 1-11　无穷电阻网络

利用对称性可以非常简便地得到答案。

(3) 奇异电路[5,19]。如图 1-12 所示电路,设电容 C 未经充电,在 $t=0$ 时开关 S 闭合与电压源 U 连接,则电容电压则应为 $U_C=U\varepsilon(t)$, 流经电容的电流应为

$$i=C\frac{\mathrm{d}U_C}{\mathrm{d}t}=CU\delta(t)$$

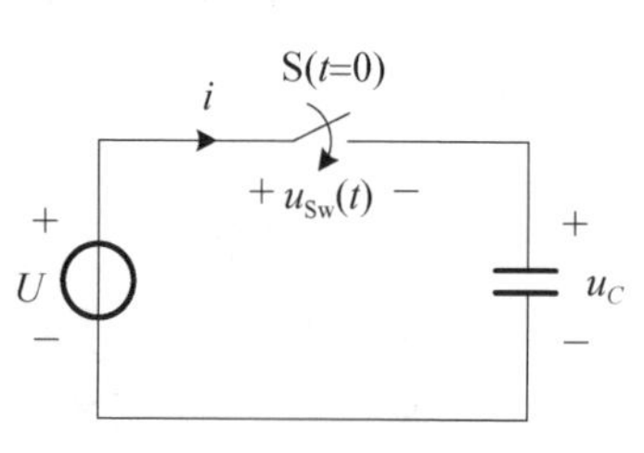

图 1-12　奇异电路

显然,电容的最终储能为 $\frac{1}{2}CU^2$, 此能量应由电源供给。但是电源提供的能量为

$$\int_{-\infty}^{\infty}Ui\,\mathrm{d}t=U^2\int_{-\infty}^{\infty}C\delta(t)\mathrm{d}t=CU^2$$

试解释另一半能量的去向。

对上述问题的解释可参阅文献[19,20]。

(4) 最大功率传输。为了使负载阻抗获得最大功率,可采用如图 1-13 所示的电路形式,即在电源和负载之间接入一个二端口网络 N,以达到实现阻抗变换的目的。图中, $Z_L=R_L+\mathrm{j}X_L$ 为负载阻抗, $Z_S=R_S+\mathrm{j}X_S$ 为电源内阻抗,均为给定; N 为某一合适的二端口网络,待求。

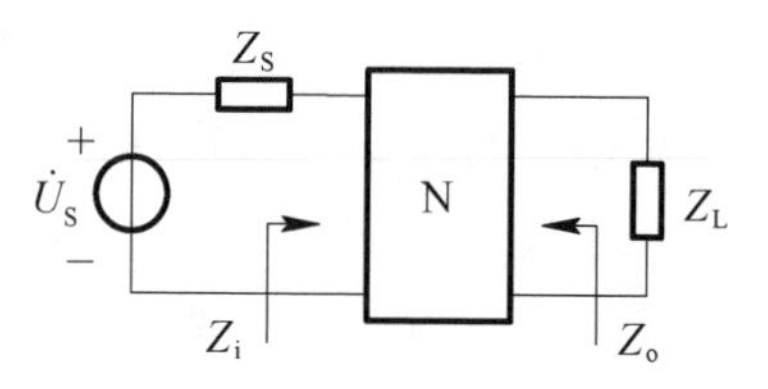

图 1-13　最大功率传输

上述问题是最大功率传输定理的应用之一,即在电源和负载均固定的情况下如何使负载获得最大功率。其分析方法可参见文献[21]。

这里仅举数例说明电路分析方法之趣,其实像这样的趣味性问题在电路中可以说是俯拾皆是。

1.2.4　结语

某件事或物的内容能使人感到愉快,能引起兴趣的特性,这就是趣味性。这里从电路理论的历史、内容和方法三个方面探讨了其趣味性问题,通过挖掘其中的趣味性,并将其应用于电路课程的教学中,将会有效地改善电路的教学效果,提高其教学质量。

趣味性是一种人的主观感受,同样的一件事或物,一个人感到索然无味,另

一个人可以感到津津有味。对电路理论，亦是如此。

参考文献

[1] 杨辛，甘霖.美学原理[M].北京：北京大学出版社，2010.
[2] 夏宗径.简单 对称 和谐[M].武汉：湖北教育出版社，1989.
[3] 陈洪亮，张峰，田社平.电路基础[M].2版.北京：高等教育出版社，2015.
[4] Kitchin C, Counts L. A designer's guide to instrumentation amplifiers [M]. Analog Devices, Inc, 2006.
[5] 李瀚荪.简明电路分析基础[M].北京：高等教育出版社，2002.
[6] 陈希有.电路理论基础[M].北京：高等教育出版社，2004.
[7] Lorenz E N. Reflections on the conception, birth, and childhood of numerical weather Prediction [J]. Annual Review of Earth and Planetary Sciences, 2006,34(5): 37 - 45.
[8] Matsumoto T, Chua L O, Komuro M. The double scroll[J]. IEEE Transactions on Circuits and Systems, 1985, CAS-32(8): 798 - 818.
[9] 蒋国平，程艳云.蔡氏混沌非线性电路及其频率特性研究[J].电气电子教学学报，2002，24(05)：5 - 7.
[10] 刘洪臣，孙立山.混沌电路的创新综合性实验的设计与实现[J].电气电子教学学报，2011，33(03)：70 - 72.
[11] Newscientist. Zeros to heroes: 10 unlikely ideas that changed the world[EB/OL]. [2016-02-16]. https://www.newscientist.com/round-up/zeros-to-heroes-10-unlikely-ideas-that-changed-the-world/.
[12] Chua L O. Memristor —— the missing circuit element[J]. IEEE Transactions on Circuit Theory, 1971, CT-18(5): 507 - 519.
[13] Strukov D B, Snider G S, Stewart D R, et al. The missing memristor found [J]. Nature, 2008,453(7191): 80 - 83.
[14] Itoh M, Chua L O. Memristor oscillators [J]. International Journal of Bifurcation and Chaos, 2008,18(11): 3183 - 3206.
[15] 龚绍文，郑君里，于歆杰.电路课程的历史、现状和前景[J].电气电子教学学报，2011，33(06)：5 - 12.
[16] 费曼 R P，莱登 R B.费曼物理学讲义(第二卷)[M].上海：上海科学技术出版社，1981.
[17] 柳志宏.中国已成为世界直流输电大国[EB/OL].[2016 - 02 - 16].http://www.kjcxpp.com/tebie.asp? id=2852.
[18] 于歆杰，朱桂萍，陆文娟.电路原理[M].北京：清华大学出版社，2007.
[19] 陈洪亮，田社平，吴雪，等.电路分析基础[M].北京：清华大学出版社，2009.
[20] Agarwal A, Lang J H.模拟和数字电子电路基础[M].北京：清华大学出版社，2008.
[21] 田社平，陈洪亮.关于正弦稳态功率传输的讨论[J].电气电子教学学报，2008，30(06)：7 - 9.

第2章 电路定理

电路定理是电路现象和规律的高度总结和凝练，也是分析和设计电路的主要方法和基础。研究电路定理及其相互间的关系，探究电路定理在应用中的特点和注意点，对深入理解电路理论具有重要的帮助，也有助于提升应用电路定理解决电路问题的能力。

2.1 KCL、KVL 和特勒根定理的相互关系

基尔霍夫电流定律（KCL）和基尔霍夫电压定律（KVL）是电路理论的基本规律，它们是电路理论的基石。特勒根定理也是电路基本规律的一种表述。KCL、KVL 和特勒根定理描述了电路的拓扑约束关系，三者之间的关系是：任意两者可推导出第三者[1]。由 KCL、KVL 证明特勒根定理，或由 KCL、特勒根定理证明 KVL，或由 KVL、特勒根定理证明 KCL，都有多种方法[1,2]，它们或简或繁。如何找到一种简洁的证明方式，是一个值得研究的问题。

2.1.1 符号约定与基本结论

为方便分析，先给出一些相关符号约定和电路的图的基本结论。这些内容在一般的电路理论文献中都有叙述[2,3]。

对一个具有 n 个节点和 b 条支路的集中参数电路，其支路电压向量和支路电流向量分别用 $\boldsymbol{u}_{\mathrm{b}}$ 和 $\boldsymbol{i}_{\mathrm{b}}$ 表示，即 $\boldsymbol{u}_{\mathrm{b}}=[u_1,\ u_2,\ \cdots,\ u_b]^{\mathrm{T}}$，$\boldsymbol{i}_{\mathrm{b}}=[i_1,\ i_2,\ \cdots,\ i_b]^{\mathrm{T}}$，且各支路电压与电流采取一致参考方向。选定该电路的图的一个树，得到电路的基本回路矩阵和基本割集矩阵分别为 $\boldsymbol{B}$ 和 $\boldsymbol{Q}$，这两个矩阵的列所对应的支路按照先连支、后树支的次序进行排列。树支对应的树支电压向量和电流向量分别为 $\boldsymbol{u}_{\mathrm{t}}=[u_{\mathrm{t}1},\ u_{\mathrm{t}2},\ \cdots,\ u_{\mathrm{t}(n-1)}]^{\mathrm{T}}$，$\boldsymbol{i}_{\mathrm{t}}=[i_{\mathrm{t}1},\ i_{\mathrm{t}2},\ \cdots,\ i_{\mathrm{t}(n-1)}]^{\mathrm{T}}$，连支对应的

连支电压向量和电流向量分别为 $\boldsymbol{u}_c=[u_{c1}, u_{c2}, \cdots, u_{c(b-n+1)}]^T$，$\boldsymbol{i}_c=[i_{c1}, i_{c2}, \cdots, i_{c(b-n+1)}]^T$。在上述假定条件下，有下述基本结论：

(1) $\boldsymbol{B}$ 和 $\boldsymbol{Q}$ 可分别表示为如下分块矩阵形式：

$$\boldsymbol{B}=[\boldsymbol{1}_c \quad \boldsymbol{B}_t],\ \boldsymbol{Q}=[\boldsymbol{Q}_c \quad \boldsymbol{1}_t] \tag{2-1}$$

式中，$\boldsymbol{1}_c$表示一个 $b-n+1$ 阶的单位矩阵；$\boldsymbol{B}_t$是一个$(b-n+1)\times(n-1)$矩阵；$\boldsymbol{Q}_c$是一个$(n-1)\times(b-n+1)$矩阵；$\boldsymbol{1}_t$表示一个 $n-1$ 阶的单位矩阵。

(2) $\boldsymbol{B}$ 和 $\boldsymbol{Q}$ 之间满足如下关系：

$$\boldsymbol{B}_t=-\boldsymbol{Q}_c^T \text{或} \boldsymbol{Q}_c=-\boldsymbol{B}_t^T \tag{2-2}$$

2.1.2　KCL、KVL 和特勒根定理相互关系的表达式

对一个具有 n 个节点和 b 条支路的集中参数电路，下述关系成立[4]：

$$\boldsymbol{u}_t^T\boldsymbol{Q}\boldsymbol{i}_b+\boldsymbol{i}_c^T\boldsymbol{B}\boldsymbol{u}_b=\boldsymbol{u}_b^T\boldsymbol{i}_b \tag{2-3}$$

证明：

$$\begin{aligned}\boldsymbol{u}_t^T\boldsymbol{Q}\boldsymbol{i}_b+\boldsymbol{i}_c^T\boldsymbol{B}\boldsymbol{u}_b&=\boldsymbol{u}_t^T[\boldsymbol{Q}_c \quad \boldsymbol{1}_t]\begin{bmatrix}\boldsymbol{i}_c\\ \boldsymbol{i}_t\end{bmatrix}+\boldsymbol{i}_c^T[\boldsymbol{1}_c \quad \boldsymbol{B}_t]\begin{bmatrix}\boldsymbol{u}_c\\ \boldsymbol{u}_t\end{bmatrix}\\ &=\boldsymbol{u}_t^T\boldsymbol{Q}_c\boldsymbol{i}_c+\boldsymbol{u}_t^T\boldsymbol{i}_t+\boldsymbol{i}_c^T\boldsymbol{u}_c+\boldsymbol{i}_c^T\boldsymbol{B}_t\boldsymbol{u}_t\\ &=\boldsymbol{u}_t^T\boldsymbol{Q}_c\boldsymbol{i}_c+\boldsymbol{u}_t^T\boldsymbol{i}_t+\boldsymbol{i}_c^T\boldsymbol{u}_c-\boldsymbol{i}_c^T\boldsymbol{Q}_c^T\boldsymbol{u}_t\\ &=\boldsymbol{u}_t^T\boldsymbol{i}_t+\boldsymbol{i}_c^T\boldsymbol{u}_c=\boldsymbol{u}_b^T\boldsymbol{i}_b\end{aligned}$$

证毕。

式(2-3)是关于 KCL、KVL 和特勒根定理形式一(功率守恒定理)之间相互关系的一个非常简洁的表达式。由式(2-3)可知：

如果 KCL、KVL 和功率守恒定理中任意之一成立，则式(2-3)中的对应项为零，其中式(2-3)左边第一项对应 KCL，左边第二项对应 KVL，右边项对应功率守恒定理。因此 KCL、KVL 和功率守恒定理这三者中任意两者成立，则必然得出第三者也成立。

从式(2-3)还可以得出如下推论：

对一个电路，如果仅仅 KCL 成立，则有

$$\boldsymbol{i}_c^T\boldsymbol{B}\boldsymbol{u}_b=\boldsymbol{u}_b^T\boldsymbol{i}_b \tag{2-4}$$

由式(2-4)可以看出,此时 KVL 和功率守恒定理是互为充要条件的,可以相互导出。

类似地,对一个电路,当仅有 KVL 成立,则有

$$\boldsymbol{u}_{\mathrm{t}}^{\mathrm{T}}\boldsymbol{Q}\boldsymbol{i}_{\mathrm{b}}=\boldsymbol{u}_{\mathrm{b}}^{\mathrm{T}}\boldsymbol{i}_{\mathrm{b}} \tag{2-5}$$

即如果已知 KVL,则 KCL 和功率守恒定理是互为充要条件的,可以相互导出。

同样,对一个电路,当仅有功率守恒定理成立,则有

$$\boldsymbol{u}_{\mathrm{t}}^{\mathrm{T}}\boldsymbol{Q}\boldsymbol{i}_{\mathrm{b}}+\boldsymbol{i}_{\mathrm{c}}^{\mathrm{T}}\boldsymbol{B}\boldsymbol{u}_{\mathrm{b}}=\boldsymbol{0} \tag{2-6}$$

即如果已知功率守恒定理,则 KCL 和 KVL 是互为充要条件的,可以相互导出。

和上述分析类似,我们可以得出下述结论:

对于具有 n 个节点和 b 条支路的两个集中参数电路 N 和 $\hat{\mathrm{N}}$,它们可以由不同的元件构成,但却有相同的有向图。若二者的支路电压向量和支路电流向量分别用 $\boldsymbol{u}_{\mathrm{b}}=[u_1,\ u_2,\ \cdots,\ u_b]^{\mathrm{T}}$、$\boldsymbol{i}_{\mathrm{b}}=[i_1,\ i_2,\ \cdots,\ i_b]^{\mathrm{T}}$ 及 $\hat{\boldsymbol{u}}_{\mathrm{b}}=[\hat{u}_1,\ \hat{u}_2,\ \cdots,\ \hat{u}_b]^{\mathrm{T}}$、$\hat{\boldsymbol{i}}_{\mathrm{b}}=[\hat{i}_1,\ \hat{i}_2,\ \cdots,\ \hat{i}_b]^{\mathrm{T}}$ 表示,支路电压、电流取一致参考方向,选定电路的图的一个树,得到基本回路矩阵和基本割集矩阵分别为 $\boldsymbol{B}$ 和 $\boldsymbol{Q}$,两个电路的树支电压向量分别为 $\boldsymbol{u}_{\mathrm{t}}=[u_{\mathrm{t}1},\ u_{\mathrm{t}2},\ \cdots,\ u_{\mathrm{t}(n-1)}]^{\mathrm{T}}$,$\hat{\boldsymbol{u}}_{\mathrm{t}}=[\hat{u}_{\mathrm{t}1},\ \hat{u}_{\mathrm{t}2},\ \cdots,\ \hat{u}_{\mathrm{t}(n-1)}]^{\mathrm{T}}$,连支电流向量分别为 $\boldsymbol{i}_{\mathrm{c}}=[i_{\mathrm{c}1},\ i_{\mathrm{c}2},\ \cdots,\ i_{\mathrm{c}(b-n+1)}]^{\mathrm{T}}$,$\hat{\boldsymbol{i}}_{\mathrm{c}}=[\hat{i}_{\mathrm{c}1},\ \hat{i}_{\mathrm{c}2},\ \cdots,\ \hat{i}_{\mathrm{c}(b-n+1)}]^{\mathrm{T}}$。则有

$$\boldsymbol{u}_{\mathrm{t}}^{\mathrm{T}}\boldsymbol{Q}\,\hat{\boldsymbol{i}}_{\mathrm{b}}+\hat{\boldsymbol{i}}_{\mathrm{c}}^{\mathrm{T}}\boldsymbol{B}\boldsymbol{u}_{\mathrm{b}}=\boldsymbol{u}_{\mathrm{b}}^{\mathrm{T}}\,\hat{\boldsymbol{i}}_{\mathrm{b}} \tag{2-7}$$

$$\hat{\boldsymbol{u}}_{\mathrm{t}}^{\mathrm{T}}\boldsymbol{Q}\boldsymbol{i}_{\mathrm{b}}+\boldsymbol{i}_{\mathrm{c}}^{\mathrm{T}}\boldsymbol{B}\,\hat{\boldsymbol{u}}_{\mathrm{b}}=\hat{\boldsymbol{u}}_{\mathrm{b}}^{\mathrm{T}}\boldsymbol{i}_{\mathrm{b}} \tag{2-8}$$

上述两式的证明类似于式(2-3)的证明,不再赘述。

式(2-7)和式(2-8)是关于 KCL、KVL 和特勒根定理形式二(似功率守恒定理)之间相互关系的表达式。同样从式(2-7)或式(2-8)可以看出:KCL、KVL 和似功率守恒定理这三者中任意两者成立,则必然得出第三者也成立。

从式(2-7)和式(2-8)可以得出如下推论:

对两个具有同样拓扑结构的电路,如果仅仅 KCL 成立,则有

$$\hat{\boldsymbol{i}}_{\mathrm{c}}^{\mathrm{T}}\boldsymbol{B}\boldsymbol{u}_{\mathrm{b}}=\boldsymbol{u}_{\mathrm{b}}^{\mathrm{T}}\,\hat{\boldsymbol{i}}_{\mathrm{b}},\ \boldsymbol{i}_{\mathrm{c}}^{\mathrm{T}}\boldsymbol{B}\,\hat{\boldsymbol{u}}_{\mathrm{b}}=\hat{\boldsymbol{u}}_{\mathrm{b}}^{\mathrm{T}}\boldsymbol{i}_{\mathrm{b}} \tag{2-9}$$

由式(2-4)可以看出,此时 KVL 和似功率守恒定理是互为充要条件的,可以相互导出。当仅有 KVL 成立,则有

$$\boldsymbol{u}_{\mathrm{t}}^{\mathrm{T}}\boldsymbol{Q}\,\hat{\boldsymbol{i}}_{\mathrm{b}}=\boldsymbol{u}_{\mathrm{b}}^{\mathrm{T}}\,\hat{\boldsymbol{i}}_{\mathrm{b}},\ \hat{\boldsymbol{u}}_{\mathrm{t}}^{\mathrm{T}}\boldsymbol{Q}\boldsymbol{i}_{\mathrm{b}}=\hat{\boldsymbol{u}}_{\mathrm{b}}^{\mathrm{T}}\boldsymbol{i}_{\mathrm{b}} \tag{2-10}$$

即如果已知 KVL,则 KCL 和似功率守恒定理是互为充要条件的,可以相互导出。当仅有似功率守恒定理成立,则有

$$\boldsymbol{u}_t^T \boldsymbol{Q} \hat{\boldsymbol{i}}_b + \hat{\boldsymbol{i}}_c^T \boldsymbol{B} \boldsymbol{u}_b = \boldsymbol{0},\ \hat{\boldsymbol{u}}_t^T \boldsymbol{Q} \boldsymbol{i}_b + \boldsymbol{i}_c^T \boldsymbol{B} \hat{\boldsymbol{u}}_b = \boldsymbol{0} \tag{2-11}$$

即如果已知似功率守恒定理，则 KCL 和 KVL 是互为充要条件的，可以相互导出。

上面讨论的关于 KCL、KVL 和特勒根定理相互关系具有非常简洁的形式，这得益于电路图论和矩阵方程等数学工具的引入。

2.2　受控源在叠加原理中的另一种处理方法

电阻元件是电路理论及电路分析中最基本的电路元件，而电阻电路又是电路理论及电路分析中最基础的电路。对电阻电路的分析，其基本依据是两类约束，并由此衍生出丰富的电路分析方法，如运用独立电流、电压变量的分析方法以及各种电路定理等。如果将电阻这一电路元件等效为电阻和受控源的组合电路，则可利用该等效电路来简化电路的分析。

2.2.1　电阻的等效

由熟知的串、并联电阻公式可以得到如下结论：一个阻值为 R 的电阻，如果满足如下关系：$R=R_1+R_2$，则该电阻可以等效为电阻值分别为 R_1、R_2 的两个电阻的串联，如图 2-1(a)所示。同样，一个阻值为 R 的电阻，如果满足如下关系：$R=R_1R_2/(R_1+R_2)$，则该电阻可以等效为电阻值分别为 R_1、R_2 的两个电阻的并联，如图 2-2(a)所示。

由上述结论可以得到如下推论：

推论 1　对于任意电阻 R，可以等效为一个电阻和一个电压控制电压源的串联，如图 2-1(b)所示，其中 $R=R_1+R_2$。

证明　在图 2-1(b)中，外施电压源 u，则端口电压、端口电流分别为 $u=u_1+\dfrac{R_2}{R_1}u_1$，$i=\dfrac{u_1}{R_1}$，因此等效电阻为

$$R=\frac{u}{i}=\frac{u_1+\dfrac{R_2}{R_1}u_1}{\dfrac{u_1}{R_1}}=R_1+R_2$$

证毕。

由推论 1,不难得出如下推论：

推论 2　对于任意电阻 R,可以等效为一个电阻和一个电流控制电压源的串联,如图 2-1(c)所示，其中 $R=R_1+R_2$。

推论 2 的证明过程与推论 1 类似。

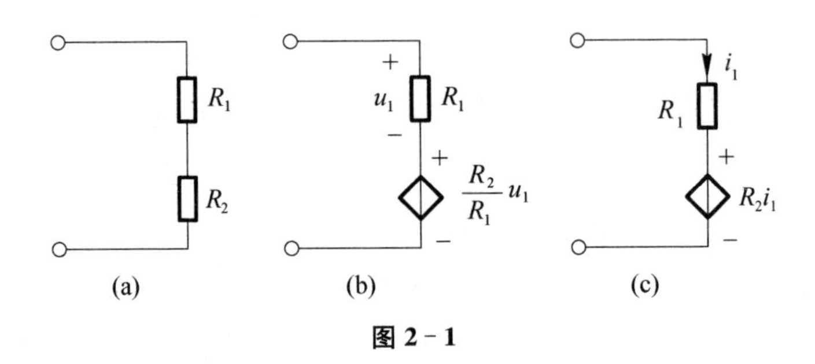

图 2-1

类似地,还可以得到如下结论：

推论 3　对于任意电阻 R,可以等效为一个电阻和一个电流控制电流源的并联,如图 2-2(b)所示，其中 $R=R_1R_2/(R_1+R_2)$。

推论 4　对于任意电阻 R,可以等效为一个电阻和一个电压控制电流源的并联,如图 2-2(c)所示，其中 $R=R_1R_2/(R_1+R_2)$。

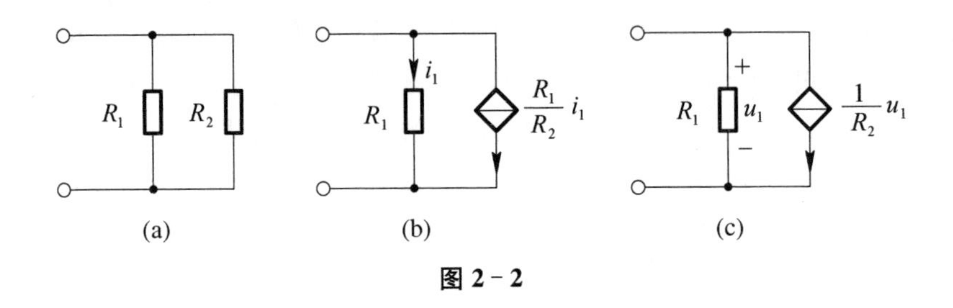

图 2-2

2.2.2　应用实例

下面通过例子来说明上述推论在电路分析中的应用。

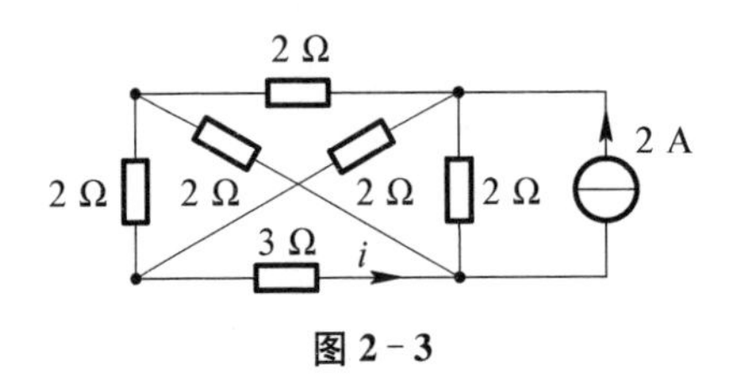

图 2-3

例 2-1　在图 2-3 所示电路中,求流经 3 Ω 电阻的电流。

解 1　用电阻等效的推论 2 来求解。利用推论 2 将 3 Ω 电阻等效为一个2 Ω电阻和一个受控电压源串联，如

图 2 - 4(a)所示，再利用置换定理将受控电压源置换为电压源，如图 2 - 4(b)所示。

利用叠加原理求电流 i，分别如图 2 - 4(c)、(d)所示。电流 i 满足：

$$i = i_1 + i_2$$

对图 2 - 4(c)，由电路的对称性，节点 a、b 等电位，经过简单的化简，不难得到 $i_1 = 1/2$ A；对图 2 - 4(d)，由电路的对称性，节点 a、c 等电位，经过简单的化简，不难得到 $i_2 = (1/4)i$。因此

$$i = \frac{1}{2} - \frac{1}{4}i \Rightarrow i = \frac{2}{5}\ \text{A}$$

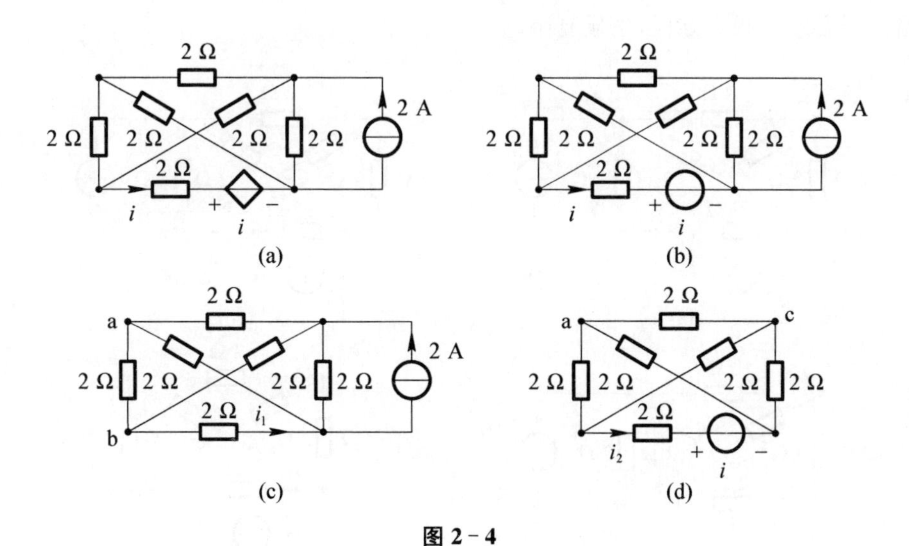

图 2 - 4

解 2　用电阻等效的推论 3 来求解。利用推论 3 将 3 Ω 电阻等效为一个 2 Ω 电阻和一个受控电流源并联，如图 2 - 5(a)所示，再利用置换定理将受控电流源置换为电流源，如图 2 - 5(b)所示。显然，待求电流 i 满足：

$$i = i_1 - \frac{1}{3}i_1 = \frac{2}{3}i_1$$

利用叠加原理求 i_1，分别如图 2 - 5(c)、(d)所示。i_1 满足：

$$i_1 = i_{11} + i_{12}$$

对图 2 - 5(c)，与图 2 - 4(c)相同，因此有 $i_{11} = 1/2$ A。对图 2 - 5(d)，与

图 2-4(d)类似，由电路的对称性，经过简单的化简，不难得到 $i_{12}=(1/6)i_1$。因此，有

$$i_1=\frac{1}{2}+\frac{1}{6}i_1 \Rightarrow i_1=\frac{3}{5}\ \text{A}$$

最后，得到

$$i=\frac{2}{3}i_1=\frac{2}{5}\ \text{A}$$

与解法一相同。

采用电路的其他分析方法，如节点法、网孔法等，可以得到同样的结果(过程略)，但必须解联立方程，稍显复杂。

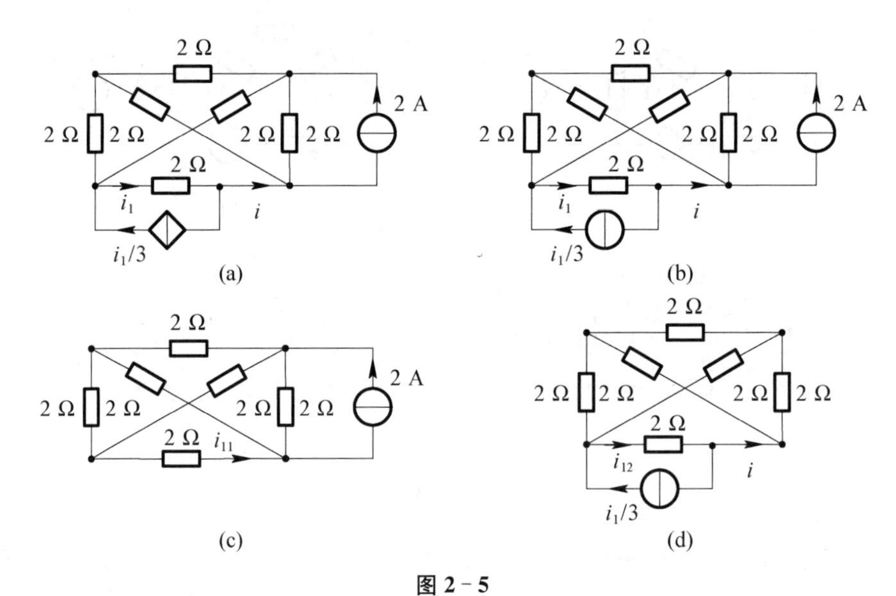

图 2-5

例 2-2　设方格电阻网络四周均伸向无穷远接地，如图 2-6 所示，所有未标识的电阻均为 1 Ω，试求流经 1/3 Ω 电阻的电流 i。

解　将 1/3 Ω 电阻等效为一个 1 Ω 电阻与一个受控电流源 $2i_1$ 并联(其 VCR 为 $u=i/3$，取关联参考方向，见图 2-7)，其中 i_1 为该 1 Ω 电阻上的电流；将 1 A 电流源分裂为两个 1 A 电流源的串联，两电流源的连接点接地，如图 2-7 所示。显然待求电流 i 满足

$$i=i_1+2i_1$$

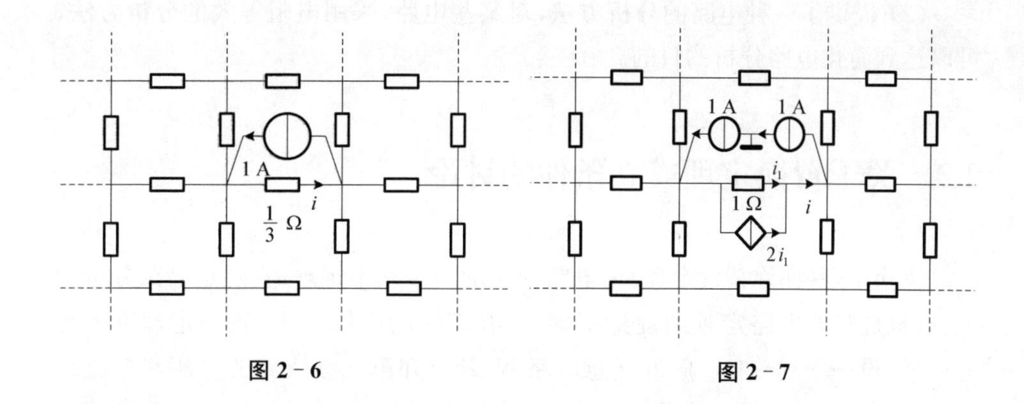

图2-6　　图2-7

利用叠加原理求解,假定1 Ω电阻上的电流参考方向同i_1。先求左边1 A电流源在1 Ω电阻上产生的电流i_1',假定参考方向向右。此时右边1 A电流源和受控电流源$2i_1$均置零(开路)。由于整个电阻网络为一对称网络,易知$i'_1=1/4$ A。同理,右边1 A电流源在1 Ω电阻上产生的电流$i''_1=1/4$ A。类似地,也可以对受控电流源$2i_1$进行和1 A电流源同样的处理,由线性电路响应的齐次性得受控电流源$2i_1$在1 Ω电阻上产生的电流为

$$i'''_1=\left(\frac{1}{4}+\frac{1}{4}\right)\times(-2i_1)=-i_1$$

由叠加原理可得

$$i_1=i'_1+i''_1+i'''_1=\frac{1}{4}+\frac{1}{4}-i_1\Rightarrow i_1=\frac{1}{4}\text{ A}$$

因此

$$i=i_1+2i_1=\frac{3}{4}\text{ A}$$

在上述求解过程中,通过电阻的等效,简化了电路的分析。

2.2.3 结语

上面讨论了电阻等效的几个推论,从电路理论上给出了证明,通过实例说明了这些推论的应用。其意义在于:

(1) 可以加深对电阻元件、受控源及等效等概念的理解。

(2) 提供了一种电路的分析方法，对某些电路，采用电阻等效的分析方法，可以达到简化电路分析的目的。

2.3　关于置换定理成立条件的讨论

置换定理(亦称替代定理)是电路理论的一个基本定理，它既是电路分析的工具，也是其他电路定理的理论基础，具有广泛的应用[5-10]。置换定理可表述为[2, 3]：设一个具有唯一解的任意电路 N，若已知第 k 条支路的电压和电流为 u_k、i_k，则不论该支路是由什么元件组成，总可以用电压为 $u_S=u_k$ 的电压源或电流为 $i_S=i_k$ 的电流源置换，而不影响电路未置换部分各支路电压和支路电流。从定理的表述可知，置换定理的成立条件是：电路置换前后具有唯一解。显然，置换前后电路具有唯一解是定理成立的充分条件，即只要该条件成立，置换定理的结论就成立。那么，定理表述中的电路解唯一性条件是否是置换定理成立的必要条件呢？对具有非唯一解的电路是否可以应用置换定理？下面试对上述问题作一讨论。

2.3.1　置换定理的实质

作为电路规律的概括与总结，置换定理表达了对电路中的某二端网络(或支路)进行置换的一种方法，该置换方法要求置换后不影响电路未置换部分各支路电压和支路电流。由于电路的解与电路对应的电路方程的解是一致的，因此，置换定理的成立条件也可表述为：电路置换前后未置换部分电路方程的解保持不变。显然，这一表述与电路唯一解的条件是有区别的。下面通过一具体电路来加以说明。

如图 2－8(a)所示电路，假设非线性电阻 R_1 的伏安特性(非关联参考方向)

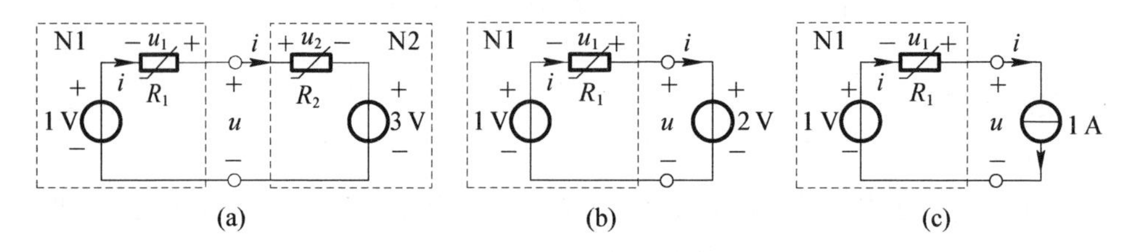

图 2－8　置换定理的应用

(a) 原电路；(b) 用电压源置换 N2；(c) 用电流源置换 N2

为 $u_1=(i-2)^2$ V，非线性电阻 R_2 的伏安特性(关联参考方向)为 $u_2=-(i-2)^2$ V，其中电流 i 的单位为安培(A)。

由图 2-8(a)电路，不难得到二端网络 N1、N2 的端口特性分别为

$$u=u_1+1=(i-2)^2+1 \tag{2-12}$$

$$u=u_2+3=-(i-2)^2+3 \tag{2-13}$$

联立求解上述电路方程，可求得 $u=2$ V，$i=1$ A或者 $u=2$ V，$i=3$ A。可见，图 2-8(a)电路是一个具有两个解的电路。

对图 2-8(a)电路是否可应用置换定理呢？答案是肯定的。如图 2-8(b)所示，用电压为 2 V 的电压源置换 N2，可列写出电路的 KVL 方程为 $2=(i-2)^2+1$，可解得 $i=1$ A 或者 $i=3$ A。可见，这样的置换并没有改变未置换部分 N1 的电路解，因此这样的置换是合理、有效的。类似地，可用电压为 2 V 的电压源置换 N1，而不改变未置换部分 N2 的电路解。

由于端口电流具有两个不同的解，此时用电流源来置换 N1 或 N2 则是不合理的。例如，用电流为 1 A 的电流源置换 N2，如图 2-8(c)所示，此时流经 N1 中非线性电阻 R_1 的电流为 $i=1$ A，显然，这样的置换导致另一个电路解 $i=3$ A 丢失掉了。

可用电路伏安特性曲线更直观地分析置换定理的应用。图 2-9(a)给出了 N1、N2 的端口伏安特性曲线，电压电流的参考方向如图 2-8(a)所示，可见端口电压电流的解为点 A(2 V, 3 A)和点 B(2 V, 1 A)。如果用电压为 2 V 的电压源置换 N2，则电压源和 N1 的端口伏安特性曲线如图 2-9(b)所示，可见端口电压电流的解仍然为点 A 和点 B 对应的解。如果用电流为 1 A 的电流源置换 N2，由图 2-9(c)可知，端口电压电流的解仅为点 B 对应的解，无法得到点 A 对应的解。

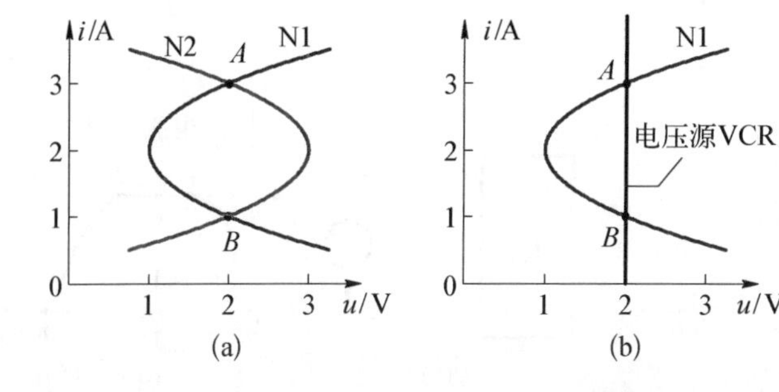

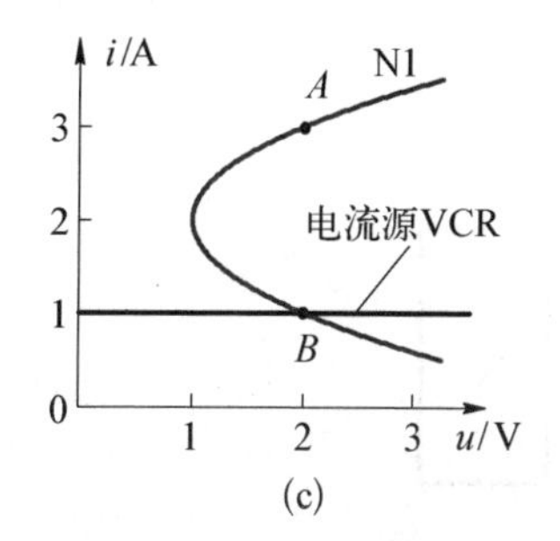

图 2-9 置换定理图解示例

(a) 原电路；(b) 用电压源置换 N2；(c) 用电流源置换 N2

由上面分析可知,如果要求电路置换前后未置换部分电路方程的解保持不变,电路唯一解的条件不是必要条件,而是充分条件。

2.3.2　进一步讨论

对于某些特定的具有无穷多解的电路,也可应用置换定理。如图 2-10(a)所示电路,假设二端网络 N1、N2 的端口特性如图 2-10(b)所示,则线段 AB 上的点对应的解都是图 2-10(a)电路的解,因此图 2-10(a)电路具有无穷多的解。由于端口电压的解为 u_k,因此二端网络 N1 或 N2 均可用电压为 u_k 的电压源置换,用 u_k 置换 N2 的电路如图 2-11(a)所示,对应的端口特性曲线如图 2-11(b)所示。可见,用电压源置换 N2 后,电路 N1 的解保持不变。

同样,假设二端网络 N1、N2 的端口特性如图 2-10(c)所示,则线段 AB 上的点对应的解都是图 2-10(a)电路的解,因此图 2-10(a)电路具有无穷多的解。由于端口电流的解为 i_k,因此二端网络 N1 或 N2 均可用电流为 i_k 的电流源置换,用 i_k 置换 N2 的电路如图 2-11(c)所示,对应的端口特性曲线如图 2-11(d)所示。显然,用电流源置换 N2 后,电路 N1 的解保持不变。

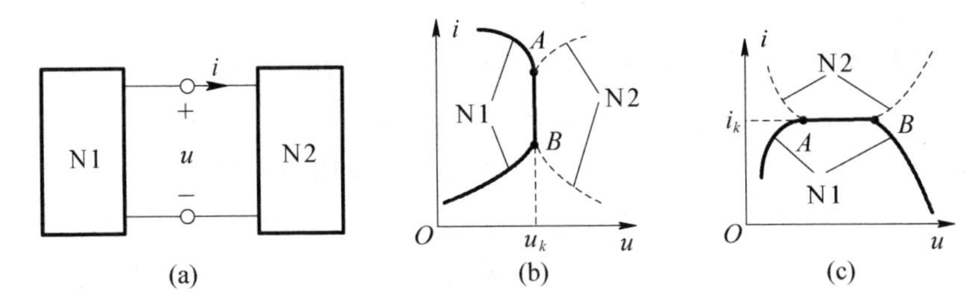

图 2-10　电路有无穷多解时的端口特性

(a) 电路;(b) 端口特性示例之一;(c) 端口特性示例之二

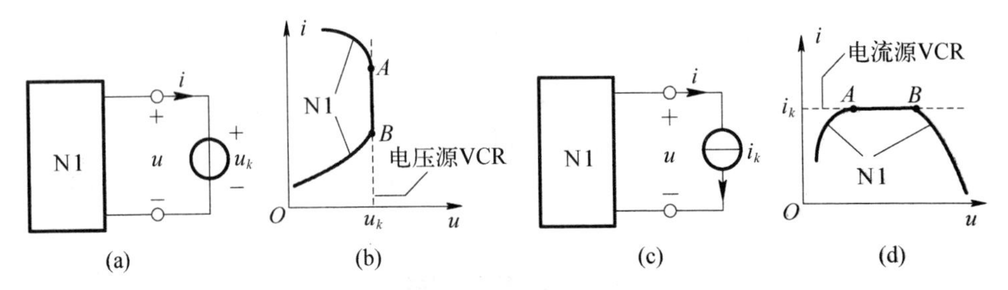

图 2-11　电路有无穷多解时置换定理的应用

(a) 用 u_k 置换 N2;(b) 用 u_k 置换后的端口特性;(c) 用 i_k 置换 N2;(d) 用 i_k 置换后的端口特性

尽管当电路具有多解或无穷解时也有可能应用置换定理，但是这并不意味着教材中关于置换定理的叙述是错误的。事实上，文献[7]在说明置换定理时，指出“只要在置换后，网络仍有唯一解。”这就说明电路唯一解是置换定理应用的充分条件而不是必要条件。文献[11]在说明置换定理时，特别给出了一条注释：“对实际电路和大多数电路模型都具有唯一解，故本书不涉及非唯一解的情况。”这也说明了现行教材对置换定理的讨论仅限于电路具有唯一解的情况。

2.3.3 结语

针对置换定理使用时要求电路具有唯一解的条件，说明了这一条件是充分而不是必要条件。当电路具有非唯一解时，也有可能应用置换定理。两种情况下的区别是：当电路具有唯一解时，被置换支路既可用电压源也可用电流源进行置换；而当电路具有非唯一解时，只有被置换支路的端口电压或端口电流的解为唯一值时，才能应用置换定理。此时，当端口电压解为唯一值时，被置换支路可用电压为该唯一值的电压源置换，而当端口电流解为唯一值时，被置换支路可用电流为该唯一值的电流源置换。显然，电路具有非唯一解时，被置换支路不可能既可用电压源也可用电流源进行置换。

值得指出的是，对于任意电路，即使其具有非唯一解，但在某一具体的时刻点，电路的解总是某个具体的确定值。此时如果已知被置换支路的电压或电流，则可由置换定理用一电压源或一电流源来置换该支路，而保持未置换部分电路的解不变。由上讨论的结果，我们不妨将现有置换定理的表述修改为：“设一个任意电路 N，若已知其第 k 条支路在某一时刻的电压和电流的具体值为 u_k 和 i_k，则不论该支路是由什么元件组成，总可以用电压值为 $u_S = u_k$ 的电压源或电流值为 $i_S = i_k$ 的电流源来置换该支路，而不影响电路未置换部分各支路电压和支路电流。”经这样修改后的表述，可省去对电路要求有“唯一解”的条件，从而使得这样表述的置换定理更具有普遍性。

2.4 特勒根定理应用的再讨论

特勒根定理是电路理论中的一个重要定理，它和 KCL、KVL 的关系是：任意两者可推出第三者。特勒根定理在电路分析有诸多应用，如图 2-12 所示，该电路是教科书中经常出现的一种应用特勒根定理的电路，其中支路 1、2 常表现为电源支路或电源与电阻的复合支路，N 为电阻性二端口电路。通过测定在两种不同情况下（一般是支路 1、2 发生变化）电路的 u_1、i_1、u_2、i_2 和 $\hat{u}_1$、$\hat{i}_1$、$\hat{u}_2$、$\hat{i}_2$，当上述电路变量中存在一个未知量时，应用特勒根定理，有

$$u_1\hat{i}_1+u_2\hat{i}_2=\hat{u}_1 i_1+\hat{u}_2 i_2 \tag{2-14}$$

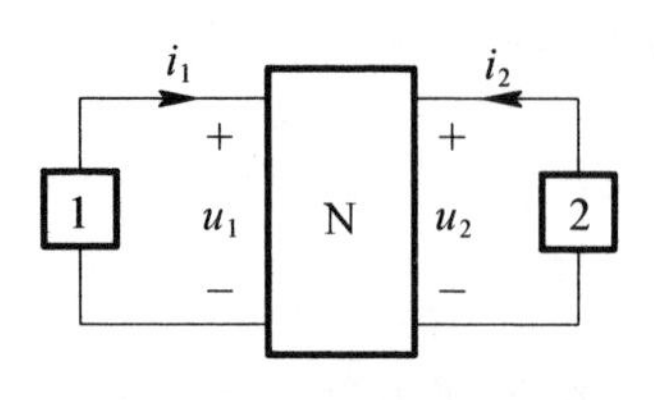

图 2-12 特勒根定理的应用题型

由式(2-14)即可解得未知的电路变量。

文献[12]通过引用文献[13]中的例题，指出式(2-14)成立的条件应是：图 2-12 中的 N 应为纯电阻网络，"网络内部有受控源时，式(2-14)不成立"。文献[12]还举例佐证上述观点。笔者认为文献[12]的说法是不准确的。下面对这一问题进行分析。

2.4.1 式(2-14)成立的条件

当 N 为纯电阻网络时，假设网络内部的支路有 $b-2$ 条，支路电压和支路电流取关联参考方向，应用特勒根定理，并注意到支路 1、2 的参考方向，有

$$\begin{cases}-u_1\hat{i}_1-u_2\hat{i}_2+\sum\limits_{k=3}^{b}u_k\hat{i}_k=-u_1\hat{i}_1-u_2\hat{i}_2+\sum\limits_{k=3}^{b}R_k i_k\hat{i}_k=0\\-\hat{u}_1 i_1+\hat{u}_2 i_2+\sum\limits_{k=3}^{b}\hat{u}_k i_k=-\hat{u}_1 i_1+\hat{u}_2 i_2+\sum\limits_{k=3}^{b}R_k\hat{i}_k i_k=0\end{cases} \tag{2-15}$$

由式(2-15)即推得式(2-14)。该推导过程也是文献[12]所给出的。

在式(2-15)并没有规定 R_k 必须为正电阻，如果 R_k 为负电阻，式(2-14)同样是成立的。而当 R_k 为负电阻时，网络 N 内部就将存在受控源。这说明文献[12]的观点是不准确的。

下面给出对图 2-12 电路，式(2-14)成立的更一般的条件：

命题 对图 2-12 电路，测定在两种不同情况下（N 不发生变化）电路的 u_1、i_1、u_2、i_2 和 $\hat{u}_1$、$\hat{i}_1$、$\hat{u}_2$、$\hat{i}_2$，如果 N 为互易二端口网络，则式(2-14)必成立。

证明 不失一般性，采用开路电阻矩阵表示 N 的端口特性，即 N 的开路电阻矩阵为 $\boldsymbol{R}=\begin{bmatrix}r_{11} & r_{12}\\ r_{21} & r_{22}\end{bmatrix}$。则 N 的二端口网络的端口电压、电流分别满足

$$\begin{cases}u_1=r_{11}i_1+r_{12}i_2\\u_2=r_{21}i_1+r_{22}i_2\end{cases},\ \begin{cases}\hat{u}_1=r_{11}\hat{i}_1+r_{12}\hat{i}_2\\\hat{u}_2=r_{21}\hat{i}_1+r_{22}\hat{i}_2\end{cases} \tag{2-16}$$

由式(2-16)可得

$$\begin{aligned}u_1\hat{i}_1+u_2\hat{i}_2-(\hat{u}_1i_1+\hat{u}_2i_2)&=(r_{11}i_1+r_{12}i_2)\hat{i}_1+(r_{21}i_1+r_{22}i_2)\hat{i}_2\\&\quad-(r_{11}\hat{i}_1+r_{12}\hat{i}_2)i_1-(r_{21}\hat{i}_1+r_{22}\hat{i}_2)i_2\\&=(r_{12}-r_{21})(\hat{i}_1i_2-i_1\hat{i}_2)\end{aligned} \tag{2-17}$$

显然，如果 N 为互易二端口网络，则有 $r_{12}=r_{21}$，从而式(2-17)右边为零，即式(2-14)成立，得证。

2.4.2　对文献[12]例题的分析

为与图 2-12 参考方向一致，将文献[12]中图 2(其中图 2(b)中 1 A 电流源有误)重绘，如图 2-13 所示，这样文献[12]中的例题可表述为：如图2-13所示电路，其中 N 为电阻网络，对图 2-13(a)，已知 $i_1=2\,\text{A}$, $u_2=5\,\text{V}$；对图 2-13(b)，已知 $\hat{u}_1=3\,\text{V}$。试求$\hat{u}_2$。

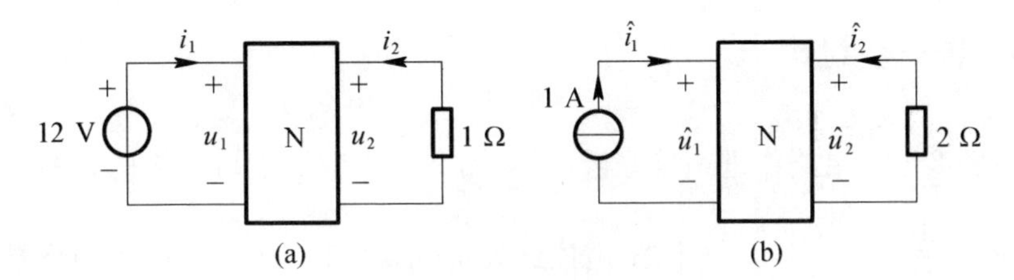

图 2-13　例题图

(a) 测量电路 1；(b) 测量电路 2

由式(2-14)可得

$$u_1\hat{i}_1+u_2\hat{i}_2=12\times1+5(-\hat{u}_2/2)=\hat{u}_1i_1+\hat{u}_2i_2=3\times2+\hat{u}_2\times(-5)$$

解得 $\hat{u}_2=-2.4\,\text{V}$，该答案也与文献[13]第 289 页例题结果一致。

文献[12]指出图 2-13 电路中的 N 含有受控源，因此运用式(2-14)是不正确的。其实不然，构造满足上述例题条件的电路，如图 2-14 所示。

对图 2-14 电路进行分析(具体过程略)，可得到 $u_1=12\,\text{V}$，$u_2=5\,\text{V}$，$i_1=2\,\text{A}$，$i_2=-5\,\text{A}$；$\hat{u}_1=3\,\text{V}$，$\hat{u}_2=-2.4\,\text{V}$，$\hat{i}_1=1\,\text{A}$，$\hat{i}_2=1.2\,\text{A}$。该结果与上述例题(见图 2-13)结果吻合。

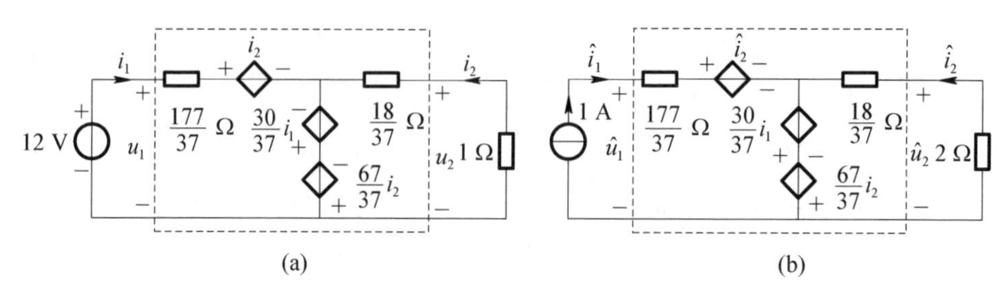

图 2-14 图 2-13 电路的一种实现方法

(a) 图 2-13(a)电路的实现；(b) 图 2-13(b)电路的实现

文献[12]为佐证其论点，给出了一个不满足式(2-14)(或文献[12]中式(3))的例子，具体见文献[12]图 3。该例子的错误根源在于文献[12]图 3(a)满足文献[12]图 2(a)的条件，而文献[12]图 3(b)不满足文献[12]图 2(b)的条件，因此文献[12]图 3 不满足式(2-14)(或文献[12]中式(3))也是十分自然的。事实上，文献[12]图 3 中的二端口网络的开路电阻矩阵为 $\boldsymbol{R}=\frac{1}{49}\begin{bmatrix}444 & 60\\360 & 95\end{bmatrix}\Omega$，由于 $r_{12}\neq r_{21}$，因此该二端口网络不是互易的。

2.4.3 进一步讨论

对图 2-14 电路作进一步分析，可知图 2-14 中二端口网络的开路电阻矩阵为 $\boldsymbol{R}=\frac{1}{37}\begin{bmatrix}147 & -30\\-30 & -49\end{bmatrix}\Omega$，由该结果可知，图 2-14 中二端口网络是互易的，式(2-14)必成立。为说明问题，设计第三种测量方案，如图 2-15 所示，即在二端口网络的左端接一戴维南支路，右端接一电阻支路。经过计算，图 2-15 中二端口网络的电压、电流分别为 $u_1=6\,\text{V}$，$u_2=-4.8\,\text{V}$，$i_1=2\,\text{A}$，$i_2=2.4\,\text{A}$。该组计算结果与图 2-14 的两组计算结果一起，通过验算可知，任意两组结果都

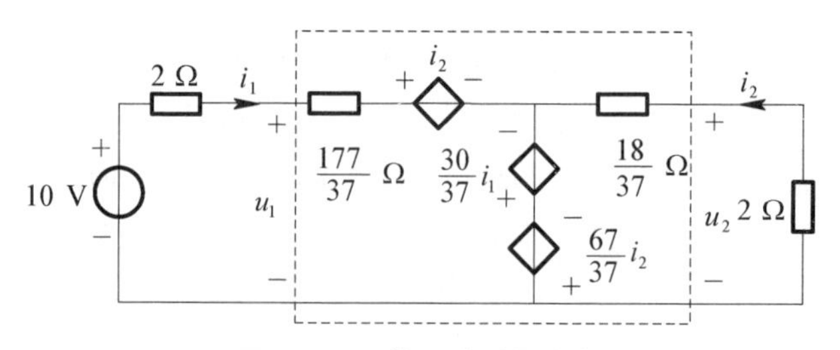

图 2-15 第三种测量方案

满足式(2 - 14)。这进一步说明了即使二端口网络中存在受控源,只要该二端口网络是互易的,式(2 - 14)就成立。

2.4.4 结语

本文针对文献[12]的讨论对特勒根定理应用常见的题型进行了再分析,指出式(2 - 14)成立的条件是电路中的二端口网络为互易网络。特别指出了当二端口网络中存在受控源时,只要该二端口网络是互易的,式(2 - 14)必成立。

2.5 互易电路回路矩阵和节点矩阵的对称性

互易电路是一类较为特殊的电路,它是电路理论中较为重要的内容之一。对于仅含电阻的网络(不含独立电源),其必为互易电路,且电路的回路矩阵和节点矩阵关于主对角线对称[3, 11]。由于这一现象的存在,有一种观点认为,回路矩阵和节点矩阵对称是互易电路的一个基本特性。事实上,在几乎所有的电路理论文献中,叙述和证明互易定理时都是针对仅含电阻的网络这一互易电路的特殊电路形式而展开的。尽管仅含电阻的网络必为互易电路,但在某些情况下,当电路中包含受控源时,电路也具有互易特性。对于含受控源的互易电路,其回路矩阵和节点矩阵是否仍然是对称的,或者说,回路矩阵和节点矩阵对称是否确实是互易电路的充分或必要条件,这是在进行互易电路研究时应该弄清楚的问题。

不失一般性,文中所讨论的电路均为电阻电路。

2.5.1 回路矩阵和节点矩阵对称是电路互易性的充分条件

对于不含独立电源的电路,如果其回路矩阵和节点矩阵对称,则该电路必为互易电路。下面给出该结论的证明。首先给出如下引理:

引理 1 如果 $\boldsymbol{A}$ 为可逆的对称矩阵,则 $\boldsymbol{A}^{-1}$ 必为对称矩阵。

证明

$$[\boldsymbol{A}^{-1}]^{\mathrm{T}} = [\boldsymbol{A}^{\mathrm{T}}]^{-1} = \boldsymbol{A}^{-1}$$

因此结论成立。

引理 2 如果 $\boldsymbol{B}$ 为 $m \times n$ 维的矩阵,$\boldsymbol{A}$ 为的 $n \times n$ 维可逆的对称矩阵,则

$\boldsymbol{B}\boldsymbol{A}^{-1}\boldsymbol{B}^{\mathrm{T}}$必为 $m \times m$ 维的对称矩阵。

证明

$$[\boldsymbol{B}\boldsymbol{A}^{-1}\boldsymbol{B}^{\mathrm{T}}]^{\mathrm{T}} = [\boldsymbol{B}^{\mathrm{T}}]^{\mathrm{T}}[\boldsymbol{A}^{-1}]^{\mathrm{T}}\boldsymbol{B}^{\mathrm{T}} = \boldsymbol{B}\boldsymbol{A}^{-1}\boldsymbol{B}^{\mathrm{T}}$$

因此结论成立。

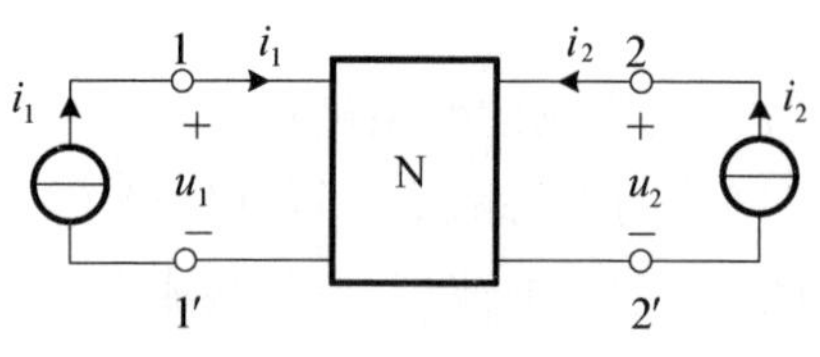

图 2-16　电路的互易性

定理　如图 2-16 所示，N 为不包含独立电源的线性非时变二端口电路，假设电路的回路矩阵(或节点矩阵)对称，则在电路具有唯一解的情况下，N 必为互易电路。

证明　不失一般性，假设图 2-16 电路具有 n 个独立回路，其回路电流取为 $i_1, i_2, \cdots, i_n$，利用电路回路矩阵的对称性，可列写出如下形式的回路方程

$$\begin{cases} r_{11}i_1 + r_{12}i_2 + r_{13}i_3 + \cdots + r_{1n}i_n = u_1 \\ r_{12}i_1 + r_{22}i_2 + r_{23}i_3 + \cdots + r_{2n}i_n = u_2 \\ r_{13}i_1 + r_{23}i_2 + r_{33}i_3 + \cdots + r_{3n}i_n = 0 \\ \quad \vdots \\ r_{1n}i_1 + r_{2n}i_2 + r_{3n}i_3 + \cdots + r_{nn}i_n = 0 \end{cases} \tag{2-18}$$

式中，$r_{ij}(i, j = 1, 2, \cdots, n$ 且 $i \leqslant j)$ 为回路方程的系数。将式(2-18)写成分块矩阵的形式，有

$$\begin{bmatrix} \begin{bmatrix} r_{11} & r_{12} \\ r_{12} & r_{22} \end{bmatrix} & \begin{bmatrix} r_{13} & \cdots & r_{1n} \\ r_{23} & \cdots & r_{2n} \end{bmatrix} \\ \begin{bmatrix} r_{13} & r_{23} \\ \vdots & \vdots \\ r_{1n} & r_{2n} \end{bmatrix} & \begin{bmatrix} r_{33} & \cdots & r_{3n} \\ \vdots & \ddots & \vdots \\ r_{3n} & \cdots & r_{nn} \end{bmatrix} \end{bmatrix} \begin{bmatrix} \begin{bmatrix} i_1 \\ i_2 \end{bmatrix} \\ \begin{bmatrix} i_3 \\ \vdots \\ i_n \end{bmatrix} \end{bmatrix} = \begin{bmatrix} \begin{bmatrix} u_1 \\ u_2 \end{bmatrix} \\ \begin{bmatrix} 0 \\ \vdots \\ 0 \end{bmatrix} \end{bmatrix} \tag{2-19}$$

令

$$\begin{cases} \boldsymbol{R} = \begin{bmatrix} r_{11} & r_{12} \\ r_{12} & r_{22} \end{bmatrix}, \boldsymbol{R}_{12} = \begin{bmatrix} r_{13} & \cdots & r_{1n} \\ r_{23} & \cdots & r_{2n} \end{bmatrix}, \boldsymbol{R}' = \begin{bmatrix} r_{33} & \cdots & r_{3n} \\ \vdots & \ddots & \vdots \\ r_{3n} & \cdots & r_{nn} \end{bmatrix} \\ \boldsymbol{i} = \begin{bmatrix} i_1 \\ i_2 \end{bmatrix}, \boldsymbol{u} = \begin{bmatrix} u_1 \\ u_2 \end{bmatrix}, \boldsymbol{i}' = \begin{bmatrix} i_3 \\ \vdots \\ i_n \end{bmatrix} \end{cases}$$

则式(2-19)可简写为

$$\begin{bmatrix} \boldsymbol{R} & \boldsymbol{R}_{12} \\ \boldsymbol{R}_{12}^{\mathrm{T}} & \boldsymbol{R}' \end{bmatrix} \begin{bmatrix} \boldsymbol{i} \\ \boldsymbol{i}' \end{bmatrix} = \begin{bmatrix} \boldsymbol{u} \\ \boldsymbol{0} \end{bmatrix} \tag{2-20}$$

由式(2-20)可得

$$\boldsymbol{R}\boldsymbol{i} + \boldsymbol{R}_{12}\boldsymbol{i}' = \boldsymbol{u} \tag{2-21}$$

$$\boldsymbol{R}_{12}^{\mathrm{T}}\boldsymbol{i} + \boldsymbol{R}'\boldsymbol{i}' = \boldsymbol{0} \tag{2-22}$$

当对称矩阵 $\boldsymbol{R}'$为可逆矩阵时，由式(2-22)可得

$$\boldsymbol{i}' = -(\boldsymbol{R}')^{-1}\boldsymbol{R}_{12}^{\mathrm{T}}\boldsymbol{i} \tag{2-23}$$

上式的成立是必然的，这是由于图 2-16 电路具有唯一解，由齐次性定理可知，$\boldsymbol{i}'$必可表示为式(2-23)的形式。这也说明 $\boldsymbol{R}'$必为可逆矩阵。

将式(2-23)代入式(2-21)，得

$$[\boldsymbol{R} - \boldsymbol{R}_{12}(\boldsymbol{R}')^{-1}\boldsymbol{R}_{12}^{\mathrm{T}}]\boldsymbol{i} = \boldsymbol{u} \tag{2-24}$$

令 $\boldsymbol{R}_{\mathrm{N}} = \boldsymbol{R} - \boldsymbol{R}_{12}(\boldsymbol{R}')^{-1}\boldsymbol{R}_{12}^{\mathrm{T}}$，则由引理可知，$\boldsymbol{R}_{\mathrm{N}}$为对称矩阵。而 $\boldsymbol{R}_{\mathrm{N}}$就是二端口电路 N 的开路电阻矩阵，由于其为对称矩阵，因此 N 必为互易电路[5]。

同理可证，如果图 2-16 电路的节点矩阵对称，则在电路具有唯一解的情况下，N 必为互易电路。

2.5.2　回路矩阵和节点矩阵对称不是电路互易性的必要条件

尽管仅含电阻的网络必为互易电路，其回路矩阵和节点矩阵也必对称，但并不是任意互易电路的回路矩阵和节点矩阵都对称。下面举例加以说明。

如图 2-17 所示为非对称回路矩阵的互易二端口电路的例子。选取独立回路为网孔，网孔电流分别为 i_1、i_3、i_2，列写回路(也即网孔)方程为

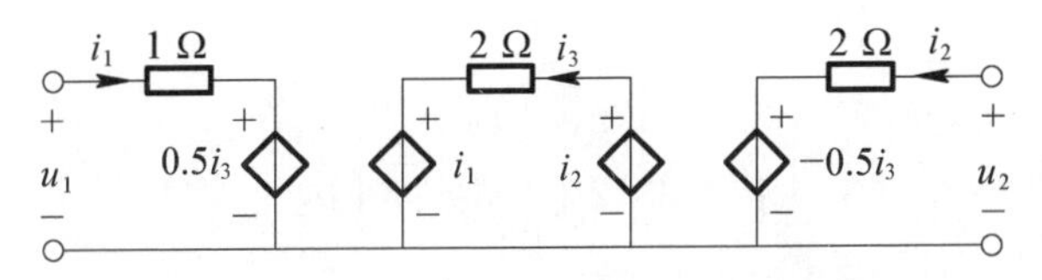

图 2-17　非对称回路矩阵的互易电路

$$\begin{bmatrix} 1 & 0.5 & 0 \\ 1 & 2 & -1 \\ 0 & -0.5 & 2 \end{bmatrix} \begin{bmatrix} i_1 \\ i_3 \\ i_2 \end{bmatrix} = \begin{bmatrix} u_1 \\ 0 \\ u_2 \end{bmatrix} \tag{2-25}$$

显然,回路(网孔)矩阵 $\boldsymbol{R} = \begin{bmatrix} 1 & 0.5 & 0 \\ 1 & 2 & -1 \\ 0 & -0.5 & 2 \end{bmatrix}$ 为非对称矩阵。由式(2-25)消去 i_3,得

$$\begin{bmatrix} 3/4 & 1/4 \\ 1/4 & 7/4 \end{bmatrix} \begin{bmatrix} i_1 \\ i_2 \end{bmatrix} = \begin{bmatrix} u_1 \\ u_2 \end{bmatrix} \tag{2-26}$$

可见,图 2-17 电路的开路电阻矩阵是对称的,因此图 2-17 电路是互易的。

如图 2-18 所示为对称回路矩阵的互易二端口电路的例子。同样选取独立回路为网孔,网孔电流分别为 i_1、i_3、i_2,列写回路(也即网孔)方程为

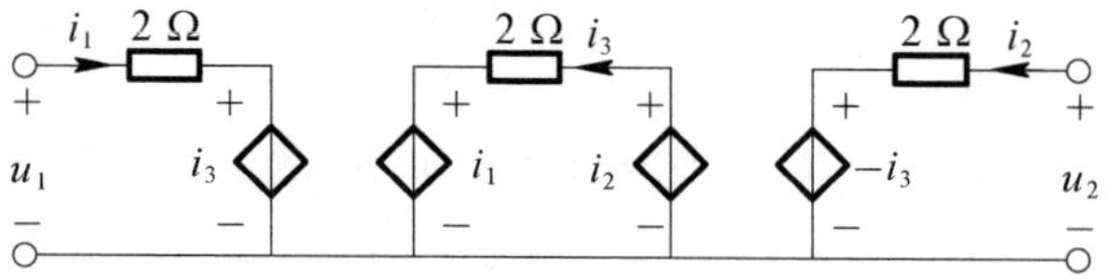

图 2-18　对称回路矩阵的互易电路

$$\begin{bmatrix} 2 & 1 & 0 \\ 1 & 2 & -1 \\ 0 & -1 & 2 \end{bmatrix} \begin{bmatrix} i_1 \\ i_3 \\ i_2 \end{bmatrix} = \begin{bmatrix} u_1 \\ 0 \\ u_2 \end{bmatrix} \tag{2-27}$$

显然,回路(网孔)矩阵 $\boldsymbol{R} = \begin{bmatrix} 2 & 1 & 0 \\ 1 & 2 & -1 \\ 0 & -1 & 2 \end{bmatrix}$ 为对称矩阵。由式(2-27)消去 i_3,得

$$\begin{bmatrix} 3/2 & 1/2 \\ 1/2 & 3/2 \end{bmatrix} \begin{bmatrix} i_1 \\ i_2 \end{bmatrix} = \begin{bmatrix} u_1 \\ u_2 \end{bmatrix} \tag{2-28}$$

可见,图 2-18 电路的开路电阻矩阵也是对称的,因此图 2-18 电路是互易的。

由上面的讨论可知，对于含受控源的互易电路，电路的回路矩阵可以是对称的，也可以是非对称的。可以证明，对于含受控源的互易电路，电路的节点矩阵同样可以是对称的，也可以是非对称的。这说明回路矩阵和节点矩阵对称不是电路互易性的必要条件。

2.5.3　结语

本节讨论了电路回路矩阵和节点矩阵对称性与电路互易性之间的关系，即对不含独立电源的电路，如果其回路矩阵和节点矩阵对称，则电路必然是互易的，反之不然。由于目前的电路文献在介绍互易定理时往往侧重于讨论仅含电阻电路的互易性，因此容易造成电路回路矩阵和节点矩阵对称性与电路互易性等价的误解。基于这一问题的讨论，有助于正确理解互易性的概念。

2.6　对互易电路性质的补充讨论

互易电路是指满足端口互易特性的电路。对于不含独立电源的电路，如果该电路对外具有两个端口，构成二端口电路，当该二端口电路的参数矩阵的元素满足如下关系，即

$$r_{12}=r_{21} \tag{2-29}$$

$$g_{12}=g_{21} \tag{2-30}$$

$$h_{21}=-h_{12} \tag{2-31}$$

$$\hat{h}_{21}=-\hat{h}_{12} \tag{2-32}$$

$$\Delta_a=a_{11}a_{22}-a_{12}a_{21}=1 \tag{2-33}$$

$$\Delta_{\hat{a}}=\hat{a}_{11}\hat{a}_{22}-\hat{a}_{12}\hat{a}_{21}=1 \tag{2-34}$$

则称该电路为互易电路或互易二端口电路[2]。

互易定理是互易电路性质的概括与总结，电路理论中一般将互易定理描述为三种形式[2, 3]或两种形式[14]。三种形式可简单地表述为，对于互易电路，电路的正向转移电阻和反向转移电阻相等；电路的正向转移电导和反向转移电导相等；电路的正向转移电流比和反向转移电压比大小相等，符号相反。上述三个结

论如果用二端口电路的参数矩阵来描述,正好对应式(2-29)～式(2-31)。

由于描述二端口电路的参数矩阵有6种形式,从逻辑上讲,由式(2-29)～式(2-34)可知互易电路的性质应该有6种表现形式,除互易定理的三种形式外,互易电路还具有式(2-32)～式(2-34)所表达的性质。下面就式(2-32)～式(2-34)所表达的性质作一补充讨论。

2.6.1 互易电路性质的补充讨论

针对式(2-32),可推出互易电路具有如下性质。

互易电路补充性质之一: 已知图2-19所示电路中N为互易电路,如果在端口11′施加电压源激励u_{S1},在端口22′得到电压响应u_2,如图2-19(a)所示。反之,对端口22′施加电流源激励i_{S2},可在端口11′得到电流响应i_1,如图2-19(b)所示。则在电路具有唯一解的情况下,有

$$\frac{u_2}{u_{S1}}=\frac{i_1}{i_{S2}} \tag{2-35}$$

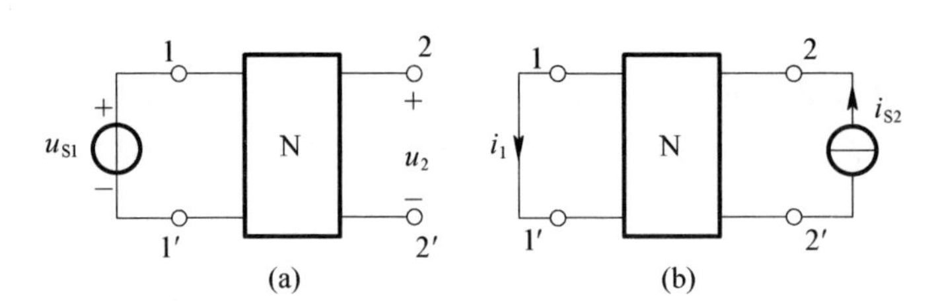

图2-19 互易电路补充性质之一

(a) 互易电路补充性质用图1;(b) 互易电路补充性质用图2

上述性质可直接由式(2-32)推出。由该性质可知,如果N为互易电路,则电路的正向转移电压比和反向转移电流比大小相等,符号相反。请注意该性质与电路理论中互易定理形式3的区别[3]。

针对式(2-33),可推出互易电路具有如下性质。

互易电路补充性质之二: 已知图2-20所示电路中N为互易电路,如果在端口11′施加电压源激励或电流源激励,在端口22′得到电压响应或电流响应,分别如图2-20(a)～(d)所示。则在电路具有唯一解的情况下,有

$$\frac{u_{S1}}{u_2}\cdot\frac{i_{S1}}{i_2}-\frac{u'_{S1}}{i'_2}\cdot\frac{i'_{S1}}{u'_2}=1 \tag{2-36}$$

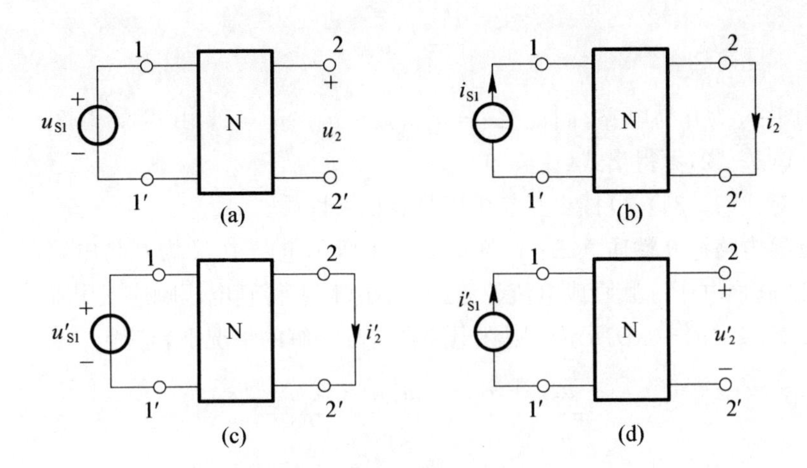

图 2-20　互易电路补充性质之二

(a) 互易电路补充性质用图 3；(b) 互易电路补充性质用图 4；
(c) 互易电路补充性质用图 5；(d) 互易电路补充性质用图 6

证明　不失一般性，假设二端口电路 N 的 a 参数矩阵为 $\boldsymbol{A}=\begin{bmatrix} a_{11} & a_{12} \\ a_{21} & a_{22} \end{bmatrix}$，则对图 2-20(a)电路，有

$$u_{S1}=a_{11}u_2+a_{12}\times(-0) \tag{2-37}$$

由式(2-37)可得

$$\frac{u_{S1}}{u_2}=a_{11} \tag{2-38}$$

同理，由图 2-20(b)电路，有

$$i_{S1}=a_{21}\times 0+a_{22}i_2 \tag{2-39}$$

由式(2-39)可得

$$\frac{i_{S1}}{i_2}=a_{22} \tag{2-40}$$

类似地，由图 2-20(c)、(d)可得到如下关系式

$$\frac{u'_{S1}}{i'_2}=a_{12} \tag{2-41}$$

$$\frac{i'_{S1}}{u'_2}=a_{21} \tag{2-42}$$

由于N为互易电路，因此 $\Delta_a=a_{11}a_{22}-a_{12}a_{21}=1$，由式(2-38)、式(2-40)～式(2-42)可得出式(2-36)。

针对式(2-34)，可推出互易电路具有如下性质。

互易电路补充性质之三：已知图2-21所示电路中N为互易电路，如果在端口22′施加电压源激励或电流源激励，在端口11′得到电压响应或电流响应，分别如图2-21(a)～(d)所示。则在电路具有唯一解的情况下，有

$$\frac{u_{S2}}{u_1}\cdot\frac{i_{S2}}{i_1}-\frac{u'_{S2}}{i'_1}\cdot\frac{i'_{S2}}{u'_1}=1 \tag{2-43}$$

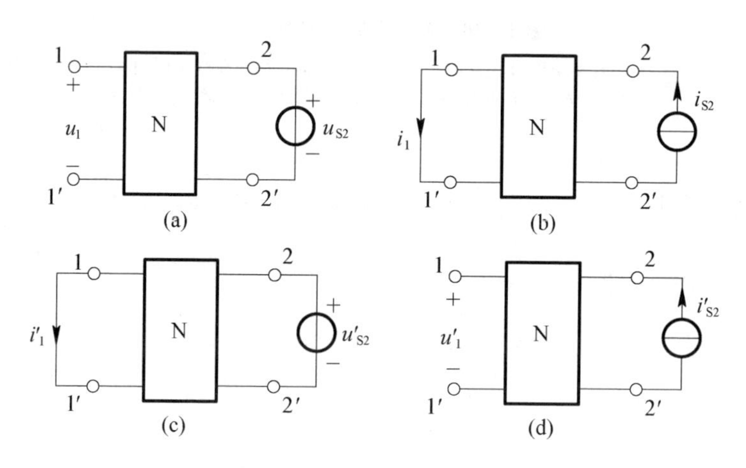

图2-21 互易电路补充性质之三

(a) 互易电路补充性质用图7；(b) 互易电路补充性质用图8；
(c) 互易电路补充性质用图9；(d) 互易电路补充性质用图10

上述性质的证明与互易电路补充性质之二的证明类似。

2.6.2 互易定理和补充性质之间的关系

由于描述二端口电路的6种参数矩阵之间可以相互转换，因此对互易电路，如果描述其端口特性的6种参数矩阵都存在，则互易定理的三种形式和三种补充性质中任意一者都可推出其他五者，即互易电路的6种性质是完全等价的。但是，并非所有的二端口电路都存在6种参数矩阵，因此对互易电路，如果描述其端口特性的某一种参数矩阵不存在，则与之对应的性质也就不存在。从这个

意义上讲，互易电路的六种性质之间具有一定的独立性。下面举例说明。

如图2-22所示，电路均由电阻元件构成，因此它们都是互易电路，经过计算可知，图2-22(a)电路不存在$\boldsymbol{G}$矩阵，因此不满足正向转移电导和反向转移电导相等这一性质。图2-22(b)电路不存在$\boldsymbol{R}$矩阵，因此不满足正向转移电阻和反向转移电阻相等这一性质。图2-22(c)电路不存在$\boldsymbol{G}$、$\boldsymbol{H}$、$\boldsymbol{A}$、$\hat{\boldsymbol{A}}$矩阵，因此该仅满足正向转移电阻和反向转移电阻相等、补充性质之一。

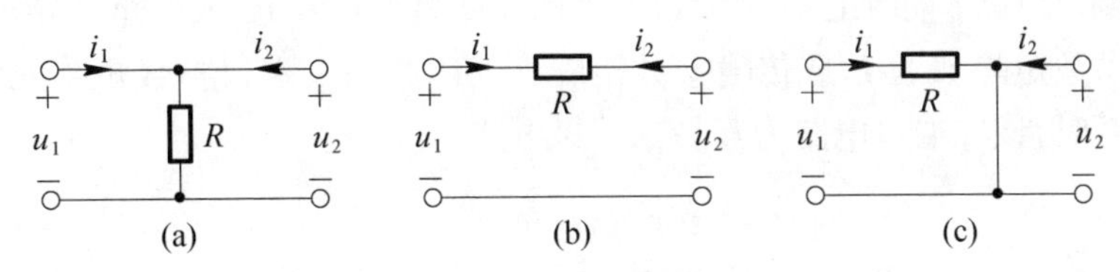

图2-22　互易电路

(a) 二端口电路图1；(b) 二端口电路图2；(c) 二端口电路图3

值得指出的是，对互易电路，如果其$\boldsymbol{A}$矩阵存在，由于$\boldsymbol{A}$矩阵元素满足式(2-33)，由$\boldsymbol{A}$矩阵与$\hat{\boldsymbol{A}}$矩阵的转换关系可知，对应的$\hat{\boldsymbol{A}}$矩阵必存在。反之，如果$\hat{\boldsymbol{A}}$矩阵存在，则对应的$\boldsymbol{A}$矩阵必存在。因此补充性质之二和补充性质之三可互相推出，两者等价。

2.6.3　结语

由于二端口电路可以有6种参数矩阵描述形式，因此对互易二端口电路具有式(2-29)～式(2-34)由矩阵参数所表达的6种性质，与之对应，互易二端口电路的端口电压、电流关系应具有互易定理3种形式和3种补充性质所表达的性质。

上面在互易定理的基础上给出互易电路所具有的三个补充性质，同时给出了相应的证明，通过这些讨论，有助于正确理解互易性的概念。

2.7　互易二端口网络的互连

互易电路是一类较为特殊的电路，而互易二端口电路是互易电路的典型形式，其性质可由互易定理加以描述。二端口电路的互连亦是电路理论的重要内容。如果将互易二端口电路互连，互连后得到的二端口电路是否仍然满足互易性？如果要满足互易性则需设定什么条件？互易二端口电路的互连有何应用？下面对这些问题进行讨论。

2.7.1 互易二端口电路的判定规则

可通过二端口电路的参数矩阵元素间的关系来判定一个二端口电路是否为互易二端口电路。如果已知二端口电路的开路电阻矩阵 $\boldsymbol{R}$，或电路电导矩阵 $\boldsymbol{G}$，或混合参数矩阵 $\boldsymbol{H}$、$\hat{\boldsymbol{H}}$，或传输参数矩阵 $\mathbf{A}$、$\hat{\mathbf{A}}$，则当二端口参数矩阵元素满足如下关系时，该二端口电路为互易二端口电路[2]：

$$\begin{cases} r_{21}=r_{12} \\ g_{21}=g_{12} \\ h_{21}=-h_{12} \\ \hat{h}_{21}=-\hat{h}_{12} \\ \Delta_a=a_{11}a_{22}-a_{12}a_{21}=1 \\ \Delta_{\hat{a}}=\hat{a}_{11}\hat{a}_{22}-\hat{a}_{12}\hat{a}_{21}=1 \end{cases} \tag{2-44}$$

2.7.2 互易二端口电路互连的互易性

常见的二端口互连形式包括串联、并联、串-并联、并-串联、级联等，如果互连的二端口电路是互易的，则在各种互连形式下得到的总二端口电路的互易性可由下述结论来描述：

对互易二端口电路 N_1、N_2，如果互连（串联、并联、串-并联、并-串联、级联）后 N_1、N_2 仍然满足端口定义，则互连得到的总二端口电路也是互易的。

证明　（1）串联和并联。假设 N_1、N_2 的 r 参数矩阵分别为 $\boldsymbol{R}_1=\begin{bmatrix} r_{11} & r_{12} \\ r_{21} & r_{22} \end{bmatrix}$、$\boldsymbol{R}_2=\begin{bmatrix} r'_{11} & r'_{12} \\ r'_{21} & r'_{22} \end{bmatrix}$，串联后总二端口电路 r 参数矩阵为 $\boldsymbol{R}$。由于串联后 N_1、N_2 仍然满足端口定义，因此

$$\boldsymbol{R}=\boldsymbol{R}_1+\boldsymbol{R}_2=\begin{bmatrix} r_{11}+r'_{11} & r_{12}+r'_{12} \\ r_{21}+r'_{21} & r_{22}+r'_{22} \end{bmatrix} \tag{2-45}$$

又 N_1、N_2 是互易的，由式(2-44)可得，$r_{21}=r_{12}$，$r'_{21}=r'_{12}$，因此

$$r_{12}+r'_{12}=r_{21}+r'_{21} \tag{2-46}$$

即 $\boldsymbol{R}$ 为对称矩阵，因此串联后总二端口电路是互易的。

同理可证互易二端口电路 N_1、N_2 并联后总二端口电路也是互易的。

(2) 串-并联和并-串联。假设 N_1、N_2 的 h 参数矩阵分别为 $\boldsymbol{H}_1=\begin{bmatrix} h_{11} & h_{12} \\ h_{21} & h_{22} \end{bmatrix}$、$\boldsymbol{H}_2=\begin{bmatrix} h'_{11} & h'_{12} \\ h'_{21} & h'_{22} \end{bmatrix}$，串-并联后总二端口电路 h 参数矩阵为 $\boldsymbol{H}$。由于串-并联后 N_1、N_2 仍然满足端口定义，因此

$$\boldsymbol{H}=\boldsymbol{H}_1+\boldsymbol{H}_2=\begin{bmatrix} h_{11}+h'_{11} & h_{12}+h'_{12} \\ h_{21}+h'_{21} & h_{22}+h'_{22} \end{bmatrix} \tag{2-47}$$

又 N_1、N_2 是互易的，由式(2-44)可得，$h_{21}=-h_{12}$，$h'_{21}=-h'_{12}$，因此

$$h_{21}+h'_{21}=-(h_{12}+h'_{12}) \tag{2-48}$$

由式(2-44)可知，串-并联后总二端口电路是互易的。

同理可证互易二端口电路 N_1、N_2 并-串联后总二端口电路也是互易的。

(3) 级联。假设 N_1、N_2 的 a 参数矩阵分别为 $\boldsymbol{A}_1=\begin{bmatrix} a_{11} & a_{12} \\ a_{21} & a_{22} \end{bmatrix}$、$\boldsymbol{A}_2=\begin{bmatrix} a'_{11} & a'_{12} \\ a'_{21} & a'_{22} \end{bmatrix}$，级联后总二端口电路 a 参数矩阵为 $\boldsymbol{A}$。由于级联后 N_1、N_2 总是满足端口定义，因此

$$\boldsymbol{A}=\boldsymbol{A}_1\boldsymbol{A}_2=\begin{bmatrix} a_{11} & a_{12} \\ a_{21} & a_{22} \end{bmatrix}\begin{bmatrix} a'_{11} & a'_{12} \\ a'_{21} & a'_{22} \end{bmatrix}=\begin{bmatrix} a_{11}a'_{11}+a_{12}a'_{21} & a_{11}a'_{12}+a_{12}a'_{22} \\ a_{21}a'_{11}+a_{22}a'_{21} & a_{21}a'_{12}+a_{22}a'_{22} \end{bmatrix} \tag{2-49}$$

从而得到

$$\begin{aligned}
|\boldsymbol{A}| &= \begin{vmatrix} a_{11}a'_{11}+a_{12}a'_{21} & a_{11}a'_{12}+a_{12}a'_{22} \\ a_{21}a'_{11}+a_{22}a'_{21} & a_{21}a'_{12}+a_{22}a'_{22} \end{vmatrix} \\
&= (a_{11}a'_{11}+a_{12}a'_{21})(a_{21}a'_{12}+a_{22}a'_{22})-(a_{11}a'_{12}+a_{12}a'_{22})(a_{21}a'_{11}+a_{22}a'_{21}) \\
&= a_{11}a_{21}a'_{11}a'_{12}+a_{11}a_{22}a'_{11}a'_{22}+a_{12}a_{21}a'_{21}a'_{12}+a_{12}a_{22}a'_{21}a'_{22}- \\
&\quad (a_{11}a_{21}a'_{12}a'_{11}+a_{11}a_{22}a'_{12}a'_{21}+a_{12}a_{21}a'_{22}a'_{11}+a_{12}a_{22}a'_{22}a'_{21}) \\
&= a_{11}a_{22}(a'_{11}a'_{22}-a'_{12}a'_{21})-a_{12}a_{21}(a'_{22}a'_{11}-a'_{21}a'_{12})
\end{aligned} \tag{2-50}$$

又 N_1、N_2 是互易的，由式(2-44)可得，$a_{11}a_{22}-a_{12}a_{21}=1$，$a'_{11}a'_{22}-a'_{12}a'_{21}=1$，由该两式及式(2-50)可得

$$|\boldsymbol{A}|=1 \tag{2-51}$$

由式(2-44)可知，级联后总二端口电路是互易的。

由上述证明过程可知，对多个互易二端口电路的互连，上述结论仍然成立。

例 2-3 试判断图 2-23 所示电路是否为互易二端口电路。

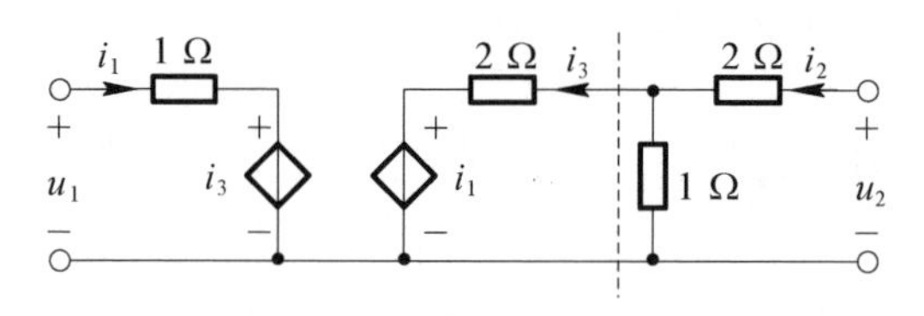

图 2-23 级联二端口电路

解 将图 2-23 电路看作两个二端口电路（从虚线处断开）的级联，由于虚线右边电路仅由电阻构成，因此该二端口电路为互易电路。虚线左边二端口电路的 r 参数矩阵为 $\begin{bmatrix} 1 & 1 \\ 1 & 2 \end{bmatrix}$ Ω，满足互易条件，因此图 2-23 电路为互易的。

也可通过求出图 2-23 电路的参数矩阵进行判断，但过程要复杂一些。

2.7.3 互易二端口电路互连的有效性判断

二端口电路在串联、并联、串-并联、并-串联时存在有效连接（二端口电路互连后仍满足端口定义）的问题[3]。如果要求互易二端口互连后总二端口电路仍然是互易的，则须保证互连是有效连接。如果互连不是有效连接，则可采用变压器隔离法来实现有效连接，图 2-24 给出了并联二端口电路的变压器隔离方法。值得指出的是，变压器可连接在二端口电路 N_1、N_2 的输入、输出端口的任一端口。对串联、串-并联、并-串联二端口电路的变压器隔离方法，可类似给出，此处不再赘述。

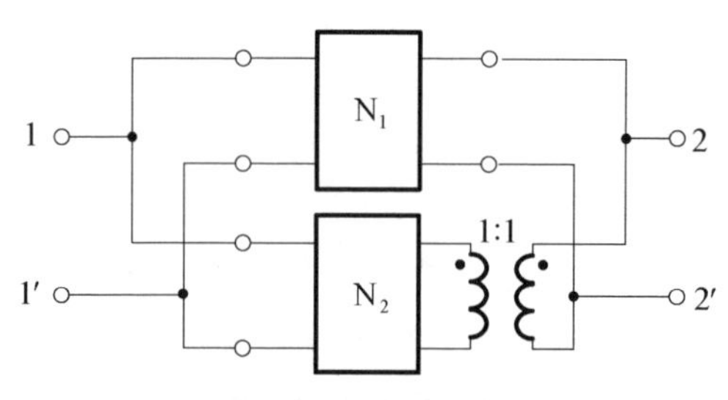

图 2-24 并联二端口电路的变压器隔离

2.7.4 对称二端口电路的互连

对于互易二端口电路，如果互易二端口电路的两个端口可以交换而端口的电压、电流的数值不变，则称该二端口电路是对称的。对称二端口电路的参数矩阵的元素除满足式(2-44)之外，还满足如下关系

$$\begin{cases} r_{11}=r_{22} \\ g_{11}=g_{22} \\ \Delta_h=h_{11}h_{22}-h_{12}h_{21}=1 \\ \Delta_{\hat{h}}=\hat{h}_{11}\hat{h}_{22}-\hat{h}_{12}\hat{h}_{21}=1 \\ a_{11}=a_{22} \\ \hat{a}_{11}=\hat{a}_{22} \end{cases} \tag{2-52}$$

采取类似的推导方法，可以得到如下结论：

对两个对称二端口电路 N_1、N_2，如果互连(串联、并联、串-并联、并-串联、级联)后 N_1、N_2 仍然满足端口定义，则互连得到的总二端口电路也是对称的。

2.7.5 结语

本节针对互易二端口电路互连的互易性进行了讨论，并给出了一般性结论。尽管电路的互易性不具有普遍性，互易电路的性质(互易定理)的应用面也较窄，但通过对电路包括二端口电路互连的互易性进行深入讨论，有助于加深对互易电路及二端口电路互连等概念的理解。

2.8 密勒定理及其应用

密勒定理由 Miller J M 于 1920 年在研究平板电路的真空三极管输入阻抗时提出，也称为密勒效应[15]。利用密勒定理可简化对电路的分析，起到事半功倍的作用。下面就密勒定理及其应用作进一步的讨论。

2.8.1 密勒定理的表述及其证明

密勒定理具有多种表述形式[16, 17]，其较为严谨的表述形式如下：

任一如图 2-25(a)所示具有 n 个节点的电路,设节点 1、2 的电压分别为 u_{n1}、u_{n2}。如已知 $u_{n2}/u_{n1}=A$,则图 2-25(b)所示电路与图 2-25(a)所示电路等效,其中 $R_1=\dfrac{R}{1-A}$,$R_2=\dfrac{R}{1-1/A}$。

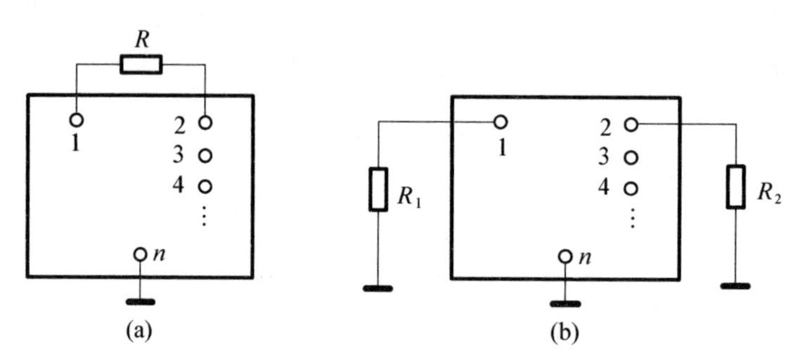

图 2-25　密勒定理

密勒定理有多种证明方法[18]。这里给出另外一种证明。将如图 2-25(a)所示电路等效为图 2-26 所示电路,且使其中节点电压 $u_{n(n+1)}=0$,则有

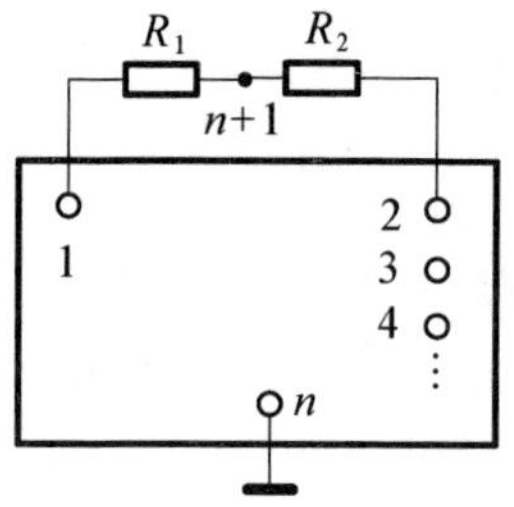

$$R=R_1+R_2 \tag{2-53}$$

$$u_{n(n+1)}=\frac{R_2}{R_1+R_2}u_{n1}+\frac{R_1}{R_1+R_2}u_{n2}=0 \tag{2-54}$$

图 2-26　密勒定理的证明

将 $u_{n2}/u_{n1}=A$ 代入式(2-54),可得

$$R_2+AR_1=0 \tag{2-55}$$

联立式(2-53)和式(2-55),解得

$$R_1=\frac{R}{1-A},\ R_2=\frac{R}{1-1/A} \tag{2-56}$$

而图 2-26 所示电路与图 2-25(b)所示电路等效,由此定理得证。

从密勒定理的表述中可以看出,对于具有支路连接的两个节点,如知道该两节点的电压,则利用密勒定理可消除两节点的支路连接关系,从而使得电路的分析过程得到简化。如果将图 2-25(a)中的节点 1 看作输入节点,节点 2 看作输出节点,则利用密勒定理可简化输入、输出电阻的计算。

和其他电路定理类似,密勒定理在相量域或拉普拉斯变换域中都有相应的

表现形式。

2.8.2　密勒定理的应用

密勒定理在电路分析中具有广泛的应用，下面通过例子加以说明。

例 2-4　如图 2-27(a)所示电路，试求电压 u。

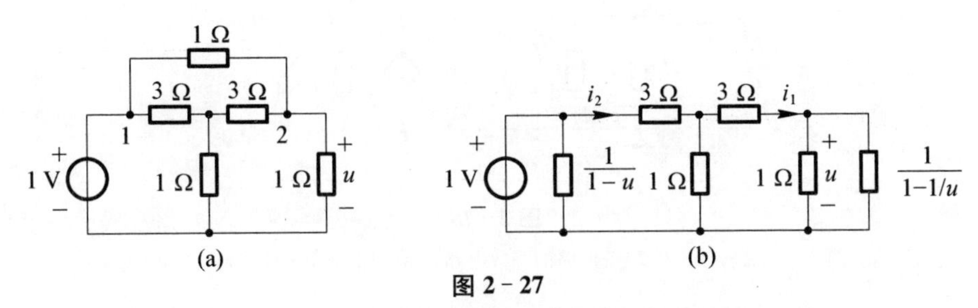

图 2-27

(a) 例 2-4 电路；(b) 利用密勒定理得到的等效电路

解　本例可采用 T-Π 等效变换法或节点法或回路法求解，这里采用密勒定理求解。取电压源的负极为参考节点，由密勒定理，$u_{n1}=1\text{ V}$，$u_{n2}=u$，$A=u$，从而可得到图 2-27(b)所示电路，由 KCL 可得

$$i_1=\frac{u}{1}+\frac{u}{1/(1-1/u)}=2u-1 \tag{2-57}$$

$$i_2=i_1+\frac{3i_1+u}{1}=9u-4 \tag{2-58}$$

由 KVL 可得

$$1=3i_2+3i_1+u \tag{2-59}$$

将式(2-57)和式(2-58)代入式(2-59)，可解得 $u=\dfrac{8}{17}\text{ V}$，与采用其他方法得到的结果相同。

由例 2-4 可见，即使节点电压未知，也可采用密勒定理对电路进行分析。

例 2-5　试求图 2-28(a)所示电路的电压比 $H=u_o/u_S$，设运算放大器的开环增益为 A，输入电阻为无穷大，输出电阻为零。

解　首先画出图 2-28(a)所示电路的等效电路如图 2-28(b)所示，再由密勒定理可得图 2-28(c)所示等效电路。由图 2-28(c)可得

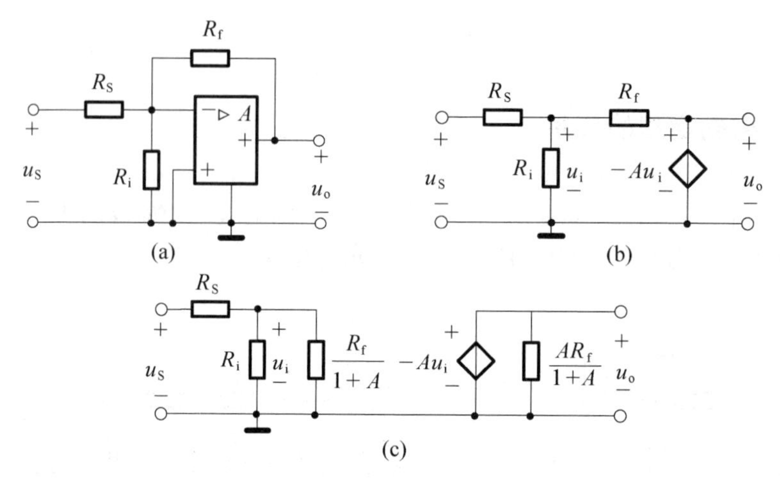

图 2-28

(a) 例 2-5 电路；(b) 例 2-5 电路的等效电路；(c) 利用密勒定理得到的等效电路

$$u_i=\frac{R_i//\dfrac{R_f}{1+A}}{R_S+R_i//\dfrac{R_f}{1+A}}u_S=\frac{u_S/R_S}{\dfrac{1}{R_S}+\dfrac{1}{R_i}+\dfrac{1+A}{R_f}} \tag{2-60}$$

因此

$$H=\frac{u_o}{u_S}=\frac{-Au_i}{u_S}=-\frac{A/R_S}{\dfrac{1}{R_S}+\dfrac{1}{R_i}+\dfrac{1+A}{R_f}} \tag{2-61}$$

用其他方法分析例 2-5 电路都不如采用密勒定理来得简洁。

例 2-6　图 2-29(a)所示为一电容倍增电路。试求输入端口的等效电路。

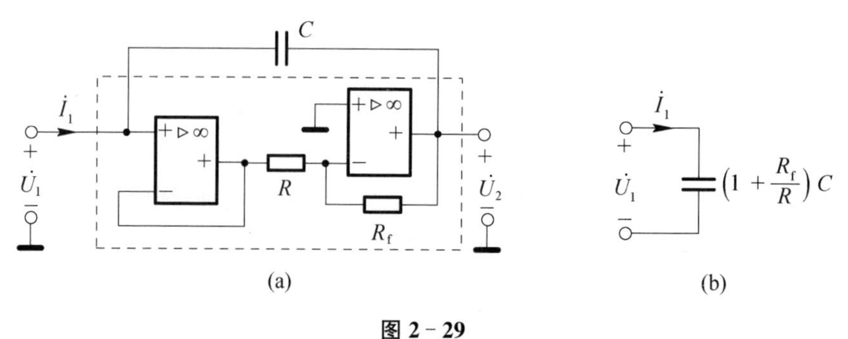

图 2-29

(a) 例 2-6 电路；(b) 等效电路

解　由图 2-29(a)电路可知,电容两端的电压相量之比为 $A=\dot{U}_2/\dot{U}_1=1\times(-R_f/R)=-R_f/R$。再由密勒定理可知,电容支路等效于在输入端跨接 $(1+R_f/R)C$ 的电容,在输出端跨接 $(1+R/R_f)C$ 的电容。利用理想运算放大器的"虚断"特性,可得出输入端的等效电路如图 2-29(b)所示。

2.8.3　结语

本节通过举例说明了密勒定理在电路分析中的应用。其实,密勒定理在电路分析中还有更广泛的应用,如在理想微分电路、电容补偿、电阻补偿、滤波器电路等方面,密勒定理都有很好的应用[17],由于篇幅所限,不再赘述。随着对密勒定理的进一步深入研究,还会挖掘出密勒定理在电路中更有意义的价值。

2.9　二端口网络有效互连的判据和实现

二端口网络是网络理论的一个相当重要的组成部分。一些功能不同的二端口网络适当地连接在一起会实现某种特定的功能。二端口网络间的连接方式有:并联、串联、串-并联、并-串联和级联。除级联方式外,其他互连方式都存在有效互连的问题,只有在有效连接的情况下,讨论二端口网络的参数矩阵与各分二端口网络参数矩阵的关系才有意义[3, 19, 20]。为什么二端口网络互连存在有效连接的问题?二端口网络互连有效判据的实质是什么?当互连的二端口网络不满足有效连接判据时如何实现有效连接?下面对上述问题作一讨论。这里仅以二端口网络的串联连接为例加以说明。

2.9.1　二端口网络互连的有效性

对于两个二端口网络的串联连接,采用开路阻抗参数矩阵加以分析较为简便。假设二端口网络 N1、N2 及串联连接后的复合二端口网络的开路阻抗参数矩阵分别为 $\boldsymbol{Z}_1$、$\boldsymbol{Z}_2$、$\boldsymbol{Z}_3$,根据开路阻抗参数矩阵的定义,由图 2-30 可知

$$\begin{bmatrix} u'_1 \\ u'_2 \end{bmatrix}=\boldsymbol{Z}_1\begin{bmatrix} i_1 \\ i_2 \end{bmatrix} \tag{2-62}$$

$$\begin{bmatrix} u''_1 \\ u''_2 \end{bmatrix} = \boldsymbol{Z}_2 \begin{bmatrix} i_1 \\ i_2 \end{bmatrix} \tag{2-63}$$

$$\begin{bmatrix} u_1 \\ u_2 \end{bmatrix} = \boldsymbol{Z} \begin{bmatrix} i_1 \\ i_2 \end{bmatrix} \tag{2-64}$$

$$\begin{bmatrix} u_1 \\ u_2 \end{bmatrix} = \begin{bmatrix} \hat{u}'_1 \\ \hat{u}'_2 \end{bmatrix} + \begin{bmatrix} \hat{u}''_1 \\ \hat{u}''_2 \end{bmatrix} \tag{2-65}$$

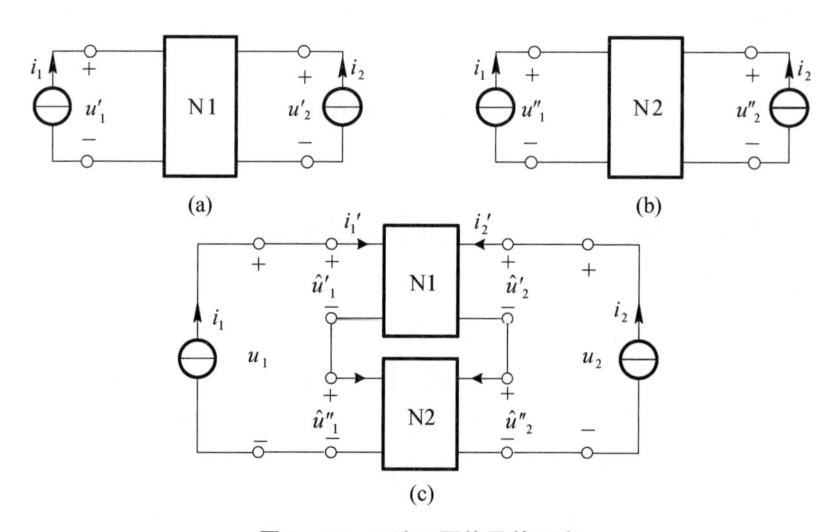

图 2-30　二端口网络及其互连

(a) 二端口网络 N1;(b) 二端口网络 N2;(c) 二端口网络的互连

比较图 2-30(c)和图 2-30(a)、图 2-30(b),似乎还可以得出以下等式:

$$\begin{bmatrix} \hat{u}'_1 \\ \hat{u}'_2 \end{bmatrix} = \begin{bmatrix} u'_1 \\ u'_2 \end{bmatrix} \tag{2-66}$$

$$\begin{bmatrix} \hat{u}''_1 \\ \hat{u}''_2 \end{bmatrix} = \begin{bmatrix} u''_1 \\ u''_2 \end{bmatrix} \tag{2-67}$$

如果式(2-66)、式(2-67)成立,则由式(2-62)~式(2-65),不难得到

$$\boldsymbol{Z} = \boldsymbol{Z}_1 + \boldsymbol{Z}_2 \tag{2-68}$$

即两个二端口网络串联而成的总二端口网络 $\boldsymbol{Z}$ 矩阵等于两个二端口网络的 $\boldsymbol{Z}$

矩阵之和，此时二端口网络的串联连接称为有效连接。但是，式(2－66)和式(2－67)不一定成立！事实上，N1、N2 串联连接后两者相互耦合，N1、N2 的端口特性有可能发生变化，从而使得式(2－66)和式(2－67)不成立，这是因为从图 2－30(c)仅能得到 $i_1+i_2=i_1'+i_2'$，而 $i_1=i_1'$ 和 $i_2=i_2'$ 并不一定成立，从而 N1、N2 的二端口网络特性得不到保证。

当然，串联连接后 N1、N2 的端口特性也可能不发生变化，此时式(2－68)成立。串联连接是否为有效连接，必须进行有效性检验。

2.9.2　有效连接的判据

对于二端口网络串联后是否是有效连接，可按图 2－31 表示的方法进行检验。如果是有效连接，则图 2－31(a)中的 $\hat{u}_2=0$，图 2－31(b)中的 $\hat{u}_1=0$，这种端口检查方法称为有效连接的判据。

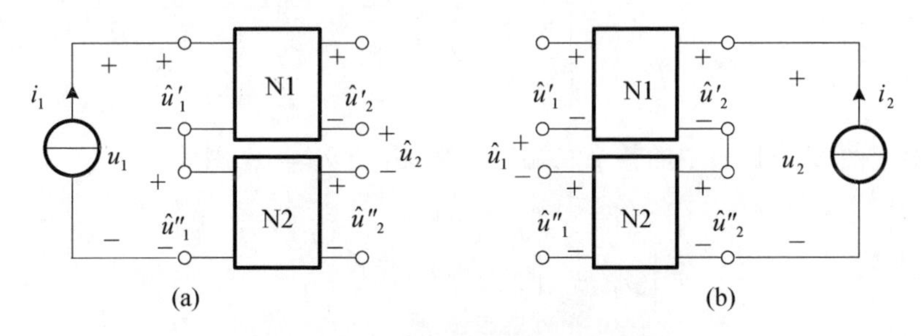

图 2－31　二端口网络串联的端口检查

(a) 端口检查 1；(b) 端口检查 2

结论　对于图 2－30(c)所示的串联连接二端口网络，式(2－68)成立的充要条件是图 2－31(a)中的 $\hat{u}_2=0$，图 2－31(b)中的 $\hat{u}_1=0$。

证明　(1) 必要性。对于图 2－31(a)，N1、N2 均为二端口网络(满足二端口网络的定义)，于是，对于图 2－31(a)中的 N1、N2，分别有

$$\begin{bmatrix} u_1' \\ u_2' \end{bmatrix}=\boldsymbol{Z}_1\begin{bmatrix} i_1 \\ 0 \end{bmatrix} \tag{2-69}$$

$$\begin{bmatrix} u_1'' \\ u_2'' \end{bmatrix}=\boldsymbol{Z}_2\begin{bmatrix} i_1 \\ 0 \end{bmatrix} \tag{2-70}$$

对于图 2－31(a)中的整个二端口网络，有

$$\begin{bmatrix} u_1 \\ u_2 \end{bmatrix} = \begin{bmatrix} \hat{u}'_1 + \hat{u}''_1 \\ \hat{u}'_2 + \hat{u}_2 + \hat{u}''_2 \end{bmatrix} = \boldsymbol{Z} \begin{bmatrix} i_1 \\ 0 \end{bmatrix} \tag{2-71}$$

将 $\boldsymbol{Z} = \boldsymbol{Z}_1 + \boldsymbol{Z}_2$ 代入上式，得到

$$\begin{bmatrix} \hat{u}'_1 + \hat{u}''_1 \\ \hat{u}'_2 + \hat{u}_2 + \hat{u}''_2 \end{bmatrix} = (\boldsymbol{Z}_1 + \boldsymbol{Z}_2) \begin{bmatrix} i_1 \\ 0 \end{bmatrix} = \begin{bmatrix} \hat{u}'_1 \\ \hat{u}'_2 \end{bmatrix} + \begin{bmatrix} \hat{u}''_1 \\ \hat{u}''_2 \end{bmatrix} = \begin{bmatrix} \hat{u}'_1 + \hat{u}''_1 \\ \hat{u}'_2 + \hat{u}''_2 \end{bmatrix} \tag{2-72}$$

从上式不难得到 $\hat{u}_2 = 0$。同理可证，对于图 2-31(b)，$\hat{u}_1 = 0$。

(2) 充分性。对于图 2-31(a)中的 N1、N2，分别有

$$\begin{bmatrix} u'_1 \\ u'_2 \end{bmatrix} = \boldsymbol{Z}_1 \begin{bmatrix} i_1 \\ 0 \end{bmatrix} \tag{2-73}$$

$$\begin{bmatrix} u''_1 \\ u''_2 \end{bmatrix} = \boldsymbol{Z}_2 \begin{bmatrix} i_1 \\ 0 \end{bmatrix} \tag{2-74}$$

对于图 2-31(a)中的整个二端口网络，由于 $\hat{u}_2 = 0$，因此有

$$\begin{bmatrix} u_1 \\ u_2 \end{bmatrix} = \begin{bmatrix} \hat{u}'_1 + \hat{u}''_1 \\ \hat{u}'_2 + \hat{u}''_2 \end{bmatrix} = \boldsymbol{Z} \begin{bmatrix} i_1 \\ 0 \end{bmatrix} \tag{2-75}$$

由式(2-73)～式(2-75)，得到

$$(\boldsymbol{Z}_1 + \boldsymbol{Z}_2) \begin{bmatrix} i_1 \\ 0 \end{bmatrix} = \boldsymbol{Z} \begin{bmatrix} i_1 \\ 0 \end{bmatrix} \tag{2-76}$$

从上式不难得到矩阵 $\boldsymbol{Z}_1 + \boldsymbol{Z}_2$ 和矩阵 $\boldsymbol{Z}$ 的第一列相等。同理，利用图 2-31(b)，可以得出矩阵 $\boldsymbol{Z}_1 + \boldsymbol{Z}_2$ 和矩阵 $\boldsymbol{Z}$ 的第二列相等。于是得出 $\boldsymbol{Z} = \boldsymbol{Z}_1 + \boldsymbol{Z}_2$。

从上述结论可以看出，对串联二端口网络的连接有效性，图 2-31 的端口检查不仅是必要的，而且是充分的。同理可证，对并联、串-并联、并-串联二端口网络的连接有效性，一般教科书所介绍的端口检查方法也是必要而且充分的。

2.9.3 有效连接的实现

端口检查方法给出了二端口网络连接是否为有效连接，并没有给出实现有

效连接的方法。在电子工程技术中常常需要对给定的两个二端口网络进行某种连接，以实现相应的功能。如果利用端口检查方法得出有效连接是失效的，则必须采取措施变失效连接为有效连接。一种办法就是采用变压器隔离法[21]。以二端口网络的串联连接为例，其实现方式如图 2－32 所示。

从图 2－32 可以看出，由于变压器的接入，N1、N2 的双口特性没有发生变化，因此为有效连接。仿照上面的分析，不难证明上述二端口网络连接完全满足端口检查的有效性判据。

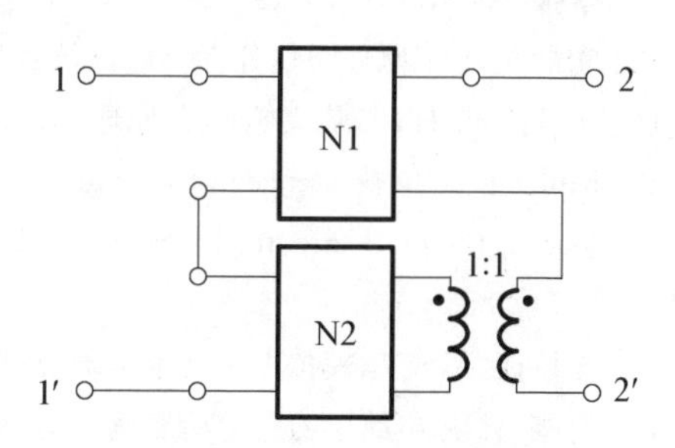

图 2－32　二端口网络串联连接的变压器隔离

对并联、串-并联、并-串联二端口网络的连接，也可以采用与图 2－32 类似的变压器隔离连接方式，这里不再赘述。此外，实现有效连接还可以采用光电隔离的方式[19]。

2.9.4　结语

本节讨论了二端口网络有效互连的判据，得出了二端口网络有效互连与端口有效性检查互为充要条件的结论，并给出了证明，这对二端口网络互连的理解具有一定的帮助；二端口网络有效互连的实现，回答了“当互连的二端口网络不满足有效连接判据时如何实现有效连接”的问题。

参考文献

[1] 小彭菲尔德 P，斯彭斯 R，杜因克尔 S.特勒根定理和网络[M].北京：科学出版社，1976.
[2] 李瀚荪.简明电路分析基础[M].北京：高等教育出版社，2002.
[3] 陈洪亮，张峰，田社平.电路基础[M].2 版.北京：高等教育出版社，2015.
[4] 任桂英.网络图中 KCL、KVL 及 TELLEGEN 定理相关性证明[J].现代电力，1987，2：14－19.
[5] 李光.电路中的等效与置换[J].石家庄理工职业学院学术研究，2008，4：7－8.
[6] 徐永谦，万延.关于《电路基本分析》中的替代定理问题的讨论[J].科技创新导报，2008，4：147.
[7] 刘惠，白凤仙，董维杰，等.电路课程中替代定理教学的探讨[J].电气电子教学学报，2010，32(03)：27－29.
[8] 汤放奇，谭志扬.也谈替代定理[J].电气电子教学学报，2001，23(04)：112－114.

[9] 张柏顺，刘泉.再谈替代定理[J].电气电子教学学报，2003，25(03)：101－103.
[10] 张美玉，袁桂琴，陈秀丽.替代定理的研究[J].电气电子教学学报，2000，22(04)：43－45.
[11] 陈希有.电路理论基础[M].北京：高等教育出版社，2004.
[12] 严利芳，郎文杰，刘朝阳.由一个特勒根定理例题的求解而引发的思考[J].电气电子教学学报，2008，30(04)：19－20.
[13] 陶炯光.电工原理问题分析[M].武汉：武汉电工理论学会，1983.
[14] 于歆杰，朱桂萍，陆文娟.电路原理[M].北京：清华大学出版社，2007.
[15] Miller J M. Dependence of the input impedance of a three-electrode vacuum tube upon the load in the plate circuit [J]. Scientific Papers of the Bureau of Standards，1920，15(351)：367－385.
[16] 童诗白，华成英.模拟电子技术基础[M].北京：高等教育出版社，2001.
[17] 李刚，林凌.电路学习与分析实例解析[M].北京：电子工业出版社，2008.
[18] 李瀚荪，吴锡龙.简明电路分析基础教学指导书[M].北京：高等教育出版社，2003.
[19] 尤建忠，王勇，方勇，等.电路系统分析与设计[M].成都：四川大学出版社，2002.

第3章　电路图论与电路-力学相似性

电路可以抽象成图，进而利用图论理论来加以研究。在电路的网络拓扑分析方法中，借助于降阶关联矩阵、基本回路矩阵和基本割集矩阵的概念，可将KCL、KVL方程表示成矩阵形式，从而使得电路的分析具有形式简洁、便于计算机编程等特点。一般来说，对于一个给定的电路或电路的图(网络图)，可以方便地得到电路的降阶关联矩阵、基本回路矩阵和基本割集矩阵。如果给定电路的基本回路矩阵或基本割集矩阵，如何求得电路的图呢？本章将对这一问题加以研究。

由于电路模型本质上的力学性和形式上与力学理论的相似性，本章还将基于集中参数电路基本规律，在集中参数电路中建立起相似于力学的数学模型，从而实现基于力学的电路分析模式。

3.1　一种由基本割集矩阵求网络图的方法

对于一个给定的电路或电路的图(网络图)，可以写出确定的关联矩阵或降阶关联矩阵。进一步，如果选定一个树之后，还可以写出确定的基本回路矩阵和基本割集矩阵。由网络矩阵的定义可知，网络矩阵和网络图之间有明确的对应关系，因此，如果给定网络矩阵，也能够画出网络图。例如，关联矩阵或降阶关联矩阵描述了节点和支路的关系，如果给定关联矩阵或降阶关联矩阵，则可以方便地画出对应的网络图[1,2]。由于基本回路矩阵或基本割集矩阵与网络图不是直接对应的关系，因此由基本回路矩阵或基本割集矩阵不能简单地画出对应的网络图。下面讨论一种由基本割集矩阵求网络图的方法。

为统一起见，在下面的讨论中，网络矩阵的列写按照先连枝后树枝的次序排列。

3.1.1　基本割集矩阵与降阶关联矩阵间的关系

对一个支路数为 b、节点数为 n 的有向连通图 G，假设其降阶关联矩阵为 $\boldsymbol{A}$，基本割集矩阵为 $\boldsymbol{Q}$。将 $\boldsymbol{A}$ 按连枝、树枝写成分块矩阵为 $\boldsymbol{A}=[\boldsymbol{A}_l \quad \boldsymbol{A}_\mathrm{t}]$，将 $\boldsymbol{Q}$ 按连枝、树枝写成分块矩阵为 $\boldsymbol{Q}=[\boldsymbol{Q}_l \quad \boldsymbol{1}_\mathrm{t}]$，其中 $\boldsymbol{1}_\mathrm{t}$ 为 $(n-1)$ 阶的单位方阵。则 $\boldsymbol{A}$ 和 $\boldsymbol{Q}$ 之间的关系满足[3]

$$\boldsymbol{Q}_l=\boldsymbol{A}_\mathrm{t}^{-1}\boldsymbol{A}_l \tag{3-1}$$

由式(3-1)可以得到如下推论：

推论 1　对于一已知的有向连通图 G，如果其基本割集矩阵为 $\boldsymbol{Q}$，则将该有向连通图的所有支路全部反向后，所得到的有向连通图 G′的基本割集矩阵也为 $\boldsymbol{Q}$。

证明　假设有向连通图 G 的降阶关联矩阵为 $\boldsymbol{A}=[\boldsymbol{A}_l \quad \boldsymbol{A}_\mathrm{t}]$，则有向连通图 G′的降阶关联矩阵为 $\boldsymbol{A}'=-\boldsymbol{A}=[-\boldsymbol{A}_l \quad -\boldsymbol{A}_\mathrm{t}]$。由式(3-1)可得 G′的基本割集矩阵 $\boldsymbol{Q}'$ 满足

$$\boldsymbol{Q}'_l=[-\boldsymbol{A}_\mathrm{t}^{-1}][-\boldsymbol{A}_l]=\boldsymbol{A}_\mathrm{t}^{-1}\boldsymbol{A}_l=\boldsymbol{Q}_l$$

即

$$\boldsymbol{Q}'=[\boldsymbol{Q}'_l \quad \boldsymbol{1}_\mathrm{t}]=[\boldsymbol{Q}_l \quad \boldsymbol{1}_\mathrm{t}]=\boldsymbol{Q}$$

从而得证。

对一给定的有向连通图，由基本割集矩阵的定义可知，按照先连枝后树枝的次序则可得到唯一的基本割集矩阵。而由推论 1 可知，对一给定的基本割集矩阵，则对应两个有向连通图，它们的拓扑结构相同，所有支路方向相反。注意，这一点与降阶关联矩阵是不同的，即在降阶关联矩阵的列写按照先连枝后树枝的次序且节点排列次序固定的情况下，降阶关联矩阵和相应的有向连通图是一一对应的。

推论 2　对一个支路数为 b、节点数为 n 的有向连通图 G，假设其降阶关联矩阵为 $\boldsymbol{A}$，基本割集矩阵为 $\boldsymbol{Q}$。则 $\boldsymbol{A}$ 和 $\boldsymbol{Q}$ 之间存在如下关系，即

$$\boldsymbol{Q}=\boldsymbol{A}_\mathrm{t}^{-1}\boldsymbol{A} \quad 或 \quad \boldsymbol{A}=\boldsymbol{A}_\mathrm{t}\boldsymbol{Q} \tag{3-2}$$

证明　由 $\boldsymbol{Q}$ 的定义和式(3-1)可得

$$\boldsymbol{Q}=[\boldsymbol{Q}_l \quad \boldsymbol{1}_\mathrm{t}]=[\boldsymbol{A}_\mathrm{t}^{-1}\boldsymbol{A}_l \quad \boldsymbol{A}_\mathrm{t}^{-1}\boldsymbol{A}_\mathrm{t}]=\boldsymbol{A}_\mathrm{t}^{-1}[\boldsymbol{A}_l \quad \boldsymbol{A}_\mathrm{t}]=\boldsymbol{A}_\mathrm{t}^{-1}\boldsymbol{A}$$

类似地，同样可以证明 $\boldsymbol{A}=\boldsymbol{A}_\mathrm{t}\boldsymbol{Q}$。从而推论得证。

由推论 2 可知，$\boldsymbol{A}$ 和 $\boldsymbol{Q}$ 之间存在一定的线性变换关系，可以相互推出。用 $\boldsymbol{a}_i(i=1, 2, \cdots, n-1)$ 表示 $\boldsymbol{A}$ 中的行，用 $\boldsymbol{q}_i(i=1, 2, \cdots, n-1)$ 表示 $\boldsymbol{Q}$ 中的行，则有

$$[\boldsymbol{a}_1, \boldsymbol{a}_2, \cdots, \boldsymbol{a}_{n-1}]^{\mathrm{T}}=\boldsymbol{A}_{\mathrm{t}}[\boldsymbol{q}_1, \boldsymbol{q}_2, \cdots, \boldsymbol{q}_{n-1}]^{\mathrm{T}} \tag{3-3}$$

由式(3-3)可知，$\boldsymbol{A}$ 中的各行可表示为 $\boldsymbol{Q}$ 的各行的线性组合。注意到 $\boldsymbol{A}_{\mathrm{t}}$ 的元素只能取 1、−1、0，因此，$\boldsymbol{A}$ 中的各行可表示为 $\boldsymbol{Q}$ 的若干行的代数和。

显然，如果已知 $\boldsymbol{A}$，则可得到唯一的 $\boldsymbol{Q}$；相反，如果已知 $\boldsymbol{Q}$，则可得到两个降阶关联矩阵，即 $\boldsymbol{A}$ 和 $-\boldsymbol{A}$。

3.1.2　由基本割集矩阵求网络图

由上面的讨论，可得到由基本割集矩阵求网络图的方法，其基本思路为：对基本割集矩阵进行适当的线性变换，得到降阶关联矩阵，进而画出网络图。值得注意的是，尽管推论 2 指出对基本割集矩阵进行线性变换可得到降阶关联矩阵，但该推论并未指明具体的变换方法。因此在进行线性变换时还必须利用降阶关联矩阵的性质：降阶关联矩阵的列仅包含因素 1、−1、0，且 1、−1 的个数至多为 1。下面举例说明具体的变换方法。

例 3-1　已知网络图的基本割集矩阵为 $\boldsymbol{Q}=\begin{matrix} c_1 \\ c_2 \\ c_3 \end{matrix}\begin{bmatrix} 1 & 0 & 1 & 1 & 0 & 0 \\ 1 & -1 & 1 & 0 & 1 & 0 \\ 0 & -1 & 1 & 0 & 0 & 1 \end{bmatrix}$，试画出对应的网络图。

解　观察矩阵 $\boldsymbol{Q}$ 的各列，发现它们并不满足降阶关联矩阵的性质。为此将 $\boldsymbol{Q}$ 的第 2 行减去第 1 行，得到 $\begin{bmatrix} 1 & 0 & 1 & 1 & 0 & 0 \\ 0 & -1 & 0 & -1 & 1 & 0 \\ 0 & -1 & 1 & 0 & 0 & 1 \end{bmatrix}$，该矩阵并不满足降阶关联矩阵的性质。继续将该矩阵的第 3 行（第 2 行亦可）乘以 −1，得到 $\begin{bmatrix} 1 & 0 & 1 & 1 & 0 & 0 \\ 0 & -1 & 0 & -1 & 1 & 0 \\ 0 & 1 & -1 & 0 & 0 & -1 \end{bmatrix}$。观察该矩阵，发现其满足降阶关联矩阵的性质，因此可令 $\boldsymbol{A}=\begin{matrix} ① \\ ② \\ ③ \end{matrix}\begin{bmatrix} 1 & 0 & 1 & 1 & 0 & 0 \\ 0 & -1 & 0 & -1 & 1 & 0 \\ 0 & 1 & -1 & 0 & 0 & -1 \end{bmatrix}$，则由 $\boldsymbol{A}$ 画出有向连通图如

图 3 - 1(a)所示。由图 3 - 1(a)不难验算其基本割集矩阵即为 $\boldsymbol{Q}$。

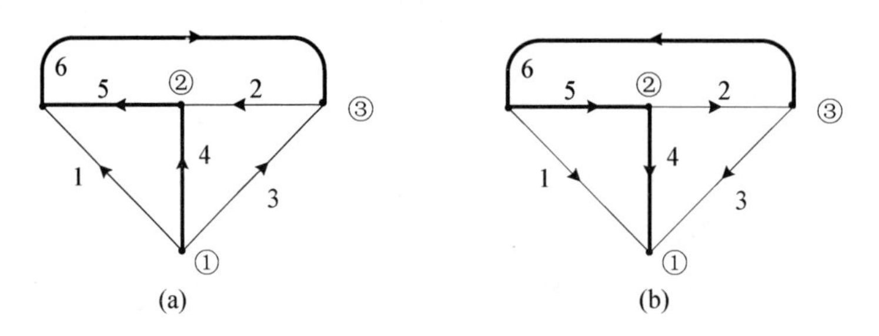

图 3 - 1　由基本割集矩阵求网络图

(a) 网络图 1;(b) 网络图 2

在对 $\boldsymbol{Q}$ 进行线性变换的过程中可采用不同的运算方法和次序。例如,将 $\boldsymbol{Q}$ 的第 2 行乘以-1,再加上减去第 1 行,得到 $\begin{bmatrix} 1 & 0 & 1 & 1 & 0 & 0 \\ 0 & 1 & 0 & 1 & -1 & 0 \\ 0 & -1 & 1 & 0 & 0 & 1 \end{bmatrix}$,继续将该矩阵的第 1 行乘以$-1$,得到 $\begin{bmatrix} -1 & 0 & -1 & -1 & 0 & 0 \\ 0 & 1 & 0 & 1 & -1 & 0 \\ 0 & -1 & 1 & 0 & 0 & 1 \end{bmatrix}$。观察该矩阵,发现其满足降阶关联矩阵的性质,因此可令 $\boldsymbol{A} = \begin{matrix} ① \\ ② \\ ③ \end{matrix} \begin{bmatrix} -1 & 0 & -1 & -1 & 0 & 0 \\ 0 & 1 & 0 & 1 & -1 & 0 \\ 0 & -1 & 1 & 0 & 0 & 1 \end{bmatrix}$,则由 $\boldsymbol{A}$ 画出有向连通图如图 3 - 1(b)所示。由图 3 - 1(b)亦不难验算其基本割集矩阵即为 $\boldsymbol{Q}$。

比较图 3 - 1(a)和(b)可知,两者拓扑结构相同,支路方向相反。

3.1.3　结语

上面讨论了一种由基本割集矩阵得到对应网络图的方法,该方法利用基本割集矩阵 $\boldsymbol{Q}$ 和降阶关联矩阵 $\boldsymbol{A}$ 的关系,由 $\boldsymbol{Q}$ 得到 $\boldsymbol{A}$,进而画出对应的网络图。由上面讨论可知,由给定的 $\boldsymbol{Q}$ 可得到拓扑结构相同、支路方向相反的两个网络图与之对应。

利用本节的方法,还可以由基本回路矩阵得到对应的网络图,其基本思路为利用基本回路矩阵和基本割集矩阵的关系,先由基本回路矩阵直接写出基本割集矩阵，再由基本割集矩阵得到对应网络图。此处不再赘述。

上述讨论可帮助读者进一步理解网络矩阵之间、网络矩阵与网络图之间的关系。

3.2 基于相似性的电路力学分析方法

力学是自然规律最为普遍和基本的规律，具有良好的自洽性，特别是Lagrange、Hamilton 等人建立起的基于广义力学量的分析力学，摆脱了物理图像的限制，可以实现基于结构的相似性有效的理论移植。文献[3]已经给出了力学理论向几何光学的平移，其有效性是不可忽视的。下面基于集中参数电路基本定理，在集中参数电路中建立起相似于力学的数学模型，从而实现如下的电路分析模式：广义力学模型→电路的力学模型→电路分析方法。这种分析模式将力学理论平移到电路分析中来，提高了理论研究的效率，拓宽了研究思路，具有不可忽视的意义。

3.2.1 广义力学模型

1）动力学基本原理和运动方程

动力学基本原理又称达朗贝尔原理，是广义力学模型的基础。在自由度为 n 的力学模型中，D'Alembert 原理表述如下[3]：

$$\delta W = \sum_{\alpha=1}^{n} X_\alpha \delta q_\alpha = 0 \tag{3-4}$$

式中，q_α为广义坐标，互相独立；δ 表示变分；X_α为包含对应q_α的所有作用力的总力。注意，δW 并不一定是某一函数的变分。考虑到诸 δq_α互相独立，由式(3-4)立即可得

$$X_\alpha = \sum_{k=1}^{m} Q_k = 0 \quad \alpha = 1,\ 2,\ \cdots,\ n \tag{3-5}$$

式(3-5)称为系统的运动方程。事实上，如果在一个系统中能够定义满足式(3-4)的 q_α和 X_α，便可以在这个系统中建立起广义力学模型，用力学方法来对系统的演化规律进行研究。

2) 拉格朗日方程

若对于被研究系统可定义 Lagrange 函数

$$\mathscr{L}=\mathscr{L}(q_1, q_2, \cdots, q_n, \dot{q}_1, \dot{q}_2, \cdots, \dot{q}_n, t) \tag{3-6}$$

式中，$\dot{q}_\alpha = \mathrm{d}q_\alpha/\mathrm{d}t \ (\alpha=1, 2, \cdots, n)$，且 $\mathscr{L}$满足 $\delta\mathscr{L}=\sum_{\alpha=1}^{n} X_\alpha \delta q_\alpha$，则式(3-5)可表示为[4]

$$\frac{\mathrm{d}}{\mathrm{d}t}\left(\frac{\partial \mathscr{L}}{\partial \dot{q}_\alpha}\right)-\frac{\partial \mathscr{L}}{\partial q_\alpha}=0 \quad \alpha=1, 2, \cdots, n \tag{3-7}$$

一般地，并非所有系统都能定义满足式(3-7)的 Lagrange 函数，此时式(3-7)化为如下形式

$$\frac{\mathrm{d}}{\mathrm{d}t}\left(\frac{\partial \mathscr{L}}{\partial \dot{q}_\alpha}\right)-\frac{\partial \mathscr{L}}{\partial q_\alpha}=-N_\alpha \quad \alpha=1, 2, \cdots, n \tag{3-8}$$

式中，$\mathscr{L}$满足 $\delta\mathscr{L}=\sum_{\alpha=1}^{n}(X_\alpha - N_\alpha)\delta q_\alpha$，$N_\alpha$称为非势力。

在系统中建立广义力学模型时，可先通过式(3-4)进行可行性验证；模型建立后，可通过对式(3-8)进行分析，确定系统中运动方程的形式，进而确定系统演化所对应的力学分析方法。

3.2.2 电路力学模型的建立

1) 广义坐标的选取

就本质而言，集中参数电路模型要求将电场和磁场分开[3]，将耗散元件与供能元件分开，即电场和电荷积累只存在于储存电场能元件中，磁场只存在于储存磁场能的元件中，耗散只存在于阻尼(电阻)元件中，外势场仅由电源决定。我们先选取广义坐标，尝试在电路中建立力学模型。

考虑到集中参数模型的特性，在同一支路中，电流处处相等且仅与储电能元件积累的电荷相关，电荷只受接入支路中电源的作用。同时，由于一切电源的工作原理都是通过在电路中形成外加势场对电路中电子进行加速，从而实现对电路的供能，这里约定对含有电流源的电路作所有电流源的戴维南等效。由如上讨论，同一支路上元件互不独立，而由 KCL 约束，对有 N 个节点、B 条支路的电路，在每一节点处有：

$$\sum_{\alpha=0}^{B_\beta} \varepsilon_{\alpha\beta} I_\alpha = 0 \quad \beta = 1,\ 2,\ \cdots,\ N \tag{3-9}$$

式中，B_β为连接于节点β的支路数，系数$\varepsilon_{\alpha\beta}$定义为

$$\varepsilon_{\alpha\beta} = \begin{cases} 0, & I_\alpha \text{ 与节点}\beta\text{无关} \\ 1, & I_\alpha \text{ 流入节点}\beta \\ -1, & I_\alpha \text{ 流出节点}\beta \end{cases} \tag{3-10}$$

式(3-9)是完整约束，此时互相独立的电流有$n = B - N + 1$个，且n为电路中的独立回路数。考虑到电流的定义$i = \mathrm{d}q/\mathrm{d}t$，可以选取$n$个互相独立的回路电流$i_1,\ i_2,\ \cdots,\ i_n$为广义速度，与之对应的电荷量$q_1,\ q_2,\ \cdots,\ q_n$为广义坐标。

2) 电路的力学原理形式

考虑到广义坐标的量纲为电荷的量纲，即库仑(C)，由式(3-4)可知，X_α应具有电压的量纲。将式(3-4)改写为

$$\delta W = \sum_{\alpha=1}^{n} U_\alpha \delta q_\alpha = 0 \tag{3-11}$$

如果取U_α为独立回路一周的电压代数和，则由KVL可知

$$U_\alpha = 0 \quad \alpha = 1,\ 2,\ \cdots,\ n \tag{3-12}$$

因此式(3-11)的正确性得到了保证，这表明在电路中建立广义力学模型是可行的。

考虑到$U_\alpha(\alpha = 1,\ 2,\ \cdots,\ n)$是回路中诸元件两端电压的代数和，按元件的性质将式(3-12)改写为

$$U_\alpha = U_{\mathrm{E}\alpha} + U_{\mathrm{M}\alpha} + U_{\mathrm{N}\alpha} + U_{\mathrm{S}\alpha} = 0 \quad \alpha = 1,\ 2,\ \cdots,\ n \tag{3-13}$$

式中，$U_{\mathrm{E}\alpha}$、$U_{\mathrm{M}\alpha}$、$U_{\mathrm{N}\alpha}$、$U_{\mathrm{S}\alpha}$分别为回路中所有储电能元件两端电压代数和、所有储磁能元件电压代数和、所有耗散元件两端的电压代数和以及所有电源两端的电压代数和，取一致参考方向。

对于储磁能元件，两端电压来源于通过的电流，即

$$U_{\mathrm{M}\alpha} = \Psi_\alpha(\dot{q}_1,\ \dot{q}_2,\ \cdots,\ \dot{q}_n,\ t) \quad \alpha = 1,\ 2,\ \cdots,\ n \tag{3-14}$$

对于储电能元件，两端电压来源于储存的电荷，即

$$U_{\mathrm{E}\alpha} = \Theta_\alpha(q_\alpha,\ t) \quad \alpha = 1,\ 2,\ \cdots,\ n \tag{3-15}$$

对于耗散元件，两端电压与通过的电流相关，即

$$U_{N\alpha}=R_\alpha(\dot{q}_\alpha,\ t)\quad \alpha=1,\ 2,\ \cdots,\ n \tag{3-16}$$

对于电源,一般形式为

$$U_{S\alpha}=E_\alpha(q_1,\ q_2,\ \cdots,\ q_n,\ \dot{q}_1,\ \dot{q}_2,\ \cdots,\ \dot{q}_n,\ t)\quad \alpha=1,\ 2,\ \cdots,\ n \tag{3-17}$$

对于不含受控关系的独立源,有

$$U_{S\alpha}=E_\alpha(t) \tag{3-18}$$

为了更好地探究电路的力学本质,考虑最简单的非时变线性模型。此时,储电能元件为线性非时变电容。其两端电压为

$$U_{C\alpha}=q_\alpha/C_\alpha\quad \alpha=1,\ 2,\ \cdots,\ n \tag{3-19}$$

诸 q_α 为诸元件中的电荷积累,C_α 为电容串联等效值。

储磁能元件为线性非时变电感,两端电压为

$$U_{L\alpha}=\frac{\mathrm{d}}{\mathrm{d}t}\left(\sum_{\beta=1}^{n}L_{\alpha\beta}I_\beta\right)\quad \alpha=1,\ 2,\ \cdots,\ n \tag{3-20}$$

诸 I_β 为产生相应磁场能的电流,$L_{\alpha\beta}$ 为串联等效电感矩阵元。

电源为线性非时变电源,两端电压可表示为

$$U_{S\alpha}=-E_\alpha\quad \alpha=1,\ 2,\ \cdots,\ n \tag{3-21}$$

$E_\alpha=\sum\limits_{\text{回路}}E_{\alpha i}$ 为回路中所有电源形成外加势的等效值。

耗散元件为线性非时变电阻,其两端电压为

$$U_{R\alpha}=R_\alpha I_\alpha\quad \alpha=1,\ 2,\ \cdots,\ n \tag{3-22}$$

R_α 为电阻阻值。

由式(3-13),有

$$U_\alpha=\frac{\mathrm{d}}{\mathrm{d}t}\left(\sum_{\beta=1}^{n}L_{\alpha\beta}I_\beta\right)+\frac{q_\alpha}{C_\alpha}-E_\alpha+R_\alpha I_\alpha=0\quad \alpha=1,\ 2,\ \cdots,\ n \tag{3-23}$$

很显然,拉格朗日量

$$\mathscr{L}=\sum_{\alpha=1}^{n}\left(\frac{1}{2}\sum_{\beta=1}^{n}L_{\alpha\beta}I_\alpha I_\beta-\frac{1}{2}\frac{q_\alpha^2}{C_\alpha}+E_\alpha q_\alpha\right) \tag{3-24}$$

满足

$$\delta \mathscr{L}=\sum_{\alpha=1}^{n}(U_{C\alpha}+U_{L\alpha}+U_{S\alpha})\delta q_{\alpha} \tag{3-25}$$

选取如下满足 $\mathscr{L}=T-V$ 的动能函数与势能函数

$$T=\frac{1}{2}\sum_{\alpha=1}^{n}\sum_{\beta=1}^{n}L_{\alpha\beta}I_{\alpha}I_{\beta} \tag{3-26}$$

$$V=V_1+V_2=\sum_{\alpha=1}^{n}\frac{1}{2}\frac{q_{\alpha}^{2}}{C_{\alpha}}-\sum_{\alpha=1}^{n}E_{\alpha}q_{\alpha} \tag{3-27}$$

得到拉格朗日方程

$$\frac{\mathrm{d}}{\mathrm{d}t}\left(\frac{\partial \mathscr{L}}{\partial I_{\alpha}}\right)-\frac{\partial \mathscr{L}}{\partial q_{\alpha}}+R_{\alpha}I_{\alpha}=0 \quad \alpha=1,2,\cdots,n \tag{3-28}$$

3) 电学量的力学形式对应

从上面的讨论我们初步得到了电学量的两个力学形式,即式(3-26)、式(3-27),除此之外,一个简单的事实是

$$I_{\alpha}=\dot{q}_{\alpha} \tag{3-29}$$

根据力学理论,动量是动能对相应速度的微商,即

$$p_{\alpha}=\frac{\partial T}{\partial \dot{q}_{\alpha}} \tag{3-30}$$

由此,计算可知

$$p_{\alpha}=\sum_{\beta=1}^{n}L_{\alpha\beta}I_{\beta} \tag{3-31}$$

式(3-31)是关于 I_{α} 的自感磁通与互感磁通之和。动量对时间的微商描述了物体的受力情况,即将感性元件视为受力物体,其受力情况如下

$$X_{\alpha}=\dot{p}_{\alpha}=\sum_{\beta=1}^{n}L_{\alpha\beta}\dot{I}_{\beta} \tag{3-32}$$

这是感性元件的感应电动势。

将感性元件视为受力物体,继续来研究作用外力的来源。在我们讨论的上述电路系统中,外力只能是由势能产生的保守力和与电阻对应的耗散力,即

$$\begin{cases} X_{\text{EXT}\alpha}=X_{1\alpha}+X_{2\alpha} \\ X_{1\alpha}=-\dfrac{\partial V}{\partial \dot{q}_{\alpha}}=-\dfrac{q_{\alpha}}{C_{\alpha}}+E_{\alpha} \\ X_{2\alpha}=-R_{\alpha}\dot{q}_{\alpha} \end{cases} \tag{3-33}$$

由牛顿第二定律，有

$$X_{\alpha}=\dot{p}_{\alpha}=X_{\text{EXT}\alpha} \tag{3-34}$$

代入整理得

$$\sum_{\beta=1}^{n}L_{\alpha\beta}\dot{I}_{\beta}+\frac{q_{\alpha}}{C_{\alpha}}+R_{\alpha}I_{\alpha}=E_{\alpha} \tag{3-35}$$

这正是式(3-23)的结果，进一步表明了模型的正确性，即确实可以将电压看作广义力来处理。值得一提的是，上述方法均是通过导出牛顿运动方程的方法来求解的，而与之等价的则是正则方程。为此，定义哈密顿量

$$H=\sum_{\alpha=1}^{n}p_{\alpha}\dot{q}_{\alpha}-\mathscr{L}=T+V \tag{3-36}$$

不难验证其满足如下的部分正则方程

$$\begin{cases} \dot{q}_{\alpha}=\dfrac{\partial H}{\partial p_{\alpha}} \\ \dot{p}_{\alpha}=-\dfrac{\partial H}{\partial q_{\alpha}}+\Lambda_{\alpha}(p_{\alpha}) \end{cases} \tag{3-37}$$

式(3-37)中 $\Lambda_{\alpha}(p_{\alpha})$ 为非正则余项，可由实际计算得出。式(3-37)的意义将在下面的讨论中体现。

3.2.3 基于力学模型的集中参数电路分析方法

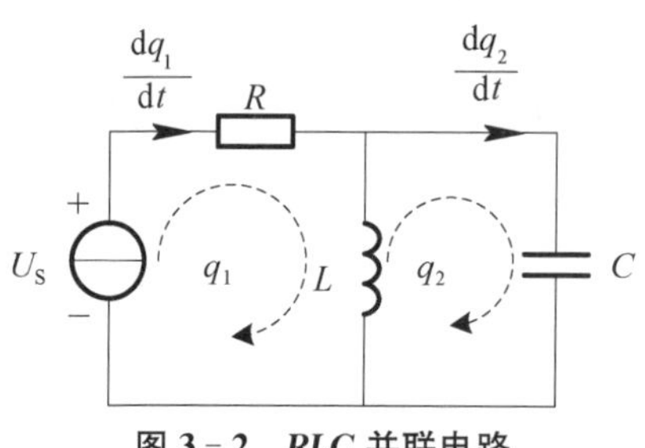

图 3-2 *RLC* 并联电路

以一个简单的二阶线性例子来说明上述分析方法。如图 3-2 所示为 U_S 激励下的 *RLC* 并联电路，其分析步骤如下：

(1) 确定电路的自由度：电路的独立网孔数为 2，电路的自由度为 2。

(2) 选取广义坐标：分别选取电压源-电阻-电感回路和电感-电容回路2个网孔的网孔电荷量 q_1、q_2（非真实物理量）为广义坐标，参考方向取顺时针。

(3) 确定拉格朗日量的形式，注意广义速度即电流 I_1、I_2 在电感中存在全耦合，电流取图 3-2 所示参考方向，则有

$$\mathscr{L}=\frac{1}{2}LI_1^2+\frac{1}{2}LI_2^2-LI_1I_2-\frac{1}{2}\frac{q_2^2}{C}+U_\mathrm{S}q_1$$

(4) 列写拉格朗日方程并求解：

$$\frac{\mathrm{d}}{\mathrm{d}t}\left(\frac{\partial\mathscr{L}}{\partial\dot{q}_k}\right)-\frac{\partial\mathscr{L}}{\partial q_k}+R_k\dot{q}_k=0\quad k=1,\ 2$$

化简，有

$$\begin{cases}L(\ddot{q}_1-\ddot{q}_2)+R\dot{q}_1=U_\mathrm{S}\\L(-\ddot{q}_1+\ddot{q}_2)+\dfrac{q_2}{C}=0\end{cases}$$

消去 q_2 并由 $I_1=\mathrm{d}q_1/\mathrm{d}t$，得

$$LC\frac{\mathrm{d}^2I_1}{\mathrm{d}t^2}+\frac{L}{R}\frac{\mathrm{d}I_1}{\mathrm{d}t}+I_1=\frac{U_\mathrm{S}}{R}$$

这完全符合 KCL 的结果。同样地，可以得到关于 I_2、q_1、q_2 的方程。这里从略。

接下来探讨正则方程(3-37)的意义。在此算例中构造哈密顿量

$$H=\frac{1}{2}\frac{p_1^2}{L}+\frac{1}{2}\frac{p_2^2}{L}-\frac{p_1p_2}{L}+\frac{1}{2}\frac{q_2^2}{C}-U_\mathrm{S}q_1$$

其中 $p_1=L(I_1-I_2)$，$p_2=L(I_2-I_1)$ 代入正则方程式(3-37)第二式（第一式恒成立，故略去），有

$$\begin{cases}\dfrac{\mathrm{d}p_1}{\mathrm{d}t}=U_\mathrm{S}-\dfrac{R}{L}p_1\\\dfrac{\mathrm{d}p_2}{\mathrm{d}t}=-\dfrac{q_2}{C}\end{cases}$$

设 $i_L=I_1-I_2$ 为电感中电流（参考方向取向下），$u_C=q_2/C$ 为电容两端电

压(参考方向取上正下负),则上式化为

$$\begin{cases} L\dfrac{\mathrm{d}i_L}{\mathrm{d}t}=U_S-Ri_L \\ L\dfrac{\mathrm{d}i_L}{\mathrm{d}t}=u_C \end{cases}$$

这显然是关于状态变量(i_L, u_C)的状态方程。因此,拉格朗日方程导致的是 KCL 或 KVL 方程,而哈密顿方程导致的是状态方程,两者都可实现对全部电学变量的求解。

应用力学模型方法进行电路的分析,对于符合线性非时变模型(见式(3-19)~式(3-22))的电路,可以直接列出拉格朗日方程(见式(3-28)),从而得到电路力学模型满足的运动方程,然后再进行求解,关于这一点,文献[5~7]已经给出了几个有效的算例。

对于更普遍情形,同样可以套用相应的力学理论进行电路的分析。例如,文献[7]给出了变质量系统对应的力学理论,含有时变储磁能元件的电路即可仿照此理论进行分析。

3.2.4 讨论与结语

对照经典动力学模型的形式,从数学上可以发现,线性非时变集中参数电路的力学模型与经典质点动力学模型存在一一对应关系(见表3-1)。这表明,线性非时变电路可借助存在速度反比阻尼的有势质点系模型进行研究。

表3-1 电路力学模型与经典质点动力学模型的对应关系

电　学　量	质点系模型[1]
电感:$L_{\alpha\beta}$	质量:$m_{\alpha\beta}$
电荷:q_α	坐标:q_α
电流:I_α	速度:$\dot{q}_\alpha$
磁通:$\sum_{\beta=1}^{n}L_{\alpha\beta}I_\beta$	动量:$\sum_{\beta=1}^{n}m_{\alpha\beta}q_\beta$
磁能:$T=\frac{1}{2}\sum_{\alpha=1}^{n}\sum_{\beta=1}^{n}L_{\alpha\beta}I_\alpha I_\beta$	动能:$T=\frac{1}{2}\sum_{\alpha=1}^{n}\sum_{\beta=1}^{n}m_{\alpha\beta}\dot{q}_\alpha\dot{q}_\beta$

(续表)

电　学　量	质点系模型[1]
电容静电能：$V_1=\sum_{\alpha=1}^{n}\frac{1}{2}\frac{q_\alpha^2}{C_\alpha}$	弹性势能：$U=\sum_{\alpha=1}^{n}\frac{1}{2}kq_\alpha^2$
电源电动势：$V_2=-\sum_{\alpha=1}^{n}E_\alpha q_\alpha$	重力势能：$V=-\sum_{\alpha=1}^{n}G_\alpha q_\alpha$
电阻电压降：$U_\alpha=-R_\alpha I_\alpha$	黏滞阻力：$Q_{f\alpha}=-k_\alpha\dot{q}_\alpha$

上面讨论了广义力学模型在电路分析中的应用，通过定义电路中的广义坐标(电荷)和广义速度(电流)，可以在电路理论建立严格的广义力学模型，即拉格朗日方程组，通过该方程组可推导出电路分析的方程，其结果与应用 KCL、KVL 和元件 VCR 得到的方程完全一致。其意义在于说明了电路系统和力学系统的相似性，有助于开阔电路分析方法的视野。

参考文献

[1] 陈洪亮，张峰，田社平.电路基础[M].2 版.北京：高等教育出版社，2015.

[2] 陈洪亮，田社平，吴雪，等.电路分析基础[M].北京：清华大学出版社，2009.

[3] 张启仁.经典力学[M].北京：科学出版社，2002.

[4] 老大中.变分法基础[M].北京：国防工业出版社，2004.

[5] 史玉昌.求解电路系统的另一途径[J].大学物理，1990，9(12)：25－26.

[6] 姚仲瑜.用拉格朗日方程研究 *RLC* 电路的暂态过程[J].广西大学学报(自然科学版)，2001，26(02)：145－149.

[7] 刘喜斌.电路中的拉格朗日方程及其应用[J].工科物理，1998，8(02)：5－7.

第4章 T形电路和Π形电路的等效

T形电路和Π形电路的等效变换是电路理论和电路分析中重要的内容之一，很多复杂的电阻网络通过T形电路和Π形电路的等效变换可简化为较为简单的串、并联电阻网络，从而简化了电路的分析。如何理解T形电路和Π形电路的等效变换？当T形电路和Π形电路含有独立源时，它们进行等效变换时应注意什么问题？本章对这些问题进行讨论。

4.1 含源T形电路和含源Π形电路的等效变换

作为T形电路和Π形电路的等效变换的扩展和补充，很多文献提出了含独立源(下称“含源”)T形电路和含源Π形电路的等效变换的问题[1-3]。该问题的提出可加深对电路等效变换的理解和掌握。如何正确理解含源T形电路和含源Π形电路的等效变换，这种等效变换是否像T形电路和Π形电路的等效变换一样具有唯一性，如果不具有唯一性应如何处理这种等效变换等是应该加以解决的问题，下面试对这些问题一一分析。

4.1.1 含源T-Π形电路等效变换的唯一性问题

如图4-1所示为含源T形电路和含源Π形电路，现在要求图4-1(a)、(b)所示的两个电路互为等效。根据等效电路的概念，即两个电路的端口特性方程相同，则这两个电路互为等效，将图4-1所示电路看作两个二端口电路，如图4-2所示。显然，如果图4-2(a)、(b)所示电路的端口特性方程相同，则含源T形电路和含源Π形电路互为等效。

对含源二端口电路的端口特性方程有多种表示方法[3]，这里采用开路电阻矩阵和开路电压参数来表示。不失一般性，假设图4-2(a)、(b)所示电路的

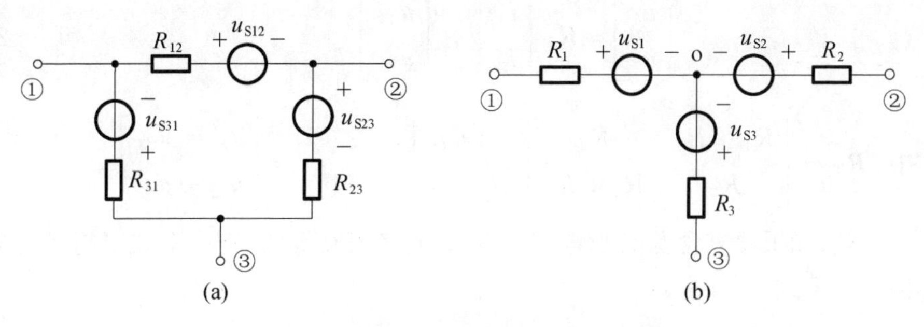

图 4-1　含源 T 形电路和含源 Π 形电路

(a) 含源 Π 形电路；(b) 含源 T 形电路

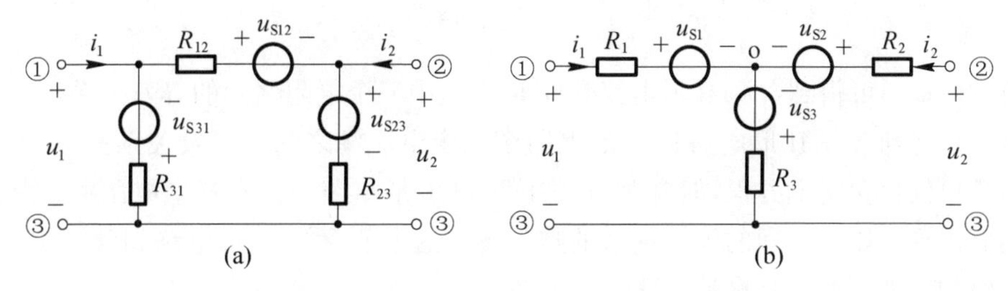

图 4-2　含源 T 形电路和含源 Π 形电路

(a) 含源 Π 形电路；(b) 含源 T 形电路

开路电阻矩阵分别为 $\boldsymbol{R}_{\Pi}$ 和 $\boldsymbol{R}_{\mathrm{T}}$，开路电压向量分别为 $[u_{\Pi 1},\ u_{\Pi 2}]^{\mathrm{T}}_{i_1=0,\ i_2=0}$ 和 $[u_{\mathrm{T}1},\ u_{\mathrm{T}2}]^{\mathrm{T}}_{i_1=0,\ i_2=0}$，则图 4-2(a)、(b)所示电路的端口特性方程可分别表示为

$$\begin{bmatrix} u_1 \\ u_2 \end{bmatrix} = \boldsymbol{R}_{\Pi} \begin{bmatrix} i_1 \\ i_2 \end{bmatrix} + \begin{bmatrix} u_{\Pi 1} \\ u_{\Pi 2} \end{bmatrix}_{i_1=0,\ i_2=0} \tag{4-1}$$

式中，$\boldsymbol{R}_{\Pi} = \begin{bmatrix} \dfrac{R_{12}R_{31}+R_{23}R_{31}}{R_{12}+R_{23}+R_{31}} & \dfrac{R_{23}R_{31}}{R_{12}+R_{23}+R_{31}} \\ \dfrac{R_{23}R_{31}}{R_{12}+R_{23}+R_{31}} & \dfrac{R_{12}R_{23}+R_{23}R_{31}}{R_{12}+R_{23}+R_{31}} \end{bmatrix}$，$\begin{bmatrix} u_{\Pi 1} \\ u_{\Pi 2} \end{bmatrix}_{i_1=0,\ i_2=0} =$
$\begin{bmatrix} \dfrac{R_{31}(u_{S12}+u_{S23}+u_{S31})}{R_{12}+R_{23}+R_{31}} - u_{S31} \\ u_{S23} - \dfrac{R_{23}(u_{S12}+u_{S23}+u_{S31})}{R_{12}+R_{23}+R_{31}} \end{bmatrix}$。

$$\begin{bmatrix} u_1 \\ u_2 \end{bmatrix} = \boldsymbol{R}_{\mathrm{T}} \begin{bmatrix} i_1 \\ i_2 \end{bmatrix} + \begin{bmatrix} u_{\mathrm{T1}} \\ u_{\mathrm{T2}} \end{bmatrix}_{i_1=0,\ i_2=0} \tag{4-2}$$

式中，$\boldsymbol{R}_{\mathrm{T}} = \begin{bmatrix} R_1+R_3 & R_3 \\ R_3 & R_2+R_3 \end{bmatrix}$，$\begin{bmatrix} u_{\mathrm{T1}} \\ u_{\mathrm{T2}} \end{bmatrix}_{i_1=0,\ i_2=0} = \begin{bmatrix} u_{\mathrm{S1}}-u_{\mathrm{S3}} \\ u_{\mathrm{S2}}-u_{\mathrm{S3}} \end{bmatrix}$。

显然，如果要求含源 Π 形电路和 T 形电路相互等效，则由上式可得到等效的两个关系式

$$\boldsymbol{R}_{\Pi} = \boldsymbol{R}_{\mathrm{T}} \tag{4-3}$$

$$\begin{bmatrix} u_{\Pi 1} \\ u_{\Pi 2} \end{bmatrix}_{i_1=0,\ i_2=0} = \begin{bmatrix} u_{\mathrm{T1}} \\ u_{\mathrm{T2}} \end{bmatrix}_{i_1=0,\ i_2=0} \tag{4-4}$$

由式(4-3)可得到含源 Π 形电路和 T 形电路中三个电阻之间的等效关系，由式(4-4)得到含源 Π 形电路和 T 形电路中三个电压源之间的等效关系。由于式(4-4)仅包含两个方程，但含源 Π 形电路和 T 形电路中都有三个电压源，因此不能得到电压源之间的等效关系的唯一解。这说明含源 T 形电路和含源 Π 形电路的等效变换不具有唯一性。

4.1.2 含源 Π 形电路到含源 T 形电路的等效变换

在电路理论文献中一般都有含源 Π 形电路到含源 T 形电路等效变换的内容，而且给出的变换结果是唯一的，具体变换过程如图 4-3 所示，即图 4-1(a)所示电路经过图 4-3(a)～(d)的变换步骤，可以得到图 4-1(b)所示的电路。仔细分析图 4-3 的变换步骤，可以看出该变换过程隐含了一个限制条件，就是图 4-1(b)中的 o 点和图 4-3(b)中的 O 点电位相同。由于附加了这一条件，使得含源 Π 形电路到含源 T 形电路的等效变换具有唯一性。经过推导，这种等效变换可以表示为如下公式：

$$\begin{cases} R_1 = \dfrac{R_{12}R_{31}}{R_{12}+R_{23}+R_{31}} \\ R_2 = \dfrac{R_{23}R_{12}}{R_{12}+R_{23}+R_{31}} \\ R_3 = \dfrac{R_{31}R_{23}}{R_{12}+R_{23}+R_{31}} \end{cases},\quad \begin{cases} u_{\mathrm{S1}} = \dfrac{R_{31}u_{\mathrm{S12}}-R_{12}u_{\mathrm{S31}}}{R_{12}+R_{23}+R_{31}} \\ u_{\mathrm{S2}} = \dfrac{R_{12}u_{\mathrm{S23}}-R_{23}u_{\mathrm{S12}}}{R_{12}+R_{23}+R_{31}} \\ u_{\mathrm{S3}} = \dfrac{R_{23}u_{\mathrm{S31}}-R_{31}u_{\mathrm{S23}}}{R_{12}+R_{23}+R_{31}} \end{cases} \tag{4-5}$$

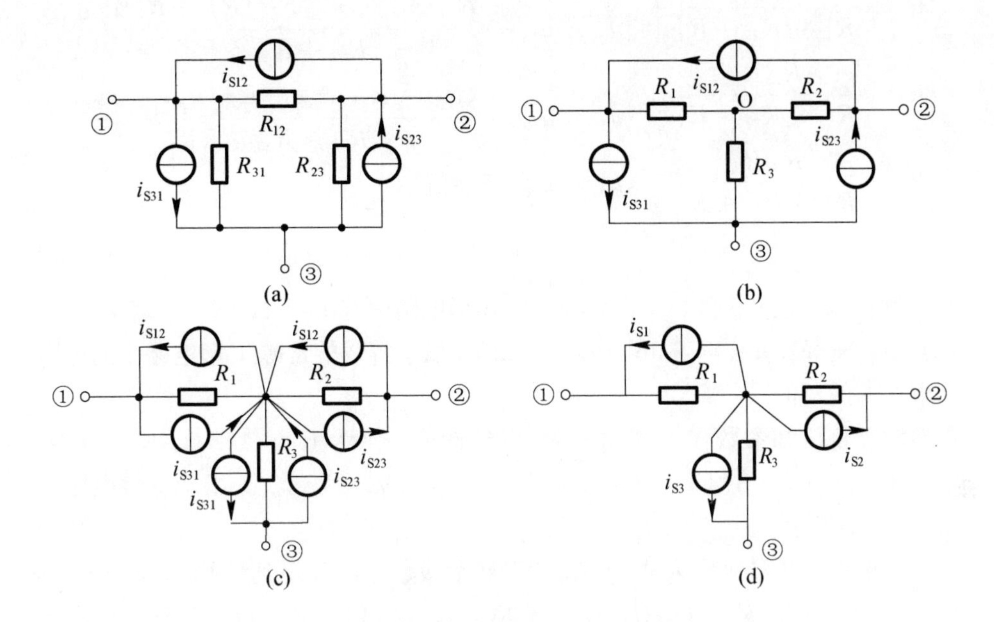

图 4-3　含源 Π 形电路到含源 T 形电路的等效变换

(a) 电源等效变换；(b) Π 形电阻等效变换为 T 形电阻；
(c) 电流源转移等效变换；(d) 电流源等效变换

下面证明图 4-1(b)中的 o 点和图 4-3(b)中的 O 点电位相同。由图 4-1(b)可知，$u_{1o}=u_{S1}$；由图 4-3(b)可知，$u_{1O}=R_1(i_{S12}-i_{S31})=\dfrac{R_{31}u_{S12}-R_{12}u_{S31}}{R_{12}+R_{23}+R_{31}}$。由式(4-5)可知，$u_{1o}=u_{1O}$，即图 4-1(b)中的 o 点和图 4-3(b)中的 O 点电位相同。

由式(4-5)还可得出图 4-3 所示的等效变换过程满足如下条件：

$$\frac{u_{S1}}{R_1}+\frac{u_{S2}}{R_2}+\frac{u_{S3}}{R_3}=0 \tag{4-6}$$

如果在等效变换过程中不加限制条件，则这种变换不是唯一的。此时可取 u_{S1}、u_{S2}、u_{S3} 中的变量之一为任意值。假设 u_{S3} 可取任意值，则以 R_1、R_2、R_3、u_{S1}、u_{S2} 为变量求解式(4-3)和式(4-4)所包含的 5 个方程，可得到含源 Π 形电路到含源 T 形电路等效变换的公式为

$$\begin{cases} R_1 = \dfrac{R_{12}R_{31}}{R_{12}+R_{23}+R_{31}} \\ R_2 = \dfrac{R_{23}R_{12}}{R_{12}+R_{23}+R_{31}} \\ R_3 = \dfrac{R_{31}R_{23}}{R_{12}+R_{23}+R_{31}} \end{cases}, \quad \begin{cases} u_{S1} = u_{S3} + \dfrac{R_{31}(u_{S12}+u_{S23})-(R_{12}+R_{23})u_{S31}}{R_{12}+R_{23}+R_{31}} \\ u_{S2} = u_{S3} + \dfrac{(R_{12}+R_{31})u_{S23}-R_{23}(u_{S12}+u_{S31})}{R_{12}+R_{23}+R_{31}} \\ u_{S3} = u_{S3}(\text{任意值}) \end{cases} \tag{4-7}$$

例 4-1 已知图 4-1(a)所示含源 Π 形电路中 $R_{12}=3\,\Omega$, $R_{23}=2\,\Omega$, $R_{31}=1\,\Omega$, $u_{S12}=3\,V$, $u_{S23}=-6\,V$, $u_{S31}=-2\,V$, 试求等效的含源 T 形电路中的电阻和电压源的量值。

解 将已知参数代入式(4-5),得到计算结果为 $R_1=1/2\,\Omega$, $R_2=1\,\Omega$, $R_3=1/3\,\Omega$, $u_{S1}=3/2\,V$, $u_{S2}=-4\,V$, $u_{S3}=1/3\,V$。得到含源 T 形等效电路如图 4-4(a)所示。

如果将已知参数代入式(4-7),不妨令 $u_{S3}=0\ V$,得到计算结果为 $R_1=1/2\,\Omega$, $R_2=1\,\Omega$, $R_3=1/3\,\Omega$, $u_{S1}=7/6\,V$, $u_{S2}=-13/3\,V$。得到含源 T 形等效电路如图 4-4(b)所示。

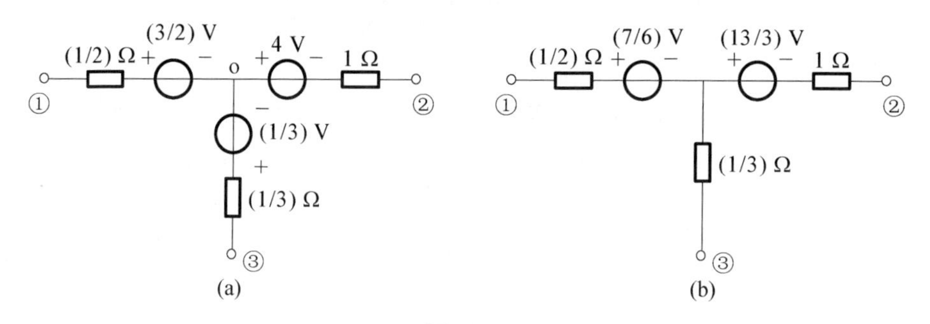

图 4-4

(a) 含源 T 形等效电路 1;(b) 含源 T 形等效电路 2

比较图 4-4(a)、(b)两个电路,如果将图 4-4(a)中的 1/3 V 的电压源进行电源转移等效变换,则得到图 4-4(b),可见图 4-4(a)、(b)两个电路是相互等效的。

4.1.3 含源 T 形电路到含源 Π 形电路的等效变换

与上面讨论类似,含源 T 形电路到含源 Π 形电路的等效变换结果也不是唯一的，u_{S12}、u_{S23}、u_{S31} 中的变量之一可为任意值。假设 u_{S31} 可取任意值，则以 R_{12}、R_{23}、R_{31}、u_{S12}、u_{S23} 为变量求解式(4-3)和式(4-4)所包含的 5 个方程，可得到含源 T 形电路到含源 Π 形电路等效变换的公式为

$$\begin{cases} R_{12}=R_1+R_2+\dfrac{R_1R_2}{R_3} \\ R_{23}=R_2+R_3+\dfrac{R_2R_3}{R_1} \\ R_{31}=R_3+R_1+\dfrac{R_3R_1}{R_2} \end{cases},\quad \begin{cases} u_{S12}=u_{S1}-u_{S2}+\dfrac{R_2}{R_3}(u_{S1}-u_{S3}+u_{S31}) \\ u_{S23}=u_{S2}-u_{S3}+\dfrac{R_2}{R_1}(u_{S1}-u_{S3}+u_{S31}) \\ u_{S31}=u_{S31}(\text{任意值}) \end{cases} \tag{4-8}$$

同样可以通过附加等效变换的条件使变换结果唯一。在图 4-3 所示变换过程(变换次序相反)中，如果附加如下条件

$$i_{S12}+i_{S23}+i_{S31}=0 \tag{4-9}$$

则可得到含源 T 形电路到含源 Π 形电路等效变换的公式为

$$\begin{cases} R_{12}=R_1+R_2+\dfrac{R_1R_2}{R_3} \\ R_{23}=R_2+R_3+\dfrac{R_2R_3}{R_1} \\ R_{31}=R_3+R_1+\dfrac{R_3R_1}{R_2} \end{cases},$$

$$\begin{cases} u_{S12}=\dfrac{2}{3}(u_{S1}-u_{S2})+\dfrac{R_1(u_{S3}-u_{S2})+R_2(u_{S1}-u_{S3})}{3R_3} \\ u_{S23}=\dfrac{2}{3}(u_{S2}-u_{S3})+\dfrac{R_2(u_{S1}-u_{S3})+R_3(u_{S3}-u_{S1})}{3R_1} \\ u_{S31}=\dfrac{2}{3}(u_{S3}-u_{S1})+\dfrac{R_3(u_{S2}-u_{S3})+R_1(u_{S3}-u_{S2})}{3R_2} \end{cases} \tag{4-10}$$

由于篇幅的关系，式(4-8)、式(4-10)的推导以及式(4-9)的证明从略。

例 4-2　将图 4-4(a)所示含源 T 形电路等效变换为含源 Π 形电路，要求含源 Π 形电路中 $u_{S31}=-2\ \text{V}$。

解　将图 4-4(a)所示电路中的参数代入式(4-8)，得到计算结果为 $R_{12}=$

$3\,\Omega$，$R_{23}=2\,\Omega$，$R_{31}=1\,\Omega$，$u_{S12}=3\,V$，$u_{S23}=-6\,V$。该结果与例 4-1 给出的含源 Π 形电路的参数完全吻合。

4.1.4 结语

上面讨论了含源 T 形电路和含源 Π 形电路的等效变换，指出该等效变换的结果不具有唯一性，但可通过附加一些条件使变换结果唯一。所举实例说明了推导结果的正确性。

4.2 T 形和 Π 形电阻电路等效变换方法探讨

T 形和 Π 形电路在工程实践中具有广泛的应用，如三相电路中的星形连接和三角形连接、滤波电路中双 T 形滤波等。等效变换是电路理论中的一种重要的常用分析方法。因此，T 形和 Π 形电路的等效变换是电路理论中非常重要的内容[2-6]。可以从不同的角度来看待 T 形和 Π 形电路的等效变换关系，其等效变换公式的推导也可从不同的角度来加以展开。下面试对这一问题作分析。

4.2.1 等效变换公式的推导

通过电路等效的定义，可以推导 T 形和 Π 形电路的等效变换公式，但在具体推导过程中，则可从不同角度来了解电路等效的定义，从而得到不同的推导过程。

方法 1：基于等效定义的推导

如果端钮一一对应的 n 端口电路 N_1 和 N_2 具有相同的端口特性，即相同的两组端口电压分别代入两个电路的端口特性方程会得出相同的两组端口电流，或者将相同的两组端口电流代入两个电路的端口特性方程会得出相同的两组端口电压，则二者相互等效，并互称等效电路。基于这一定义，即可推导 T 形和 Π 形电路的等效变换公式。为便于比较，下面将推导过程简列如下。

对图 4-5(a)所示的电路，取节点③为参考节点，可列出该三端电路的端口特性所满足的方程为

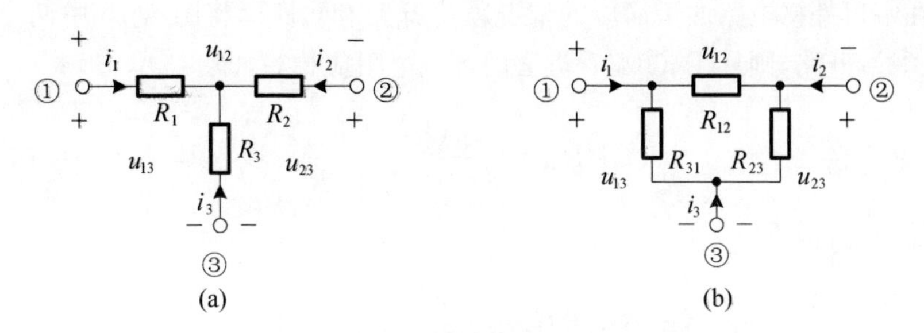

图 4-5　T 形电路和 Π 形电路

(a) T 形电路;(b) Π 形电路

$$\begin{cases} u_{13}=R_1i_1-R_3i_3=R_1i_1+R_3(i_1+i_2)=(R_1+R_3)i_1+R_3i_2 \\ u_{23}=R_2i_2-R_3i_3=R_2i_2+R_3(i_1+i_2)=R_3i_1+(R_2+R_3)i_2 \end{cases} \tag{4-11}$$

同样,可列出图 4-5(b)所示电路的端口特性所满足的方程为

$$\begin{cases} i_1=i_{12}-i_{31}=\dfrac{u_{13}-u_{23}}{R_{12}}+\dfrac{u_{13}}{R_{31}}=\left(\dfrac{1}{R_{12}}+\dfrac{1}{R_{31}}\right)u_{13}-\dfrac{1}{R_{12}}u_{23} \\ i_2=i_{23}-i_{12}=\dfrac{u_{23}}{R_{23}}-\dfrac{u_{13}-u_{23}}{R_{12}}=-\dfrac{1}{R_{12}}u_{13}+\left(\dfrac{1}{R_{12}}+\dfrac{1}{R_{23}}\right)u_{23} \end{cases} \tag{4-12}$$

显然,当式(4-11)和式(4-2)的系数矩阵互为逆矩阵时,两式所表示的端口特性完全相同。由此条件可求得 T 形电路和 Π 形电路的等效变换公式为

$$\begin{cases} R_{12}=R_1+R_2+\dfrac{R_1R_2}{R_3} \\ R_{23}=R_2+R_3+\dfrac{R_2R_3}{R_1} \\ R_{31}=R_3+R_1+\dfrac{R_3R_1}{R_2} \end{cases} \quad 或 \quad \begin{cases} R_1=\dfrac{R_{12}R_{31}}{R_{12}+R_{23}+R_{31}} \\ R_2=\dfrac{R_{23}R_{12}}{R_{12}+R_{23}+R_{31}} \\ R_3=\dfrac{R_{31}R_{23}}{R_{12}+R_{23}+R_{31}} \end{cases} \tag{4-13}$$

方法 2: 基于等效性质的推导

由电路等效的定义,可以得到电路等效的一个性质: 如果两个电路等效,则在两个电路的某一或某几个端口连接相同的任意电路,则得到的两个新的电路也是相互等效的。利用这一性质,则可以得到推导 T 形和 Π 形电路等效变换公式的一些简单而有趣的方法。

在端口外接电路的最简单的情况就是开路和短路。将图 4－5 中两个电路的②、③端开路，则从①、③端看进去的等效电阻应相等，即

$$R_3+R_1=\frac{R_{31}(R_{12}+R_{23})}{R_{12}+R_{23}+R_{31}} \tag{4-14}$$

类似地，可以得到

$$R_2+R_3=\frac{R_{23}(R_{31}+R_{12})}{R_{12}+R_{23}+R_{31}},\ R_1+R_2=\frac{R_{12}(R_{23}+R_{31})}{R_{12}+R_{23}+R_{31}} \tag{4-15}$$

联立求解式(4－14)和式(4－15)，就可以得到与式(4－13)相同的 T 形电路和 Π 形电路的等效变换公式。

如果将图 4－5 中两个电路的②、③端短路，则从①、③端看进去的等效电阻也应相等，利用上述性质同样可以得到式(4－13)相同的 T 形电路和 Π 形电路的等效变换公式。

利用电路等效的性质，还可以衍生出多种分析方法。这里仅举一例。将图 4－5 中两个电路分别端接如下电路：②、③端连接$-R_{23}$的电阻；①、③端连接$-R_{31}$的电阻；①、②端连接$-R_{12}$的电阻，则可以得到

$$\begin{cases} R_1+\dfrac{R_3(R_2-R_{23})}{R_3+R_2-R_{23}}=R_{31} \\ R_2+\dfrac{R_1(R_3-R_{31})}{R_1+R_3-R_{31}}=R_{12} \\ R_3+\dfrac{R_2(R_1-R_{12})}{R_2+R_1-R_{12}}=R_{23} \end{cases} \tag{4-16}$$

求解式(4－16)，就可以得到与式(4－13)相同的 T 形电路和 Π 形电路的等效变换公式。

方法 3：基于能量守恒定律的推导

能量守恒定律是物理系统包括电路都必须遵守的普遍规律，如果两个电路等效，则对相同的端电压、端电流，两电路消耗的能量相同。

在图 4－5 中已标出端电流 i_1、i_2、i_3，它们满足 $i_1+i_2+i_3=0$。对 T 形电路，其消耗的功率为

$$p_T=i_1^2R_1+i_2^2R_2+(i_1+i_2)^2R_3 \tag{4-17}$$

对 Π 形电路，其消耗的功率为

$$p_{\Pi}=i_{12}^{2}R_{12}+(i_{12}+i_{2})^{2}R_{23}+(i_{1}-i_{12})^{2}R_{31} \tag{4-18}$$

为求出电流 i_{12}，列写 KVL 方程，得

$$R_{12}i_{12}+R_{23}(i_{12}+i_{2})-R_{31}(i_{1}-i_{12})=0 \tag{4-19}$$

解得

$$i_{12}=\frac{R_{31}i_{1}-R_{23}i_{2}}{R_{12}+R_{23}+R_{31}} \tag{4-20}$$

令 $p_{\mathrm{T}}=p_{\Pi}$，并将式(4-20)代入整理，得

$$\left(R_{1}+R_{3}-\frac{R_{12}R_{31}+R_{23}R_{31}}{R_{12}+R_{23}+R_{31}}\right)i_{1}^{2}+\left(R_{2}+R_{3}-\frac{R_{12}R_{23}+R_{23}R_{31}}{R_{12}+R_{23}+R_{31}}\right)i_{2}^{2}+2\left(R_{3}-\frac{R_{23}R_{31}}{R_{12}+R_{23}+R_{31}}\right)i_{1}i_{2}=0 \tag{4-21}$$

由于 i_{1}、i_{2} 可取任意值，因此有

$$\begin{cases}R_{1}+R_{3}=\dfrac{R_{12}R_{31}+R_{23}R_{31}}{R_{12}+R_{23}+R_{31}}\\ R_{2}+R_{3}=\dfrac{R_{12}R_{23}+R_{23}R_{31}}{R_{12}+R_{23}+R_{31}}\\ R_{3}=\dfrac{R_{23}R_{31}}{R_{12}+R_{23}+R_{31}}\end{cases} \tag{4-22}$$

由上式就可以得到与式(4-13)相同的 T 形电路和 Π 形电路的等效变换公式。

方法 4：基于戴维南定理的推导

在图 4-5 中两个电路的②、③端分别连接一电压为 u_{S} 的电压源，由于两电路等效，因此从两个电路的①、③端看进去的戴维南等效电路相同，即两者的开路电压 u_{OC}、等效电阻 R_{o} 分别相等，于是得到

$$\begin{cases}u_{\mathrm{OC}}=\dfrac{R_{3}}{R_{1}+R_{3}}u_{\mathrm{S}}=\dfrac{R_{31}}{R_{12}+R_{31}}u_{\mathrm{S}}\\ R_{\mathrm{o}}=R_{1}+\dfrac{R_{2}R_{3}}{R_{2}+R_{3}}=\dfrac{R_{12}R_{31}}{R_{12}+R_{31}}\end{cases} \tag{4-23}$$

由上式可得

$$\frac{R_3}{R_2+R_3}=\frac{R_{31}}{R_{12}+R_{31}},\ R_1+\frac{R_2R_3}{R_2+R_3}=\frac{R_{12}R_{31}}{R_{12}+R_{31}} \tag{4-24}$$

类似地，有

$$\frac{R_3}{R_1+R_3}=\frac{R_{23}}{R_{12}+R_{23}},\ R_2+\frac{R_1R_3}{R_1+R_3}=\frac{R_{12}R_{23}}{R_{12}+R_{23}} \tag{4-25}$$

式(4-24)和式(4-25)中的四个等式只有三个是相互独立的，利用其中任意三者即可得到与式(4-14)相同的T形电路和Π形电路的等效变换公式。

方法5：基于二端口参数矩阵的推导

三端电路可以构成二端口电路，如果将图4-5所示T形电路和Π形电路的端钮①、③和②、③分别看作一个端口，则T形电路的r参数矩阵为

$$\boldsymbol{R}=\begin{bmatrix} R_1+R_3 & R_3 \\ R_3 & R_2+R_3 \end{bmatrix} \tag{4-26}$$

Π形电路的g参数矩阵为

$$\boldsymbol{G}=\begin{bmatrix} 1/R_{12}+1/R_{31} & -1/R_{12} \\ -1/R_{12} & 1/R_{12}+1/R_{23} \end{bmatrix} \tag{4-27}$$

两电路等效，则有$\boldsymbol{R}^{-1}=\boldsymbol{G}$或$\boldsymbol{R}=\boldsymbol{G}^{-1}$，由此即可得到与式(4-13)相同的T形电路和Π形电路的等效变换公式。

4.2.2　结语

T形电路和Π形电路具有广泛的应用，它们之间的等效变换也是电路理论中的一个重要内容。上面通过讨论T形电路和Π形电路等效变换公式的推导方法，可加深对T形电路和Π形电路等效变换的理解。

4.3　T-Π形电路等效变换的几个结论

在4.1节中已经说明含独立电源T形电路和Π形电路的等效变换结果不是

唯一的，因此，当出现含独立电源 T/Π 形电路的两个或多个 Π/T 形等效电路时，就存在如何判断这些等效电路相互等效的问题。下面就针对含独立电源 T 形电路和 Π 形电路的相互等效变换，提出几个结论。

4.3.1　几个基本结论

为讨论方便起见，假设含独立电源 T 形电路和 Π 形电路如图 4－6 所示，其中的电源参考方向如图所示。假设图 4－6(a)、(b)所示的两个电路互为等效，则有如下结论：

结论 1(T 形电路等效为 Π 形电路)　将图 4－6(a)电路等效为图 4－6(b)电路时，如果参数 i_{S31} 可取任意值，则 Π 形电路中元件的参数值为

$$\begin{cases} R_{12}=R_1+R_2+\dfrac{R_1R_2}{R_3} \\ R_{23}=R_2+R_3+\dfrac{R_2R_3}{R_1} \\ R_{31}=R_3+R_1+\dfrac{R_3R_1}{R_2} \end{cases},\begin{cases} i_{S12}=i_{S31}+\dfrac{R_2(u_{S3}-u_{S1})+R_3(u_{S2}-u_{S1})}{R_1R_2+R_2R_3+R_3R_1} \\ i_{S23}=i_{S31}+\dfrac{R_2(u_{S3}-u_{S1})+R_1(u_{S3}-u_{S2})}{R_1R_2+R_2R_3+R_3R_1} \\ i_{S31}=i_{S31}(\text{任意值}) \end{cases} \tag{4-28}$$

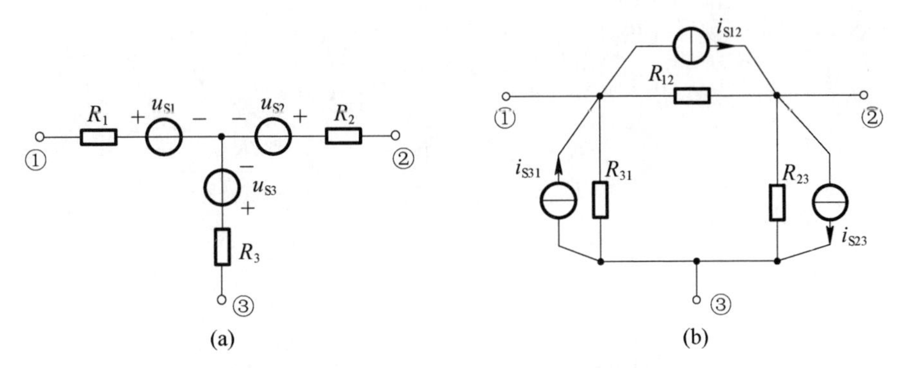

图 4－6　含独立电源 T 形电路和 Π 形电路

(a) T 形电路；(b) Π 形电路

证明　由于图 4－6 中 T 形电路和 Π 形电路等效，因此两者的端口特性相同。将端钮①、③和端钮②、③分别构成端口，如图 4－7 所示，则 T 形电路的端口特性可表示为

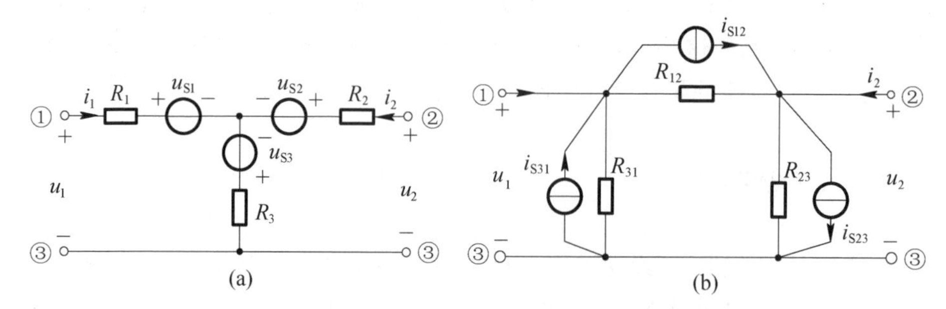

图 4-7 含独立电源 T 形电路和 Π 形电路的二端口形式

(a) T 形电路；(b) Π 形电路

$$\begin{bmatrix} u_1 \\ u_2 \end{bmatrix} = \boldsymbol{R}_{\mathrm{T}} \begin{bmatrix} i_1 \\ i_2 \end{bmatrix} + \begin{bmatrix} u_{\mathrm{T1}} \\ u_{\mathrm{T2}} \end{bmatrix}_{i_1=0,\ i_2=0} \tag{4-29}$$

式中，开路电阻矩阵 $\boldsymbol{R}_{\mathrm{T}} = \begin{bmatrix} R_1 + R_3 & R_3 \\ R_3 & R_2 + R_3 \end{bmatrix}$，开路电压向量 $\begin{bmatrix} u_{\mathrm{T1}} \\ u_{\mathrm{T2}} \end{bmatrix}_{i_1=0,\ i_2=0} = \begin{bmatrix} u_{S1} - u_{S3} \\ u_{S2} - u_{S3} \end{bmatrix}$。

Π 形电路的端口特性可表示为

$$\begin{bmatrix} u_1 \\ u_2 \end{bmatrix} = \boldsymbol{R}_{\Pi} \begin{bmatrix} i_1 \\ i_2 \end{bmatrix} + \begin{bmatrix} u_{\Pi 1} \\ u_{\Pi 2} \end{bmatrix}_{i_1=0,\ i_2=0} \tag{4-30}$$

式中，开路电阻矩阵 $\boldsymbol{R}_{\Pi} = \begin{bmatrix} \dfrac{R_{12}R_{31} + R_{23}R_{31}}{R_{12} + R_{23} + R_{31}} & \dfrac{R_{23}R_{31}}{R_{12} + R_{23} + R_{31}} \\ \dfrac{R_{23}R_{31}}{R_{12} + R_{23} + R_{31}} & \dfrac{R_{12}R_{23} + R_{23}R_{31}}{R_{12} + R_{23} + R_{31}} \end{bmatrix}$，开路电压向量 $\begin{bmatrix} u_{\Pi 1} \\ u_{\Pi 2} \end{bmatrix}_{i_1=0,\ i_2=0} = \begin{bmatrix} R_{31} i_{S31} - \dfrac{R_{31}(R_{12}u_{S12} + R_{23}u_{S23} + R_{31}u_{S31})}{R_{12} + R_{23} + R_{31}} \\ \dfrac{R_{23}(R_{12}u_{S12} + R_{23}u_{S23} + R_{31}u_{S31})}{R_{12} + R_{23} + R_{31}} - R_{23} i_{S23} \end{bmatrix}$。

由于 T 形电路和 Π 形电路相互等效，因此可得

$$\boldsymbol{R}_{\Pi} = \boldsymbol{R}_{\mathrm{T}} \tag{4-31}$$

$$\begin{bmatrix} u_{\Pi1} \\ u_{\Pi2} \end{bmatrix}_{i_1=0,\ i_2=0} = \begin{bmatrix} u_{T1} \\ u_{T2} \end{bmatrix}_{i_1=0,\ i_2=0} \tag{4-32}$$

由式(4-31)可得到含源 Π 形电路和 T 形电路中三个电阻之间的三个等效关系式，由式(4-32)得到 T 形电路和 Π 形电路中三个电压源之间的两个等效关系式。取参数 i_{S31} 为任意值，即可解得式(4-28)。得证。

结论 2(Π 形电路等效为 T 形电路)　将图 4-6(b)电路等效为图 4-6(a)电路时，如果参数 u_{S3} 可取任意值，则 T 形电路中元件的参数值为

$$\begin{cases} R_1 = \dfrac{R_{12}R_{31}}{R_{12}+R_{23}+R_{31}} \\ R_2 = \dfrac{R_{23}R_{12}}{R_{12}+R_{23}+R_{31}} \\ R_3 = \dfrac{R_{31}R_{23}}{R_{12}+R_{23}+R_{31}} \end{cases}, \begin{cases} u_{S1} = u_{S3} + \dfrac{R_{31}R_{12}(i_{S31}-i_{S12})+R_{23}R_{31}(i_{S31}-i_{S23})}{R_{12}+R_{23}+R_{31}} \\ u_{S2} = u_{S3} + \dfrac{R_{12}R_{23}(i_{S12}-i_{S23})+R_{23}R_{31}(i_{S31}-i_{S23})}{R_{12}+R_{23}+R_{31}} \\ u_{S3} = u_{S3}(\text{任意值}) \end{cases} \tag{4-33}$$

证明过程可类似给出，这里从略。

结论 3(T 形电路的等效)　在图 4-6(a)电路的三条支路中分别串联三个电压源 u_{SS1}、u_{SS2}、u_{SS3}，参考方向如图 4-8 所示，则图 4-6(a)电路和图 4-8 电路互为等效的充分必要条件为 $u_{SS1}=u_{SS2}=u_{SS3}$。

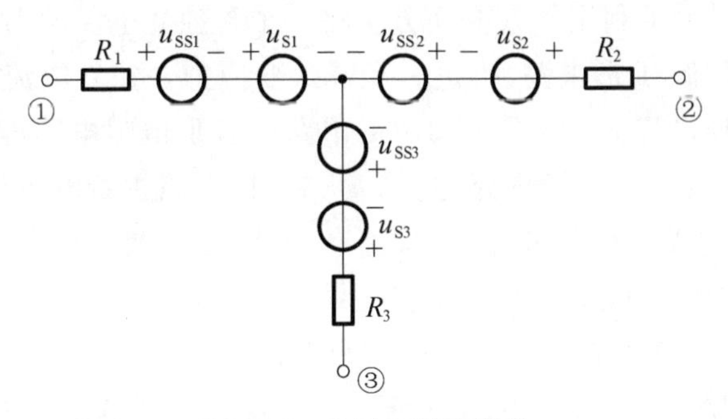

图 4-8　T 形电路的等效

证明　首先证明必要性。图 4-6(a)电路和图 4-8 电路互为等效，则两电路的开路电阻矩阵和开路电压向量分别相等。两电路的开路电阻矩阵相等是显然的，而两电路的开路电压向量分别为 $\begin{bmatrix} u_{T1} \\ u_{T2} \end{bmatrix}_{i_1=0,\ i_2=0} = \begin{bmatrix} u_{S1}-u_{S3} \\ u_{S2}-u_{S3} \end{bmatrix}$ 和

$\begin{bmatrix} u'_{T1} \\ u'_{T2} \end{bmatrix}_{i_1=0,\ i_2=0} = \begin{bmatrix} u_{S1}-u_{S3}+u_{SS1}-u_{SS3} \\ u_{S2}-u_{S3}+u_{SS2}-u_{SS3} \end{bmatrix}$，令两者相等，即得到 $u_{SS1}=u_{SS2}=u_{SS3}$。

再证充分性。由于 $u_{SS1}=u_{SS2}=u_{SS3}$，对图 4－6(a)电路和图 4－8 电路分别应用结论 1 可知，两个电路得到同样的 Π 形电路的元件参数值 R_{12}、R_{23}、R_{31}、i_{S12}、i_{S23}、i_{S31}完全相同，因此图 4－6(a)电路和图 4－8 电路互为等效。

充分性也可利用电压源的等效转移加以证明。将支路①上的电压源 u_{SS1} 向支路②、③转移，它们分别与支路②、③上的电压源 u_{SS2}、u_{SS3} 抵消，因此图 4－6(a)电路和图 4－8 电路互为等效。

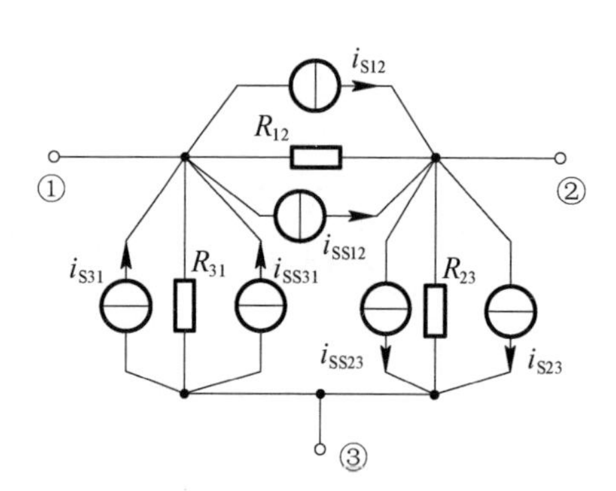

图 4－9　Π 形电路的等效

与结论 3 类似，可以得到如下结论：

结论 4（Π 形电路的等效）　在图 4－6(b)电路的三条支路中分别并联三个电流源 i_{SS1}、i_{SS2}、i_{SS3}，参考方向如图 4－9 所示，则图 4－6(b)电路和图 4－9 电路互为等效的充分必要条件为 $i_{SS1}=i_{SS2}=i_{SS3}$。

4.3.2　应用例子

图 4－10 显示了利用等效变换方法将一个含独立电流源 Π 形电路等效变换为含独立电压源 T 形电路，再进一步等效变换为含独立电流源 Π 形电路的情形。具体变换过程为：将图 4－10(a)电路中 Π 形电阻电路等效变换为 T 形电阻电路，得到图 4－10(b)电路；将图 4－10(b)电路进行电流源转移等效，得到图 4－10(c)电路，对并联电流源进一步等效得到图 4－10(d)电路；将 4－10(d)电路中的诺顿支路等效变换为戴维南支路，得到图 4－10(e)电路；通过 T－Π 形电阻等效变换得到图 4－10(f)电路；将图 4－10(f)电路中的电压源进行转移，得到图 4－10(g)电路；最后通过戴维南-诺顿支路等效变换，得到图 4－10(h)电路。

比较图 4－10(a)、(h)两个电路可知，其中对应的电流源参数值并不相等，但由结论 4 不难判断它们确实互为等效。事实上，在图 4－10(a)电路的三条支路上分别并联 $i_{SS1}=i_{SS2}=i_{SS3}=6/5$ A 的电流源，参考方向同图 4－9，就得到了图 4－10(h)电路。

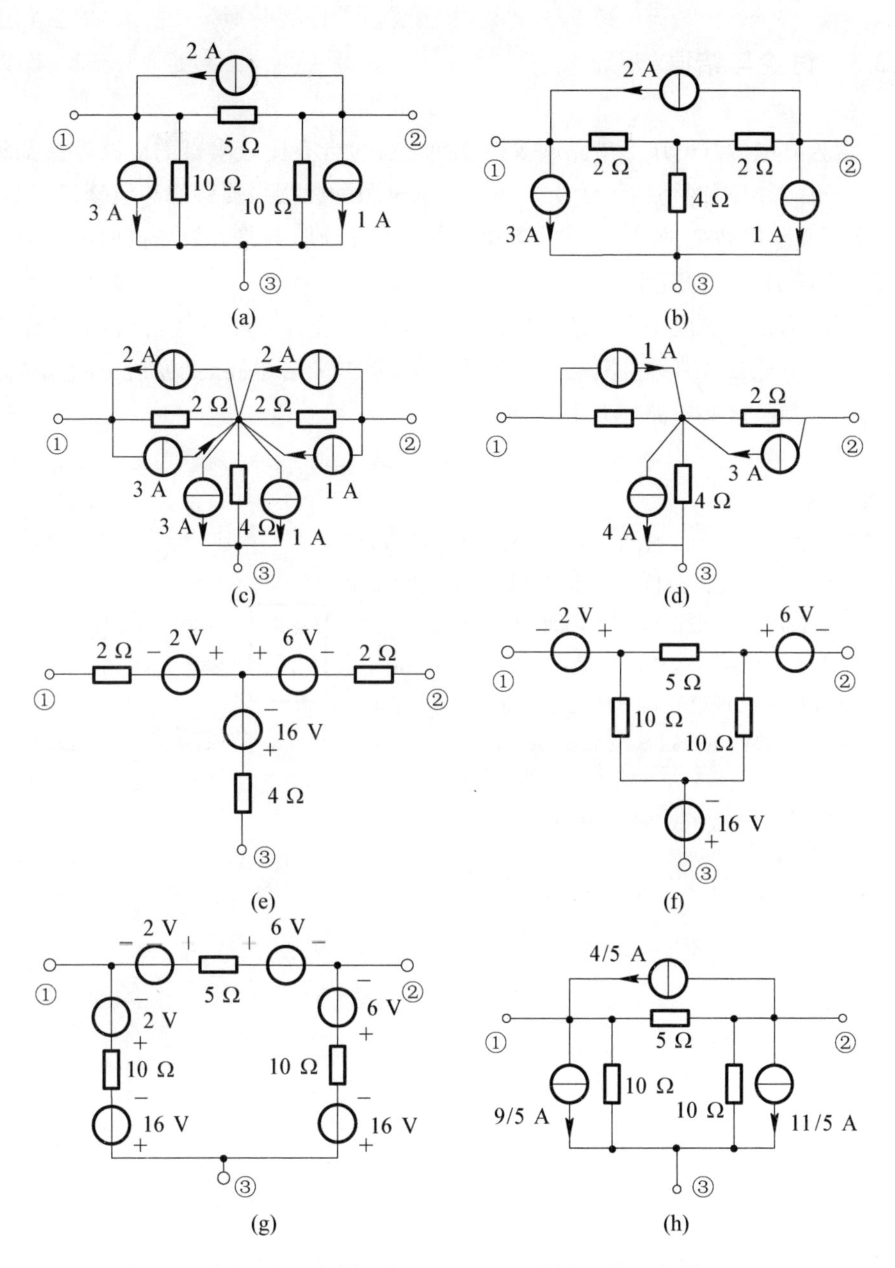

图 4－10　含独立电源 Π－T－Π 形电路等效变换

(a) Π 形电路；(b) Π－T 形电阻等效变换；(c) 电流源转移等效变换；(d) 电流源等效变换；(e) 诺顿-戴维南支路等效变换；(f) T－Π 形电阻等效变换；(g) 电压源转移等效变换；(h) 戴维南-诺顿支路等效变换

4.3.3 讨论与结语

含独立电源 T－Π 形电路的等效变换内容包含有比较丰富的电路理论知识点：T－Π 形电阻网络的等效变换、电源(电压源/电流源)转移的等效变换、戴维南-诺顿支路等效变换等。另外,含独立电源 T－Π 形电路等效变换的解答非唯一性,也增加了其探究空间。

正因为含独立电源 T－Π 形电路等效变换的解答非唯一性,使得对于给定的含独立电源 T/Π 形电路,可以有多个等效的 Π/T 形电路,上面讨论的几个结论给出了判断这些电路相互等效的条件。

参考文献

[1] 邱关源.电路[M].4 版.北京：高等教育出版社,1999.
[2] 李瀚荪.简明电路分析基础[M].北京：高等教育出版社,2002.
[3] 陈洪亮,张峰,田社平.电路基础[M].2 版.北京：高等教育出版社,2015.
[4] 于歆杰,朱桂萍,陆文娟.电路原理[M].北京：清华大学出版社,2007.
[5] 陈希有.电路理论基础[M].北京：高等教育出版社,2004.
[6] Nilsson J W, Riedel S A. Electric circuits [M]. 7th ed. New York: Prentice Hall, 2005.

第5章　无穷电阻网络与负电阻

在电路理论中，无限电阻网络是一类特殊的电路，其主要特点是具有无穷性和对称性，使得其分析方法具有很大的灵活性和技巧性。本章将对一类无穷电阻网络进行分析，以理解这类电路的分析方法。

负电阻是一种较为特殊的电阻，尽管它也满足欧姆定律，但不同于正电阻，负电阻是一种有源元件。本章还将就负电阻是否存在、如何实现以及它的串并联有什么特点等问题进行讨论。

5.1　无穷电阻网络等效电阻的计算

在电路文献中时常涉及如图5-1所示的无限电阻网络，其中每个电阻的阻值均为r。利用电路的对称性和叠加定理，可以方便地求出相邻节点间的等效电阻。为求相邻节点间的等效电阻，可考虑在相邻节点$(n,\ p)$和$(n+1,\ p)$施加1 A的电流源，将该电流源向无穷远转移，如图5-1所示。利用叠加定理，当左边1 A电流源单独作用时，由电路的对称性，与节点$(n,\ p)$相连的4个电阻的

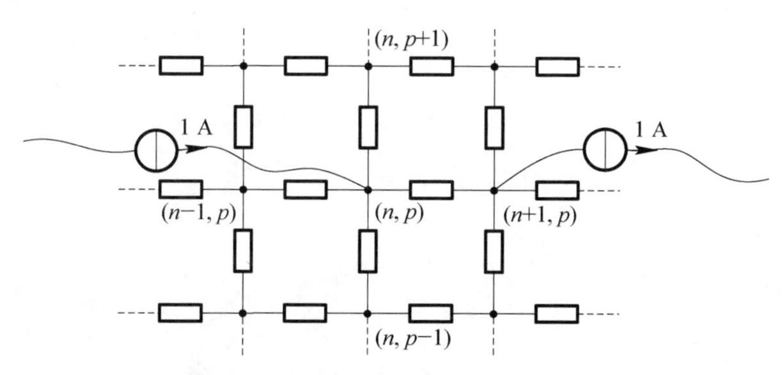

图5-1　无限对称电阻网络(每个电阻为r)

电流均为 0.25 A，方向为离开节点(n, p)；同样，当右边 1 A 电流源单独作用时，流经节点(n, p)和$(n+1, p)$间电阻的电流也为 0.25 A，方向为流入节点$(n+1, p)$，因此节点(n, p)和$(n+1, p)$间的电压为 $(0.25+0.25)r=0.5r$ V，从而相邻节点间的等效电阻为 $0.5r$ V/1 A$=0.5r$ Ω。

对于不相邻节点间等效电阻的求解，则不存在类似的对称性。为求解该问题，大量文献[1-3]进行了研究，并得出了等效电阻的积分表达式，较好地解决了等效电阻的求解。本节试图对这一问题作进一步研究，通过有限傅里叶变换表达式，得出计算等效电阻的二维积分表达式，并利用 Matlab 软件的符号计算功能，得到精确的等效电阻值。

5.1.1　公式推导

不失一般性，待求问题为求节点$(0, 0)$和(m, k)之间的等效电阻 R_{mk}。

考虑在节点$(0, 0)$和(m, k)之间施加一电流为 I 的电流源，方向指向节点$(0, 0)$。取无穷远处为参考节点，如能求得节点$(0, 0)$和(m, k)处的电压分别为 u_{00} 和 u_{mk}，则节点$(0, 0)$和(m, k)之间的等效电阻为

$$R_{mk}=\frac{u_{00}-u_{mk}}{I} \tag{5-1}$$

为求出节点电压的一般表达式，考虑对图 5-1 所示的无限电阻网络在节点(n, p)处施加电流源 I_{np}（方向指向节点），则由 KCL 可得

$$I_{np}=\frac{u_{np}-u_{(n+1)p}}{r}+\frac{u_{np}-u_{(n-1)p}}{r}+\frac{u_{np}-u_{n(p+1)}}{r}+\frac{u_{np}-u_{n(p-1)}}{r} \tag{5-2}$$

即

$$rI_{np}=4u_{np}-u_{(n+1)p}-u_{(n-1)p}-u_{n(p+1)}-u_{n(p-1)} \tag{5-3}$$

对节点电压 u_{np}，定义线性算子 Λ，使其满足

$$\Lambda u_{np}=\frac{1}{4}\left(u_{(n+1)p}+u_{(n-1)p}+u_{n(p+1)}+u_{n(p-1)}\right) \tag{5-4}$$

则式(5-3)可改写为

$$rI_{np}=4u_{np}-4\Lambda u_{np} \tag{5-5}$$

即

$$u_{np} = \Lambda u_{np} + \frac{rI_{np}}{4} \tag{5-6}$$

下面求解式(5-6)。假设存在二维函数 $F(x, y)$：$[\pi, \pi] \times [\pi, \pi] \rightarrow R$，其二维有限傅里叶变换为 u_{np}，即

$$u_{np} = \frac{1}{4\pi^2} \int_{-\pi}^{\pi} \int_{-\pi}^{\pi} F(x, y) \mathrm{e}^{-\mathrm{j}(nx+py)} \mathrm{d}x \mathrm{d}y \tag{5-7}$$

由二维有限傅里叶变换的反演公式，可得

$$F(x, y) = \sum_{n, p} u_{np} \mathrm{e}^{\mathrm{j}(nx+py)} \tag{5-8}$$

将式(5-6)代入式(5-8)得

$$F(x, y) = \sum_{n, p} \left(\Lambda u_{np} + \frac{rI_{np}}{4} \right) \mathrm{e}^{\mathrm{j}(nx+py)} \tag{5-9}$$

由分析的问题可知，无限电阻网络只在节点(0, 0)和(m, k)之间施加一电流为 I 的电流源，因此有

$$\sum_{n, p} \frac{rI_{np}}{4} \mathrm{e}^{\mathrm{j}(nx+py)} = \frac{rI}{4} (1 - \mathrm{e}^{\mathrm{j}(mx+ky)}) \tag{5-10}$$

将式(5-4)和式(5-10)代入式(5-9)，得

$$\begin{aligned} F(x, y) &= \frac{rI}{4}(1 - \mathrm{e}^{\mathrm{j}(mx+ky)}) + \sum_{n, p} \left[\frac{1}{4} (u_{(n+1)p} + u_{(n-1)p} + u_{n(p+1)} + u_{n(p-1)}) \right] \mathrm{e}^{\mathrm{j}(nx+py)} \\ &= \frac{rI}{4}(1 - \mathrm{e}^{\mathrm{j}(mx+ky)}) + \frac{1}{4} \sum_{n, p} u_{np} (\mathrm{e}^{\mathrm{j}[(n-1)x+py]} \\ &\quad + \mathrm{e}^{\mathrm{j}[(n+1)x+py]} + \mathrm{e}^{\mathrm{j}[nx+(p-1)y]} + \mathrm{e}^{\mathrm{j}[nx+(p+1)y]}) \\ &= \frac{rI}{4}(1 - \mathrm{e}^{\mathrm{j}(mx+ky)}) + \frac{1}{4} \sum_{n, p} u_{np} \mathrm{e}^{\mathrm{j}(nx+py)} (\mathrm{e}^{-\mathrm{j}x} + \mathrm{e}^{\mathrm{j}x} + \mathrm{e}^{-\mathrm{j}y} + \mathrm{e}^{\mathrm{j}y}) \end{aligned} \tag{5-11}$$

上式的推导中利用电阻网络的无限性，有 $\sum_{n, p} u_{(n+1)p} \mathrm{e}^{\mathrm{j}(nx+py)} = \sum_{n, p} u_{np} \mathrm{e}^{\mathrm{j}[(n-1)x+py]}$，其余类推。利用欧拉公式 $\mathrm{e}^{\mathrm{j}z} = \cos z + \mathrm{j} \sin z$，上式可简化为

$$F(x, y) = \frac{rI}{4}(1 - \mathrm{e}^{\mathrm{j}(mx+ky)}) + \frac{(\cos x + \cos y)}{2} \sum_{n, p} u_{np} \mathrm{e}^{\mathrm{j}(nx+py)} \tag{5-12}$$

利用式(5－8),由式(5－12)可得

$$F(x, y)=\frac{rI}{4}(1-e^{j(mx+ky)})+\frac{(\cos x+\cos y)}{2}F(x, y) \quad (5-13)$$

从而解得

$$F(x, y)=\frac{rI(1-e^{j(mx+ky)})}{4-2(\cos x+\cos y)} \quad (5-14)$$

于是由式(5－7)求得节点电压 u_{00} 和 u_{mk} 分别为

$$u_{00}=\frac{r}{4\pi^2}\int_{-\pi}^{\pi}\int_{-\pi}^{\pi}\frac{I(1-e^{j(mx+ky)})}{4-2(\cos x+\cos y)}dxdy \quad (5-15)$$

$$u_{mk}=\frac{r}{4\pi^2}\int_{-\pi}^{\pi}\int_{-\pi}^{\pi}\frac{I(e^{-j(mx+ky)}-1)}{4-2(\cos x+\cos y)}dxdy \quad (5-16)$$

两节点电压差为

$$\begin{aligned}u_{00}-u_{mk}&=\frac{r}{4\pi^2}\int_{-\pi}^{\pi}\int_{-\pi}^{\pi}\frac{I(2-e^{j(mx+ky)}-e^{-j(mx+ky)})}{4-2(\cos x+\cos y)}dxdy\\&=\frac{r}{4\pi^2}\int_{-\pi}^{\pi}\int_{-\pi}^{\pi}\frac{I[1-\cos(mx+ky)]}{2-(\cos x+\cos y)}dxdy\end{aligned} \quad (5-17)$$

最后由式(5－1)求得等效电阻为

$$R_{mk}=\frac{u_{00}-u_{mk}}{I}=\frac{r}{4\pi^2}\int_{-\pi}^{\pi}\int_{-\pi}^{\pi}\frac{1-\cos(mx+ky)}{2-(\cos x+\cos y)}dxdy \quad (5-18)$$

5.1.2　基于 Matlab 的等效电阻计算结果

由式(5－18)可知,等效电阻的表达式为一较复杂的有限二维积分式,很难通过手工演算求得结果。文献[1]利用积分公式表通过较为复杂的推导过程求出了 $(m, k)=(1, 1)$ 时 $R_{mk}/r=\pi/2$。当然,可以通过数值计算的方法求取等效电阻。这里采用 Matlab 软件的符号计算功能求解式(5－18)。取 (m, k)分别为 0、1、2、3、4、5、6,通过 Matlab 编程,得到等效电阻计算结果 R_{mk}/r 如表 5－1 所示,可以看出:$R_{mk}=R_{km}$,这与无限电阻网络的对称性是吻合的。另外,$R_{01}=R_{10}=r/2$,这与实际计算结果也是吻合的。Matlab 求解程序见本节附录。

表 5-1　等效电阻计算结果 R_{mk}/r

(m,k)	0	1	2	3	4	5	6
0	0	$\frac{1}{2}$	$2-\frac{4}{\pi}$	$\frac{17}{2}-\frac{24}{\pi}$	$40-\frac{368}{3\pi}$	$\frac{401}{2}-\frac{1\,880}{3\pi}$	$1\,042-\frac{49\,052}{15\pi}$
1	$\frac{1}{2}$	$\frac{2}{\pi}$	$-\frac{1}{2}+\frac{4}{\pi}$	$\frac{46}{3\pi}-4$	$\frac{80}{\pi}-\frac{49}{2}$	$\frac{6\,646}{15\pi}-140$	$\frac{2\,468}{\pi}-\frac{1\,569}{2}$
2	$2-\frac{4}{\pi}$	$-\frac{1}{2}+\frac{4}{\pi}$	$\frac{8}{3\pi}$	$\frac{1}{2}+\frac{4}{3\pi}$	$6-\frac{236}{15\pi}$	$\frac{97}{2}+\frac{2\,236}{15\pi}$	$336-\frac{36\,824}{35\pi}$
3	$\frac{17}{2}-\frac{24}{\pi}$	$\frac{46}{3\pi}-4$	$\frac{1}{2}+\frac{4}{3\pi}$	$\frac{46}{15\pi}$	$-\frac{1}{2}+\frac{24}{5\pi}$	$\frac{998}{35\pi}-8$	$\frac{26\,924}{105\pi}-\frac{161}{2}$
4	$40-\frac{368}{3\pi}$	$\frac{80}{\pi}-\frac{49}{2}$	$6-\frac{236}{15\pi}$	$-\frac{1}{2}+\frac{24}{5\pi}$	$\frac{352}{105\pi}$	$\frac{1}{2}+\frac{40}{21\pi}$	$10-\frac{1\,252}{45\pi}$
5	$\frac{401}{2}-\frac{1\,880}{3\pi}$	$\frac{6\,646}{15\pi}-140$	$\frac{97}{2}+\frac{2\,236}{15\pi}$	$\frac{998}{35\pi}-8$	$\frac{1}{2}+\frac{40}{21\pi}$	$\frac{1\,126}{315\pi}$	$\frac{236}{45\pi}-\frac{1}{2}$
6	$1\,042-\frac{49\,052}{15\pi}$	$\frac{2\,468}{\pi}-\frac{1\,569}{2}$	$336-\frac{36\,824}{35\pi}$	$\frac{26\,924}{105\pi}-\frac{161}{2}$	$10-\frac{1\,252}{45\pi}$	$\frac{236}{45\pi}-\frac{1}{2}$	$\frac{13\,016}{3\,465\pi}$

表 5-1 中的结果均为准确结果，该结果与文献[2]的结果相同。如果将准确结果转化为数值结果，其与文献[3]的结果相同。说明表 5-1 计算结果是正确的。

5.1.3 结语

本节利用二维有限傅里叶变换推导出了无限对称电阻网络任意两节点间的等效电阻计算公式，该表达式与文献[2,3]中的表达式有所不同，但利用 Matlab 的符号计算功能，得到了与文献[2,3]相同的计算结果。与文献[2,3]相比，本节的推导具有概念清楚、容易理解的特点。

附：Matlab 求解程序

```
function eq_resistor = req(m,k)
syms x y
f = (1 - cos(m * x + k * y))/(2 - cos(x) - cos(y));
f1 = int(f,x, - pi,pi)/2/pi;
eq_resistor = int(f1,y, - pi,pi)/2/pi;
```

例如，为求 $m=10$，$k=10$ 时（$r=1\,\Omega$）的等效电阻，可在 Matlab 命令窗口输入如下命令：

```
>> R = req(10,10)
```

运行结果为：

```
R = 62075752/14549535/pi
```

5.2 无穷电阻网络的分析

图 5-2 所示为一常见的无限方格电阻电路，其中所有电阻均为 1 Ω，现要求流过电压源的电流 I。许多电路教材或教学参考书或文献都涉及类似的电路。教材中对这类电路的求解主要采用叠加定理。尽管利用叠加定理求解十分简洁明了，但除此之外，还可采用其他电路分析方法如等效变换法、网孔法、节点法等求解。下面就这些分析方法作一讨论。为方便起见，本节的讨论中，所有未标示的电阻其阻值均取 1 Ω。

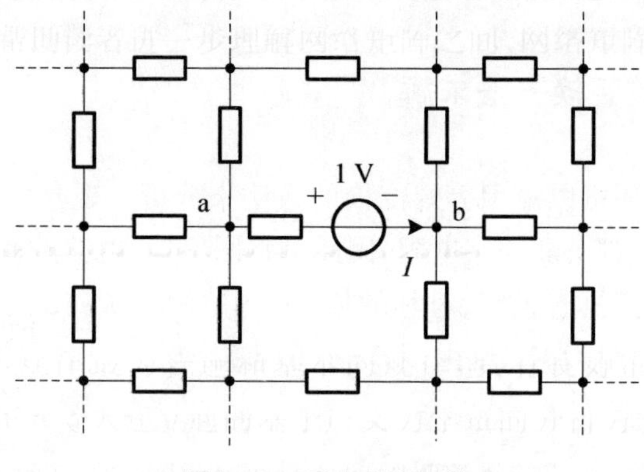

图5-2　无穷电阻网络

5.2.1　应用叠加定理求解

为便于比较,这里首先给出应用叠加定理的求解方法。

将含源支路等效变换为诺顿电路,如图5-3(a)所示。由KCL,得

$$I - I_1 + 1 = 0 \tag{5-19}$$

为求 I_1,将1 A电流源分裂为两个1 A电流源的串联,两电流源的连接点伸向无穷远处,如图5-3(b)所示。

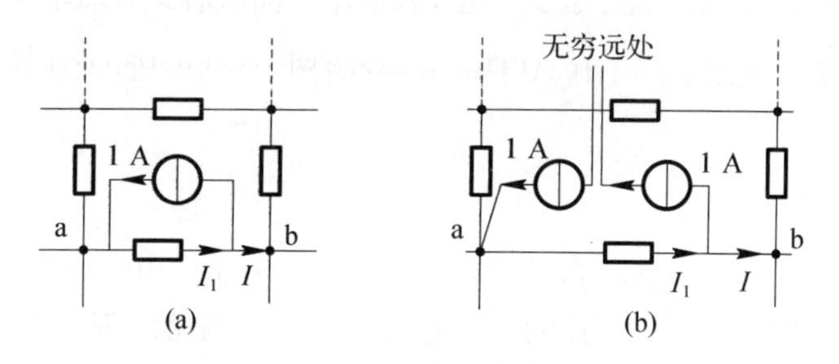

图5-3　利用叠加定理求解

(a) 戴维南支路变换为诺顿支路;(b) 电流源转移

由叠加定理,当左边1 A电流源单独作用时,由电阻分布的对称性得到 I_1 的分量为0.25 A,同理,当右边1 A电流源单独作用时,得到 I_1 的另一分量也为0.25 A。因此 $I_1=0.5$ A。由式(5-19)得 $I=I_1-1=-0.5$ A。

上述分析方法的关键在于利用了叠加定理和电路的对称性,其解法简洁明

了。这是现有文献中的通用解法。

5.2.2　应用等效变换方法求解

图 5-2 电路还可以采用等效变换的方法来分析。观察图 5-2 电路，可以看出其中任一节点都关联 4 个电阻，因此可将图 5-2 电路改画为如图 5-4(a)所示的电路，该电路具有无穷、对称的拓扑结构。假设从 ab 两端看进去的无穷电阻网络的等效电阻为 R_e，则由图 5-4(b)可得

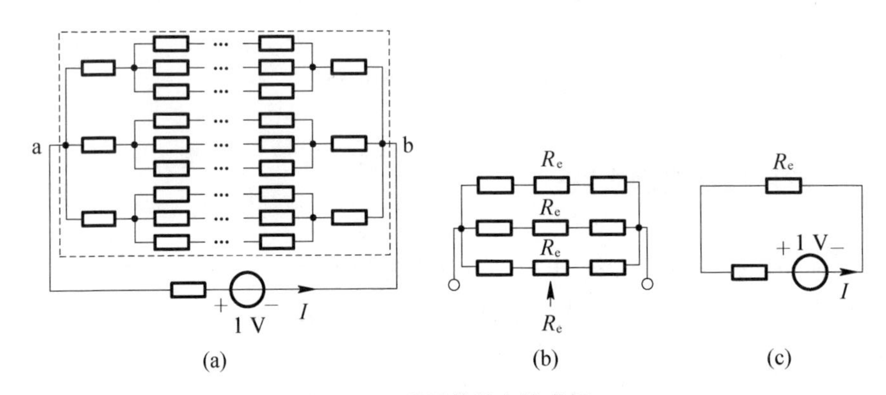

图 5-4　利用等效变换求解

(a) 等效电路；(b) 求 R_e；(c) 求电流 I

$$(1+R_e+1)/3=R_e \tag{5-20}$$

得到 $R_e=1\ \Omega$。这样图 5-4(a)电路可简化为图 5-4(c)所示电路，从而得出

$$I=-\frac{1}{(1+R_e)}=-0.5\ \text{A} \tag{5-21}$$

由图 5-4(a)电路的特点，还可提出一种求解方法。由电路的对称性，可知电流 I 平均分配到与 b 点相连的 3 个电阻，这 3 个电阻的电流同样平均分配到与之相连的 3 个电阻，依此类推，由 KVL 得

$$\left(\frac{1}{3}+\frac{1}{3^2}+\cdots+\frac{1}{3^n}+\cdots+\frac{1}{3^n}+\cdots+\frac{1}{3^2}+\frac{1}{3}\right)\times I+1\times I+1=0 \tag{5-22}$$

由上式可解得 $I=-0.5\ \text{A}$。

上述分析方法的关键在于重画电路的连接方式，等效变换为一种易于分析

的电路形式,其解法同样具有简洁明了的特点。

5.2.3　利用网孔法和节点法求解

图 5 - 2 电路为一平面电路,采用网孔法或节点法分析时,电路方程将有无穷多个,似乎无法求解。但注意到待求问题为仅需求解戴维南支路上的电流,即如果能求出与该支路关联的网孔电流或该支路两端的节点电压,问题就迎刃而解。

采用图 5 - 5 所示的节点标示和网孔电流标示,假设在节点(n, p)、$(n+1, p)$之间的支路中接有U_{np}的电压源,参考方向如图中所示。对电压源下方的网孔列写网孔方程,有

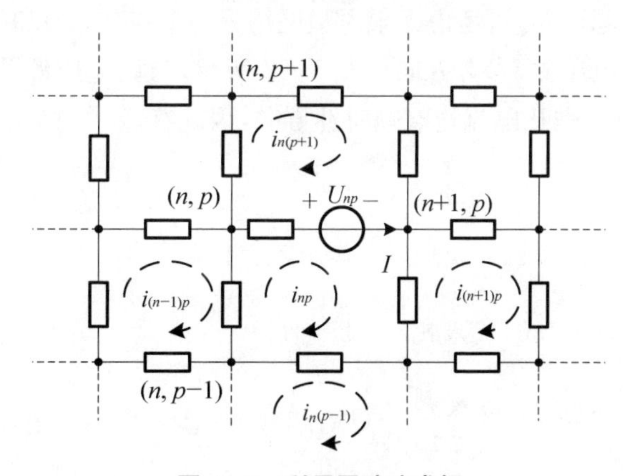

图 5 - 5　利用网孔法求解

$$4i_{np}-i_{(n-1)p}-i_{(n+1)p}-i_{n(p-1)}-i_{n(p+1)}=-U_{np} \tag{5-23}$$

对网孔电流i_{np},类似于 5.1 节的分析,定义线性算子Λ,使其满足

$$\Lambda i_{np}=\frac{1}{4}(i_{(n+1)p}+i_{(n-1)p}+i_{n(p+1)}+i_{n(p-1)}) \tag{5-24}$$

则式(5 - 23)可改写为

$$-U_{np}=4i_{np}-4\Lambda i_{np} \tag{5-25}$$

即

$$i_{np}=\Lambda i_{np}-U_{np}/4 \tag{5-26}$$

下面求解式(5-26)。假设存在二维函数 $F(x, y)$：$[\pi, \pi]\times[\pi, \pi]\to R$，其二维有限傅里叶变换为 i_{np}，即

$$i_{np}=\frac{1}{4\pi^2}\int_{-\pi}^{\pi}\int_{-\pi}^{\pi}F(x, y)e^{-j(nx+py)}dxdy \tag{5-27}$$

由二维有限傅里叶变换的反演公式，可得

$$F(x, y)=\sum_{n, p}i_{np}e^{j(nx+py)} \tag{5-28}$$

将式(5-26)代入式(5-28)得

$$F(x, y)=\sum_{n, p}(\Lambda i_{np}-U_{np}/4)e^{j(nx+py)} \tag{5-29}$$

由分析的问题可知，可考虑无限电阻网络只在节点(0, 0)和(1, 0)之间施加一电压为1 V的电压源，参考方向如图5-2所示，与该电压源关联的网孔电流为 i_{00} 和 i_{01}，注意到网孔电流均取顺时针方向，因此有

$$\sum_{n, p}(U_{np}/4)e^{j(nx+py)}=(1/4)e^{j(0x+0y)}+(-1/4)e^{j(0x+1y)}=(1-e^{jy})/4 \tag{5-30}$$

将式(5-24)和式(5-30)代入式(5-29)，得

$$\begin{aligned}F(x, y)&=-\frac{1}{4}(1-e^{jy})+\sum_{n, p}\left[\frac{1}{4}(i_{(n+1)p}+i_{(n-1)p}+i_{n(p+1)}+i_{n(p-1)})\right]e^{j(nx+py)}\\&=-\frac{1}{4}(1-e^{jy})+\frac{1}{4}\sum_{n, p}i_{np}(e^{j[(n-1)x+py]}+\\&\quad e^{j[(n+1)x+py]}+e^{j[nx+(p-1)y]}+e^{j[nx+(p+1)y]})\\&=-\frac{1}{4}(1-e^{jy})+\frac{1}{4}\sum_{n, p}i_{np}e^{j(nx+py)}(e^{-jx}+e^{jx}+e^{-jy}+e^{jy})\end{aligned} \tag{5-31}$$

上式的推导中利用电阻网络的无限性，有 $\sum_{n, p}i_{(n+1)p}e^{j(nx+py)}=\sum_{n, p}i_{np}e^{j[(n-1)x+py]}$，其余类推。利用欧拉公式，上式可简化为

$$\begin{aligned}F(x, y)&=-\frac{1}{4}(1-e^{jy})+\frac{(\cos x+\cos y)}{2}\sum_{n, p}i_{np}e^{j(nx+py)}\\&=-\frac{1}{4}(1-e^{jy})+\frac{(\cos x+\cos y)}{2}F(x, y)\end{aligned} \tag{5-32}$$

从而解得

$$F(x, y)=\frac{e^{jy}-1}{4-2(\cos x+\cos y)} \tag{5-33}$$

于是由式(5-25)求得节点电压 i_{00} 和 i_{01} 分别为

$$i_{00}=\frac{1}{4\pi^2}\int_{-\pi}^{\pi}\int_{-\pi}^{\pi}\frac{e^{jy}-1}{4-2(\cos x+\cos y)}dx\,dy \tag{5-34}$$

$$\begin{aligned} i_{01}&=\frac{1}{4\pi^2}\int_{-\pi}^{\pi}\int_{-\pi}^{\pi}\frac{e^{jy}-1}{4-2(\cos x+\cos y)}e^{-jy}dx\,dy \\ &=\frac{1}{4\pi^2}\int_{-\pi}^{\pi}\int_{-\pi}^{\pi}\frac{1-e^{-jy}}{4-2(\cos x+\cos y)}dx\,dy \end{aligned} \tag{5-35}$$

待求的电流为

$$I=i_{00}-i_{01}=\frac{1}{4\pi^2}\int_{-\pi}^{\pi}\int_{-\pi}^{\pi}\frac{\cos y-1}{2-(\cos x+\cos y)}dx\,dy \tag{5-36}$$

采用手工推导来计算上式较为烦琐，一般可借助于Matlab或Maple计算软件进行辅助计算。本节采用Maple进行计算，得到结果为 $I=-0.5\text{ A}$。

类似地，也可采用节点法进行分析，由于篇幅所限，不再赘述，这里仅给出最后结果。假设无限电阻网络只在节点(0, 0)和(1, 0)之间施加一电压为1 V的电压源，参考方向如图5-2所示，节点(0, 0)和(1, 0)之间的电压为

$$u_{(00)(10)}=i_{00}-i_{10}=\frac{1}{4\pi^2}\int_{-\pi}^{\pi}\int_{-\pi}^{\pi}\frac{1-\cos x}{2-(\cos x+\cos y)}dx\,dy \tag{5-37}$$

采用Maple进行计算，得到 $u_{(00)(10)}=0.5\text{ V}$。由KVL，得

$$u_{(00)(10)}=1\,\Omega\times I+1\text{ V} \tag{5-38}$$

解得 $I=-0.5\text{ A}$。

5.2.4　结语

上面讨论了无穷电阻网络的分析，拓展了其分析方法，使之更适合于在教学中加以应用。无穷电阻网络具有如下特点：① 趣味性。该电路是一实际中不可能存在的电路，但由于其具有无穷性和对称性的特点，使之具有较强的趣味性。② 分析方法的多样性和灵活性。尽管文献中一般仅给出了利用叠加定理进行

分析的方法，但从上述分析可以看出，该电路的分析可采用多种分析方法，而且这些方法都具有一定的灵活性。

应该指出，采用网孔法和节点法的分析方法具有较强的理论性。

5.3 负电阻及其串并联

5.3.1 负电阻的实现

在工程中不存在像正电阻那样的单独的负电阻元件，但负电阻可以通过其他的电路元件来实现。一种常见的实现负电阻的电路如图5-6所示，它由正电阻和运算放大器构成[4]。如果运算放大器工作在线性区，则对反相端，由“虚短”、“虚断”特性及分压关系有

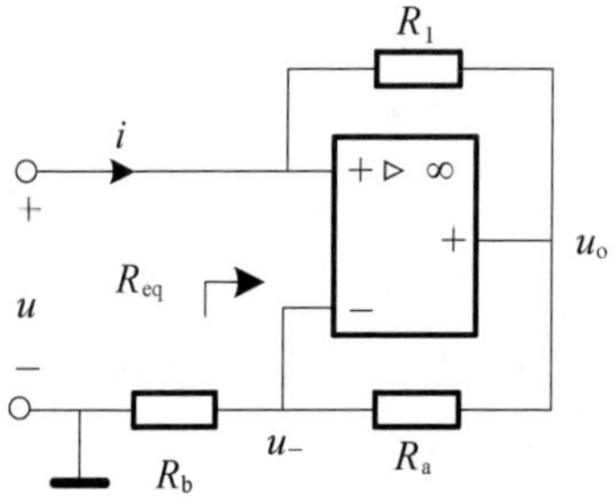

$$u_{-}=u=\frac{R_b}{R_a+R_b}u_o \qquad (5-39)$$

对同相端，由“虚断”特性有

$$i=\frac{u-u_o}{R_1} \qquad (5-40)$$

图5-6　实现负电阻的电路

由式(5-39)及式(5-40)可得从输入端看进去的等效电阻为

$$R_{eq}=\frac{u}{i}=-\frac{R_b}{R_a}R_1 \qquad (5-41)$$

显然，由于R_1、R_a、R_b都是正电阻，因此R_{eq}小于零，为一负电阻。

式(5-41)成立的条件是运算放大器必须工作在线性区。假设运算放大器输出饱和电压为U_{sat}，则由式(5-39)可知负电阻输入端的电压必须满足

$$|u|<\frac{R_b}{R_a+R_b}U_{sat} \qquad (5-42)$$

不失一般性，当$R_a=R_b=R$时，有$R_{eq}=-R_1$。为方便起见，下面的讨论均假设$R_a=R_b=R$。

必须注意，在上述负电阻的实现电路中，运算放大器反相输入端的电阻R_b

必须接地，说明负电阻的两端是有区别的，这在下面的讨论中可以看出。

5.3.2　负电阻与负电阻的串并联

负电阻和负电阻可以实现串并联连接。图 5-7(a)所示为两个负电阻的串联连接，由于负电阻的两个端钮有区别，在串联时应注意其连接方向。对图 5-7(a)，由 KCL、KVL 不难列出下述电路方程

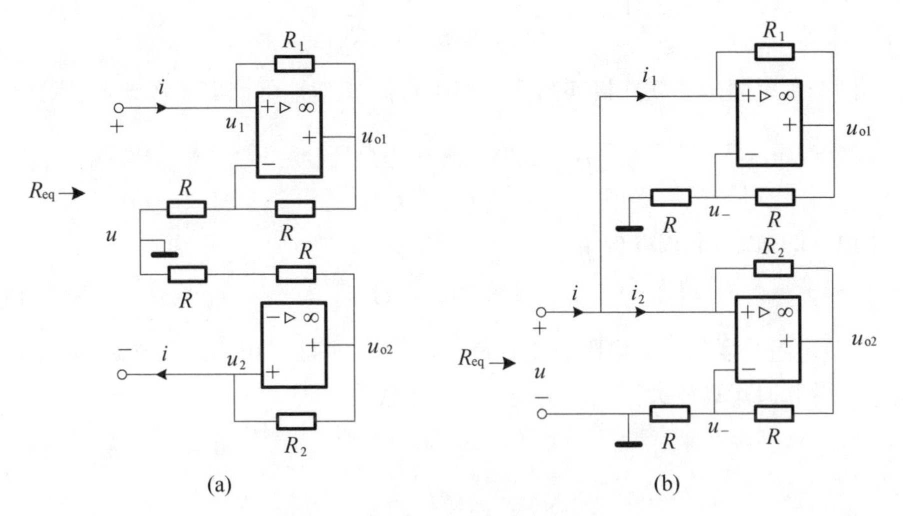

图 5-7　负电阻与负电阻的串并联

(a) 串联；(b) 并联

$$
\begin{cases}
i=\dfrac{u_1-u_{o1}}{R_1}=\dfrac{u_{o2}-u_2}{R_2} \\
u=u_1-u_2 \\
u_1=\dfrac{u_{o1}}{2},\ u_2=\dfrac{u_{o2}}{2}
\end{cases}
\tag{5-43}
$$

由上式可推出串联等效电阻为

$$
R_{eq}=\frac{u}{i}=-(R_1+R_2) \tag{5-44}
$$

可见，负电阻串联的等效电阻也是一负电阻，等于串联负电阻的阻值之和。比较图 5-7(a)和图 5-6 可知，串联负电阻的两端不接地，具有双向性，其两端可以任意接入电路中。

由式(5－43)还可求得

$$\begin{cases} u_{o1}=\dfrac{2R_1}{R_1+R_2}u \\ u_{o2}=-\dfrac{2R_2}{R_1+R_2}u \end{cases} \tag{5-45}$$

因此运算放大器工作于线性区的条件为

$$|u|<\frac{R_1+R_2}{2\times\max\{R_1,R_2\}}U_{sat} \tag{5-46}$$

两个负电阻的并联连接如图 5－7(b)所示,类似地可推出并联等效电阻为

$$R_{eq}=\frac{u}{i}=-\frac{R_1R_2}{R_1+R_2} \tag{5-47}$$

采用电导的概念,上式可写作

$$G_{eq}=-(G_1+G_2) \tag{5-48}$$

可见,负电阻并联的等效电阻也是一负电阻,等于并联负电阻的电导之和。同样可推出并联时运算放大器工作于线性区的条件为

$$|u|<\frac{1}{2}U_{sat} \tag{5-49}$$

5.3.3　负电阻与正电阻的串并联

负电阻与正电阻的串联连接如图 5－8 所示,其中正电阻可以接入负电阻的任一端。由图 5－8(a),根据运算放大器的“虚短”、“虚断”特性可知

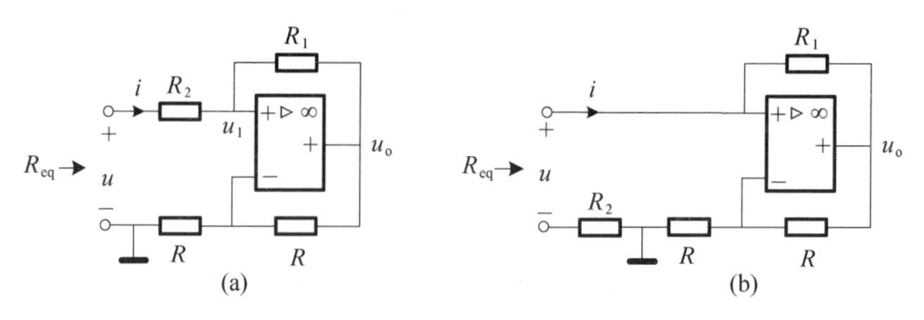

图 5－8　负电阻与正电阻的串联

(a) 接法 1;(b) 接法 2

$$\begin{cases} u_o = 2u_1 \\ u = R_2 i + u_1 \\ u_1 = R_1 i + u_o \end{cases} \tag{5-50}$$

由上式推出串联等效电阻为

$$R_{eq} = \frac{u}{i} = R_2 - R_1 \tag{5-51}$$

由图 5-8(b)同样可推出上式。可见负电阻和正电阻串联的等效电阻等于串联正、负电阻的阻值之和，其值可正可负。

负电阻与正电阻的串联时运算放大器工作于线性区的条件为

$$|u| < \frac{|R_2 - R_1|}{2R_1} U_{sat} \tag{5-52}$$

图 5-9 所示为负电阻与正电阻的并联，类似地可推导出并联等效电阻为

$$R_{eq} = \frac{u}{i} = -\frac{R_1 R_2}{R_2 - R_1} \tag{5-53}$$

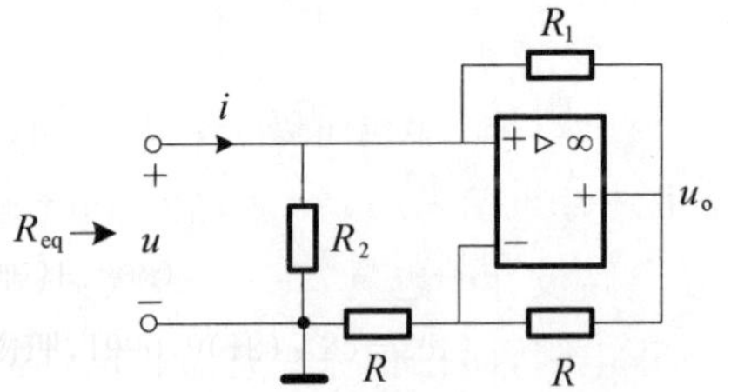

采用电导的概念，上式可写作

$$G_{eq} = G_2 - G_1 \tag{5-54}$$

图 5-9　负电阻与正电阻的并联

可见，负电阻和正电阻并联的等效电阻等于并联正负电阻的电导之和。由式(5-53)可以看出，正负电阻并联时，应该保证 $R_1 \neq R_2$。

5.3.4　正负电阻的混联

从上面的讨论可知，含负电阻的电阻串并联等效可以按照正电阻的串并联等效方法进行计算。下面以图 5-10(a)所示电路进行说明。将图 5-10(a)所示电路中的负电阻电路直接用相应的负电阻替换，得到图 5-10(b)所示的等效电路，由图 5-10(b)可知等效电阻为

$$R_{eq} = R_5 // (R_3 + R_4 - R_1 - R_2) = \frac{R_5(R_3 + R_4 - R_1 - R_2)}{R_3 + R_4 + R_5 - R_1 - R_2} \tag{5-55}$$

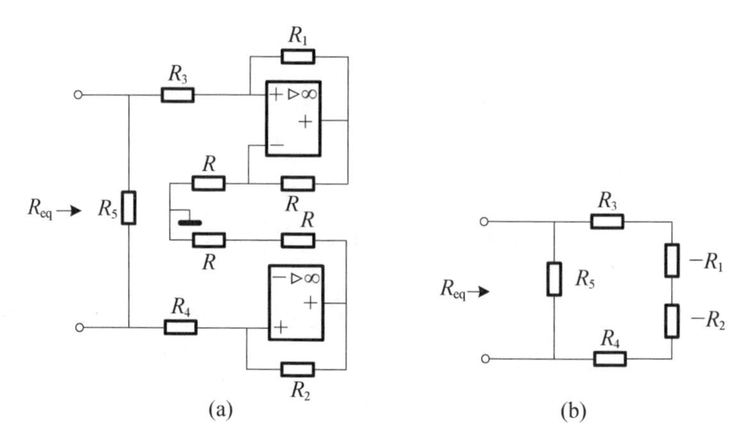

图 5－10　正负电阻的混联电路

(a) 混联电路;(b) 等效电路

5.3.5　结语

负电阻是与正电阻相对的概念。本节给出了负电阻及其串并联连接的分析,上述分析结果用 OrCAD/PSpice 进行了电路仿真,得到了验证[5]。此外负电阻在电路设计中也具有一定的意义,如在电流源设计中可用负电阻去中和不需要的正电阻,而在有源滤波器和振荡器设计中负电阻则用作控制极点位置。

5.4　负电阻的应用

上一节讨论了负电阻的实现方法及其串并联规律。负电阻是一种满足欧姆定律的有源元件,在电路中具有中和正电阻的作用,但负电阻中和正电阻后电路究竟达到什么样的功能或目的,这是应该加以回答的问题。下面列举负电阻的若干应用,指出其分析方法,说明电路的用途,以供读者参考。

5.4.1　应用要点

负电阻电路可由正电阻和运算放大器构成,将上一节讨论的两种常见的实现负电阻的电路重绘,如图 5－11 所示。运算放大器可工作于线性区和饱和区,

如果运算放大器工作在线性区，则电路输入端等效电阻为

$$R_{eq}=-\frac{R_3R_1}{R_2} \tag{5-56}$$

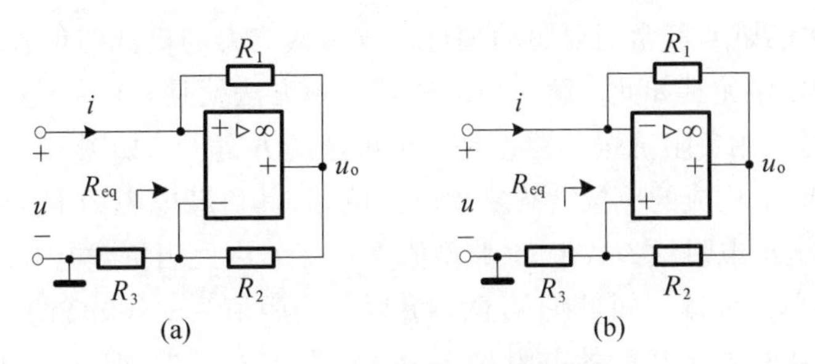

图 5-11　实现负电阻的电路

(a) 实现电路 1；(b) 实现电路 2

两种实现电路的区别在于运放的输入端的连接方式。当运放工作在线性区，两者的端口特性相同；而当运放工作在非线性区，两者的端口特性则是不同的。

通过选择 R_1、R_2、R_3 的电阻值，由式(5-56)即可得出所需的负电阻，在具体实现时，应考虑如下因素：

(1) 运放的电压工作范围。由图 5-11 不难得出运放工作于线性区的条件为

$$|u|<\frac{R_3}{R_2+R_3}U_{sat} \tag{5-57}$$

式中，U_{sat} 为运放的饱和输出电压。由式(5-57)可知，R_3 越大，则负电阻电路输入端的电压范围越大。因此，应尽可能选择较大阻值的 R_3。

(2) 电路的功耗。由图 5-11 可计算出当端口电压为 u 时运放提供的功率为

$$p=\frac{1}{R_3}\left(1+\frac{R_2}{R_1}+\frac{R_2^2}{R_1R_3}+\frac{R_2}{R_3}\right)u^2 \tag{5-58}$$

由式(5-58)可知，R_3 越大，则运放提供的功率越小。因此，应尽可能选择较大阻值的 R_3。

基于上述两点，负电阻电路在实现时的要点是尽可能取较大阻值的 R_3。例如，为得到 $R_{eq}=-1\ \text{k}\Omega$ 的负电阻，可取 $R_1=R_2=R_3=1\ \text{k}\Omega$，亦可取 $R_1=100\ \Omega$，$R_2=10\ \text{k}\Omega$，$R_3=100\ \text{k}\Omega$，显然后者为较优实现方案。

5.4.2　负电阻的应用举例

1) 负阻抗缓冲器

在电路实践中，经常需要驱动超过运放负载能力的更低的负载阻抗。这在精密运放应用中尤其如此。解决该问题的直观方法就是采用单位增益缓冲(跟随器)。但是采用负阻抗缓冲器也是一个可选的方案[6]。如图 5－12 所示为由精密运放 OP07 构成的单位增益反相放大电路，其负载电阻为 $R_L=100\ \Omega$。由于 OP07 的输出电阻约为数十 Ω(典型值为 60 Ω)，因此当负载电阻较小时，电路增益达不到单位增益。如果在 R_L两端并联一个阻值为－100 Ω 的负电阻，如图 5－2 所示，则两者并联后的电阻趋于∞。在图 5－12 中，取 $R_1=10\ \Omega$，$R_2=10\ \text{k}\Omega$，$R_3=100\ \text{k}\Omega$，由式(5－56)可得等效负电阻为－100 Ω。此时电路的增益将完全达到单位增益。

与采用跟随器的方案比较，图 5－12 电路具有一个重要的优点，它充分利用了 U1 运放的精密特性，由于负电阻的接入，使得负载电阻变得很大，几乎完全消除了 U1 输出电阻的影响。另外，通过实际的电路实验发现，对构成负电阻电路的运放没有特别的要求，采用一般的通用运放即可。在实际实验中运放选用通用的 741 运放。对 R_1、R_2、R_3的取值亦没有严格的要求，选用 5%的金属膜电阻即可。

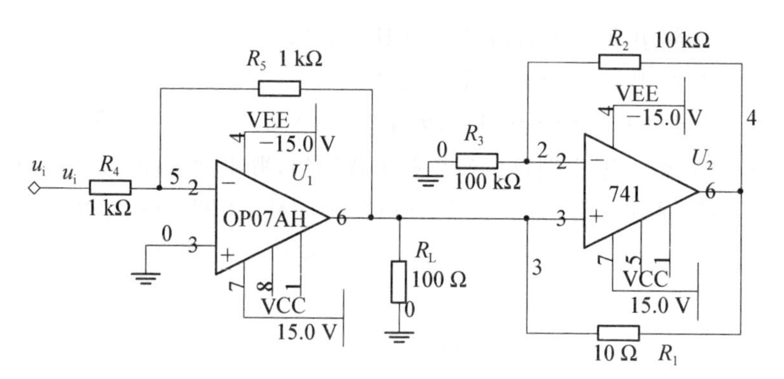

图 5－12　负电阻缓冲器

2) 高输入阻抗放大电路

在电路实践中，由运放构成的同相放大器的输入电阻要远远大于反相放大器。但由运放构成的反相放大器具有一个重要的优点，就是运放的输入端是虚地，电路工作更稳定[7]。为此，可以通过电路设计来提高反相放大器的输入阻抗或者直接选用高输入阻抗运放。由通用运放组成自举电路可有效提高输入阻抗[8]。这里讨论利用负电阻来提高反相放大器的输入阻抗。

如图5-13所示为由精密运放OP07构成的增益为2的反相放大电路。显然，电路的输入阻抗为R_4，亦即1 kΩ。为提高其输入阻抗，在电路的输入端并联阻值为-1 kΩ的负电阻，如图5-13所示。负电阻的接入在理论上可使输入阻抗达到∞，但经实测，该电路的输入电阻约为数百MΩ。这是由于构成负电阻的运放及各电阻并非理想元件的缘故。即便如此，数百MΩ的输入阻抗可以满足大多数应用的要求。

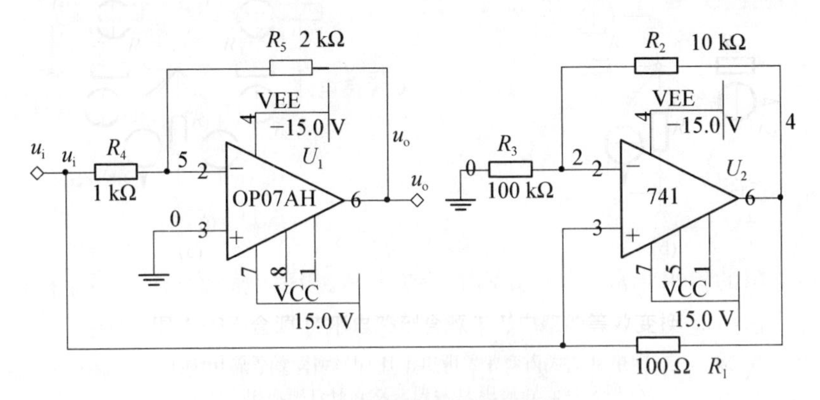

图5-13　高输入阻抗放大器

3) 负电阻在LC振荡电路中的应用

RLC二阶电路的响应可有振荡的特性，特别地，当$R=0$时，电路的响应为无阻尼振荡特性。为了得到无阻尼振荡特性，可用负电阻来中和电路中的正电阻[9]。这里采用电路仿真软件Multisim来验证负电阻在LC振荡电路中的应用。电路如图5-14所示，其中电阻R与可变电阻的串联构成正电阻；运放741和电阻R_1、R_2、R_3构成负电阻；电压源U_S、电阻R_4和开关S的串联支路用于为振荡电路提供初始能量；频率计XFC1用于测量振荡波形的频率；示波器XSC1用于观测振荡波形。

开始仿真时，只需先闭合开关S，然后断开即可。通过调节可变电阻的阻值可在示波器上观察振荡波形。按照图示参数，振荡频率为$f=1/(2\pi\sqrt{LC})=$ 1 591.5 Hz。由XFC1测得的频率为1.591 kHz，与理论计算值是吻合的。

值得指出的是，该电路是一个非常好的教学用实验电路，通过调节可变电阻的大小，可以观察到衰减振荡、等幅振荡、增幅振荡的情形，十分适合于实验演示。

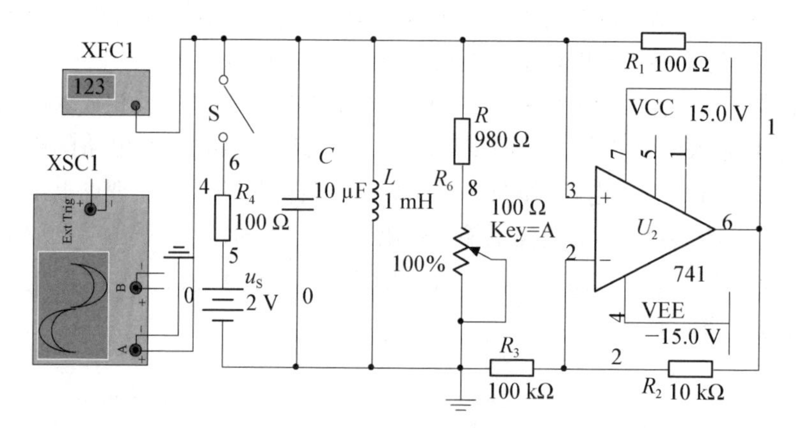

图 5-14　LC 振荡电路

5.4.3　结语

负电阻的应用非常广泛，如 V/I 转换电路、振荡电路设计、传感器特性的线性化等。这些应用的一个基本点是利用负电阻抵消不必要的正电阻。前文通过几个应用实例说明了负电阻的应用，并讨论了负电阻的应用要点，分析结果可供读者参考。

参考文献

[1] Venezian G. On the resistance between two points on a grid [J]. American Journal of Physics, 1994, 62(11): 1000-1004.

[2] Atkinson D, van Steenwijk F J. Infinite resistive lattices [J]. American Journal of Physics, 1999, 67(6): 486-492.

[3] 姜莉，仲嘉霖，凌寅生.无限电阻网络等效电阻的积分计算[J].苏州城建环保学院学报，2001，14(03): 75-77.

[4] 邱关源.电路[M].4 版.北京：高等教育出版社，1999.

[5] 贾新章.OrCAD/PSpice 9 实用教程[M].西安：西安电子科技大学出版社，1999.

[6] Jung W.运算放大器应用技术手册[M].北京：人民邮电出版社，2009.

[7] 冈村廸夫.OP 放大电路设计[M].北京：科学出版社，2008.

[8] 张国雄，金篆芷.测控电路[M].北京：机械工业出版社，2004.

[9] 黄修志.二阶电路中的等幅和增幅振荡——负阻抗变换器的应用[J].四川师范大学学报(自然科学版)，1987，10(02): 16-22.

第6章 电桥电路

电桥电路是一种非常典型的电路，在信号的检测、变换中具有广泛的应用。研究电桥电路可以理解其在应用中的工作原理，还可以帮助更好地理解电路的分析方法。

6.1 电桥非线性校正电路分析

传感器电桥电路是一种重要的信号检测变换电路，在信号检测中得到广泛应用[1]。但由于其固有的非线性，使仪器、仪表在整个刻度范围内灵敏度不一致，致使对系统的分析处理复杂化。在实际应用中，为了消除非线性误差，常采用半桥差动或全桥差动电路，以改善非线性误差和提高输出灵敏度[2]。如果电桥电路不采用半桥差动或全桥差动形式，如何校正其非线性？下面试就电桥电路的分析作一讨论。

6.1.1 电桥电路的工作原理

为方便起见，这里的电桥电路指由电阻桥臂构成的直流激励电路。电桥电路的工作形式是将传感器电阻接入电桥的桥臂，根据传感器电阻桥臂的数量，常见的有单桥电路、半桥电路、全桥电路等，如图 6-1 所示。

对图 6-1(a)电路，当被测量为零时，传感器的电阻为 R，$\Delta R=0$，电桥平衡，电路输出 $u_o=0$。当被测量发生变化，使得传感器电阻为 $R+\Delta R$ 时，电路的输出为

$$u_o=\left(\frac{R+\Delta R}{2R+\Delta R}-\frac{R}{2R}\right)u_S=\frac{\Delta R}{2(2R+\Delta R)}u_S \tag{6-1}$$

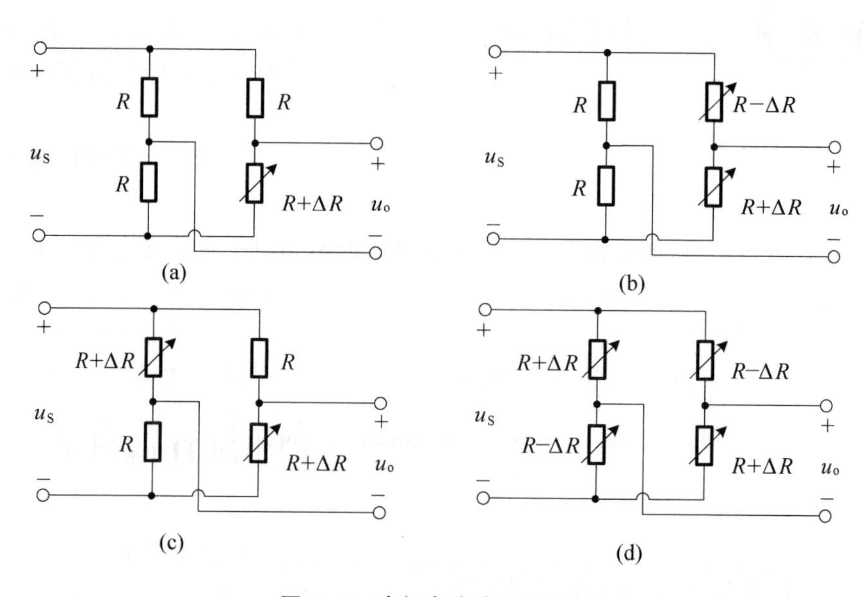

图 6－1　电桥电路的工作形式

(a) 单臂接入传感器；(b) 双臂接入传感器(差动形式)；
(c) 双臂接入传感器(非差动形式)；(d) 全桥接入传感器(差动形式)

由式(6－1)可知，电桥的输出 u_o与 ΔR 之间呈非线性关系。当 $\Delta R \ll 1$ 时，u_o与 ΔR 之间呈近似线性关系，电路的灵敏度为 $S=\dfrac{u_o}{\Delta R/R}=\dfrac{1}{4}u_S$。

类似地，可得出图 6－1(b)电路的输出为

$$u_o=\frac{\Delta R}{2R}u_S \tag{6-2}$$

由式(6－2)可知，当电桥采用半桥差动的工作形式时，电桥的输出 u_o与 ΔR 之间呈线性关系。

图 6－1(c)电路的输出为

$$u_o=\frac{\Delta R}{2R+\Delta R}u_S \tag{6-3}$$

可见，当传感器电阻同方向发生变化(同时增加或减少)时，采用图 6－1(c)电路形式，电桥的输出 u_o与 ΔR 之间呈非线性关系。

图 6－1(d)电路的输出为

$$u_o=\frac{\Delta R}{R}u_S \tag{6-4}$$

由式(6-4)可知,当电桥采用全桥差动的工作形式时,电桥的输出 u_o 与 ΔR 之间呈线性关系。

6.1.2　电桥非线性校正电路

由上面分析可知,当采用图6-1(a)、(c)所示的电桥电路时,电桥的输出 u_o 与 ΔR 之间呈非线性关系。如果被测量引起的 ΔR 较大时,则电桥输出特性的非线性程度亦大,应采取措施予以校正。

1) 单桥电路的校正

利用一个运算放大器,构成如图6-2所示的电桥电路,可以完全校正图6-1(a)电路的非线性特性。由图6-2可知,利用叠加定理及运放的"虚短"、"虚断"特性,可得

$$u_+ = \frac{R}{2R}u_S = u_- = \frac{R}{2R+\Delta R}u_o + \frac{R+\Delta R}{2R+\Delta R}u_S \tag{6-5}$$

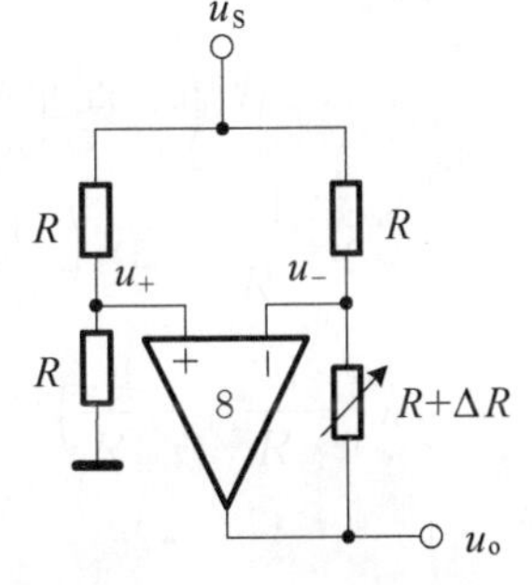

图6-2　单臂电桥电路的校正

由上式得到

$$u_o = -\frac{\Delta R}{2R}u_S \tag{6-6}$$

比较上式和式(6-1),可知图6-2电路的 u_o-ΔR 之间的关系呈线性,且电路的灵敏度较图6-1(a)增加一倍。

观察图6-2可以看出,该电路利用运放的"虚短"、"虚断"特性,将电桥输出端点的电压都钳制在 $u_S/2$,而流经传感器桥臂电阻 $R+\Delta R$ 的电流为恒定值 $u_S/(2R)$,因此当 ΔR 发生变化时,输出电压 u_o 也呈比例地发生变化。

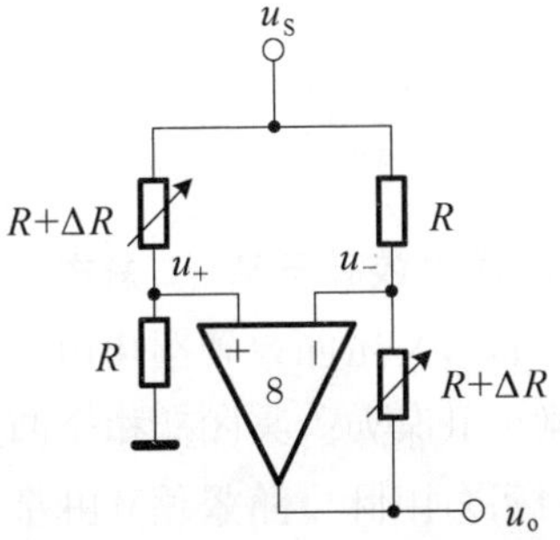

图6-3　非差动半桥电路的校正

2) 非差动半桥电路的校正

类似地,对图6-1(c)所示的电桥电路,可以采用图6-3所示的电路进行校正。由图6-3可知,电路的输出 u_o 满足

$$\frac{R}{2R+\Delta R}u_S = \frac{R}{2R+\Delta R}u_o + \frac{R+\Delta R}{2R+\Delta R}u_S \tag{6-7}$$

整理上式得到

$$u_o = -\frac{\Delta R}{R} u_S \tag{6-8}$$

比较上式和式(6-3),可知图6-3电路的u_o-ΔR之间的关系亦呈线性,且电路的灵敏度较图6-1(c)增加一倍。

6.1.3 单臂电桥的双运放非线性校正电路

对单桥电路的非线性校正,除了采用图6-2电路的形式外,还可采用由双运放构成的校正电路[3]。电路如图6-4所示,采用节点法,列写节点①、②的节点方程可得

$$\begin{cases} \left(\dfrac{1}{R+\Delta R}+\dfrac{1}{R}\right)u_1-\dfrac{1}{R}u_S-\dfrac{1}{R+\Delta R}u_3=0 \\ \left(\dfrac{1}{R}+\dfrac{1}{R}\right)u_2-\dfrac{1}{R}u_S-\dfrac{1}{R}u_3-\dfrac{1}{R_F}u_o=0 \end{cases} \tag{6-9}$$

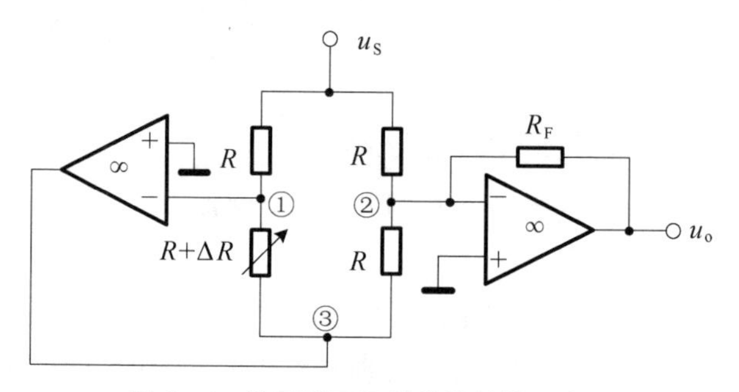

图6-4 单桥的双运放非线性校正电路

由运放的“虚短”特性,易知$u_1=u_2=0$,于是由式(6-9)可解得

$$u_o = \frac{R_F}{R} \times \frac{\Delta R}{R} u_S \tag{6-10}$$

将上式与式(6-1)比较可知,图6-4电路的u_o-ΔR之间的关系亦呈线性,且电路灵敏度是图6-1(a)电路的$4R_F/R$倍。显然,尽管图6-4电路采用了两个运放,但电路的灵敏度可以调整,具有较好的灵活性。

6.1.4　结语

电桥电路包含四个桥臂电阻，其中变化的桥臂电阻可以是单臂，也可以是双臂或四臂，因此在工程实际中可灵活地加以选用。同时电桥电路的形式，使其具有很强的抗环境干扰，特别是温度干扰的特性，当环境温度发生变化时，引起桥臂电阻变化是相同的，因此并不会使电桥产生电压输出。因此，在传感器信号处理电路中，电桥电路是一种非常实用且应用广泛的电路。

上面讨论了电桥电路的工作原理，并针对具有非线性输入输出特性的单臂电桥电路和非差动双臂电桥电路给出了基于运放的校正电路，这些校正电路都充分地利用了运放的"虚短"、"虚断"特性。

值得指出的是，除了上述介绍的电桥非线性校正电路形式之外，还可采用由仪表放大器和运放组成的校正电路，但其电路形式较为复杂[4]。此外，电桥电路的非线性特性还可采用数字技术进行校正，此处不再赘述。

6.2　关于非平衡桥式电路等效电阻求法的讨论

桥式电路是工程实际中常用的电路。在电路的实际应用中，多出现如图 6-5所示的或与之相类似的电路。由于桥式电路拓扑结构的特殊性，在求其输入端等效电阻时，一般多通过 T-Π 形电路等效变换化简的方法来求解。诚然，桥式电路是 T-Π 形电路等效变换方法应用的一个极典型的例子。尽管对一个电路，往往存在多种分析方法，但对于桥式电路，其分析方法的多样性、所涉及电路理论知识点的广泛性具有典型的意义。

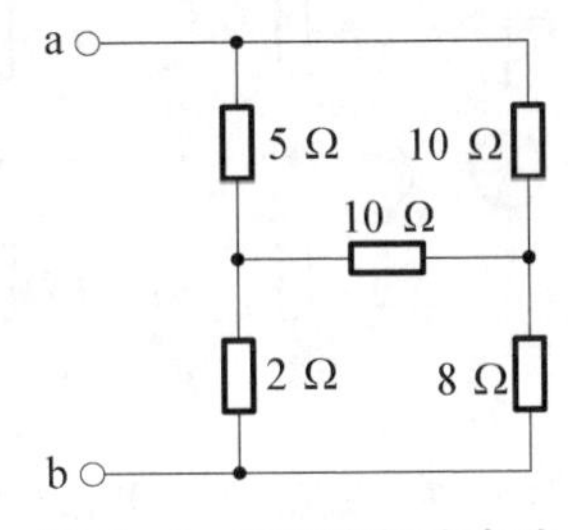

图 6-5　非平衡桥式电路

6.2.1　非平衡桥式电路的分析

下面以图 6-5 所示非平衡桥式电路为例，讨论其输入端等效电阻的求解方法。

解法 1　为与后面的分析方法进行比较，首先采用 T-Π 形电路的等效变换求解。将图 6-6(a)电路中由 10 Ω、10 Ω 和 8 Ω 电阻构成的 T 形电路等效变换为 Π 形电路，得到图 6-6(b)电路，则由电阻的串、并联等效得

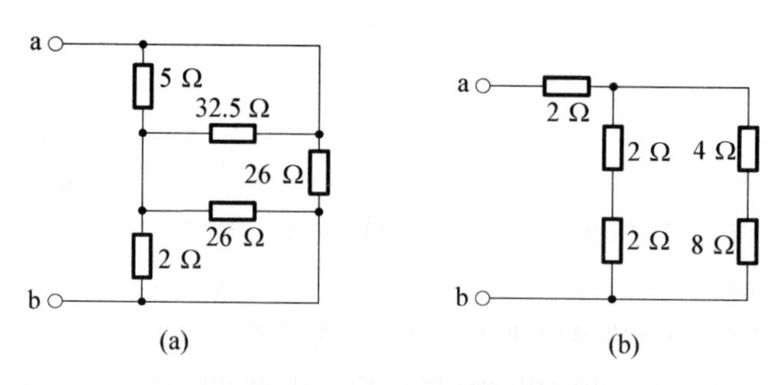

图 6-6　采用 T-Π 电路的等效变换求解

(a) T 形电路等效变换为 Π 形电路；(b) Π 形电路等效变换为 T 形电路

$$R_{ab}=26\ //\ (5\ //\ 32.5+2\ //\ 26)\ \Omega=5\ \Omega \tag{6-11}$$

也可将图 6-6(a)电路中由 5 Ω、10 Ω 和 10 Ω 电阻构成的 Π 形电路等效变换为 T 形电路，得到图 6-6(b)电路，则有

$$R_{ab}=2+(2+2)\ //\ (4+8)\ \Omega=5\ \Omega \tag{6-12}$$

解法 2　采用节点分析法或网孔分析法求解。这里采用网孔法求解。为简化求解，在端口加电流源 I，如图 6-7 所示，则可列写网孔方程为

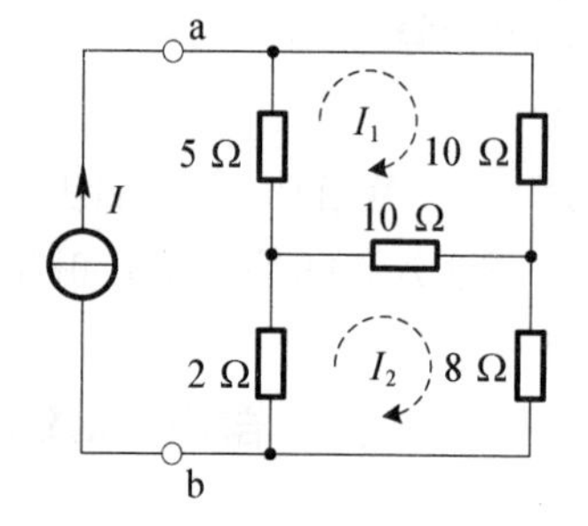

图 6-7　采用网孔分析法求解

$$\begin{cases}-5I+(5+10+10)I_1-10I_2=0\\-2I-10I_1+(2+10+8)I_2=0\end{cases} \tag{6-13}$$

解得
$$I_1=\frac{3}{10}I,\ I_2=\frac{1}{4}I$$

由 KVL 可得

$$U_{ab}=10I_1+8I_2=5I \tag{6-14}$$

因此
$$R_{ab}=U_{ab}/I=5\ \Omega$$

如果采用节点法求解，宜在输入端加电压源，且选择点 a 或 b 为参考节点。

解法 3　采用电源转移的等效变换求解。如图 6-8(a)所示，在 ab 端加电流源 I，求 U_{ab}。利用无伴电流源转移等效变换，得到图 6-8(b)所示电路。由叠加定理，与 2 Ω 电阻并联的电流源单独作用时的电路如图 6-8(c)所示。对

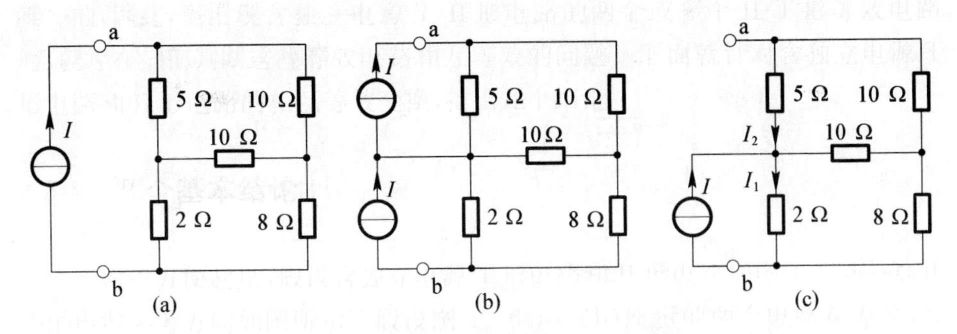

图 6-8　采用电源转移的等效变换求解

(a) 在 ab 端加电流源；(b) 电流源转移；(c) 电流源单独作用

图 6-8(c)电路，由分流公式可得

$$I_1=\frac{(10+5)\ /\!/\ 10+8}{2+(10+5)\ /\!/\ 10+8}\times I=\frac{7}{8}I \tag{6-15}$$

$$I_2=\frac{10}{10+5+10}\times(I_1-I)=-\frac{1}{20}I \tag{6-16}$$

因此　$U_{ab}^{(1)}=5\times I_2+2\times I_1=1.5I$

同理，可求得图 6-8(b)中与 5 Ω 电阻并联的电流源单独作用时 ab 两端的电压为

$$U_{ab}^{(2)}=5\times I_2+2\times I_1=3.5I$$

由叠加定理，可得图 6-8(a)中 ab 两端的电压为 $U_{ab}=U_{ab}^{(1)}+U_{ab}^{(2)}=5I$，因此

$$R_{ab}=U_{ab}/I=5\ \Omega$$

类似地，也可在图 6-8(a)电路的 ab 两端加电压源，采用无伴电压源转移等效变换来求解，得到的结果相同。

解法 4　采用替代定理求解。如图 6-9(a)所示，在 ab 端加 1 A 电流源，求 U_{ab}。由替代定理，将对角 10 Ω 电阻支路可用 $10I$ 的电压源替代，这样由图 6-9(a)电路可得到图 6-9(b)电路。图 6-9(b)电路中电流 I 尽管为待求量，但由于该电路是明确的，因此 I 是可求解的，亦即 I 是固定值。这样通过叠加定理就可求出电路在 1 A 电流源或 $10I$ 的电压源单独作用时电流 I 的分量。由叠加定理，1 A 电流源单独作用时的电路如图 6-9(c)所示，$10I$ 电压源单独作用时的电路如图 6-9(d)所示。由图 6-9(c)，有

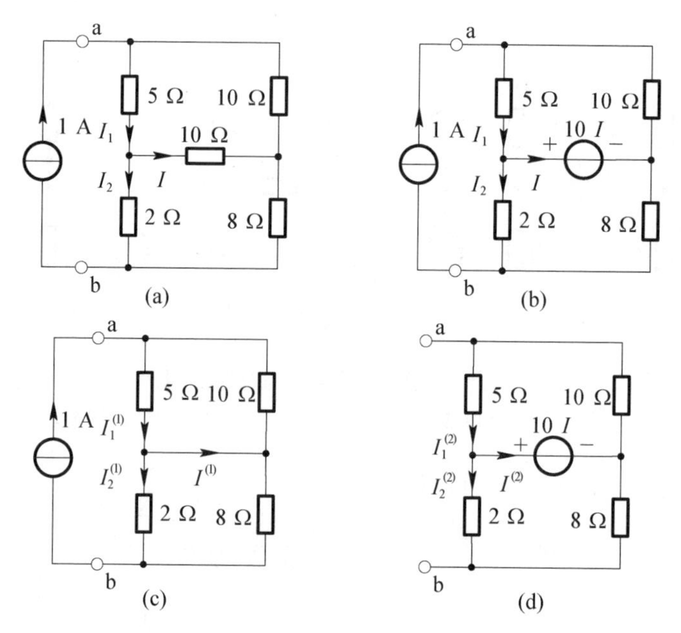

图 6-9　采用替代定理求解

(a) 端口加电流源；(b) 应用替代定理；(c) 电流源单独作用；(b) 电压源单独作用

$$I_1^{(1)}=\frac{10}{5+10}\times 1\text{ A}=\frac{2}{3}\text{ A},\ I_2^{(1)}=\frac{8}{2+8}\times 1\text{ A}=\frac{4}{5}\text{ A},$$

$$I^{(1)}=I_1^{(1)}-I_2^{(1)}=-\frac{2}{15}\text{ A} \tag{6-17}$$

类似地，由图 6-9(d)可得

$$I_1^{(2)}=-\frac{2}{3}I,\ I_2^{(2)}=I,\ I^{(2)}=I_1^{(2)}-I_2^{(2)}=-\frac{5}{3}I \tag{6-18}$$

由叠加定理，有

$$I=I^{(1)}+I^{(2)}=-\frac{2}{15}-\frac{5}{3}I \tag{6-19}$$

得到

$$I=-\frac{1}{20}\text{ A}$$

类似地，得到

$$I_1=I_1^{(1)}+I_1^{(2)}=\frac{2}{3}-\frac{2}{3}I=\frac{7}{10}\text{ A},\ I_2=I_2^{(1)}+I_2^{(2)}=\frac{4}{5}+I=\frac{3}{4}\text{ A} \tag{6-20}$$

由 KVL，得 $U_{ab}=5I_1+2I_2=5\text{ V}$，因此

$$R_{ab}=U_{ab}/1\text{ A}=5\ \Omega$$

上述求解在利用替代定理时用电压源替换 10 Ω 支路，也可以用电流源来替换该支路，最后求得的结果与上述结果相同。

解法 5 采用电源等效定理求解。图 6－5 电路的端口特性可表示为 $u=R_{ab}i$，如果在电路的任意电阻支路上串联任意的电压源或并联任意的电流源，则由戴维南定理可知端口特性可表示为 $u=U_{OC}+R_{ab}i$。注意，电压源必须和支路电阻串联，这样当电压源置零时，电路的等效电阻不变。否则，如果电压源与支路电阻并联，则端口特性必不为 $u=U_{OC}+R_{ab}i$。类似地，电流源必须和支路电阻并联。为便于求解，如图 6－10(a)所示，在 10 Ω 支路上串联 1 V 的电压源，则只需求出端口 ab 的开路电压和短路电流就可求出所要求解的 R_{ab}。由图 6－10(a)可得

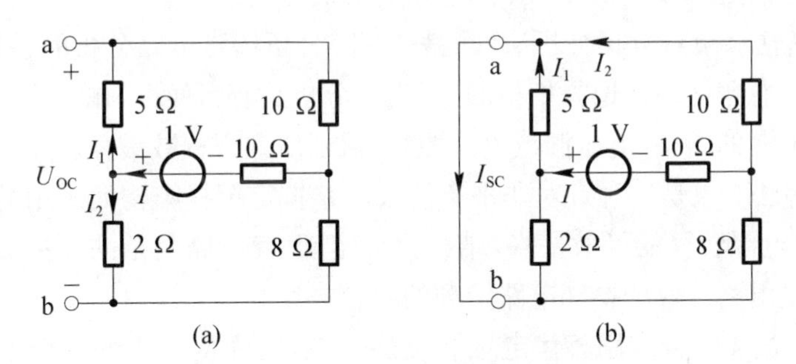

图 6－10 采用电源等效定理求解

(a) 求开路电压；(b) 求短路电流

$$I=\frac{1}{10+(5+10)\ /\!/\ (2+8)}\text{ A}=\frac{1}{16}\text{ A},\ I_1=\frac{2+8}{2+8+5+10}I=\frac{1}{40}\text{ A},$$

$$I_2=\frac{5+10}{2+8+5+10}I=\frac{3}{80}\text{ A} \qquad (6-21)$$

因此得到
$$U_{OC}=-5I_1+2I_2=-\frac{1}{20}\text{ V}$$

由图 6－10(b)可得

$$I=\frac{1}{10+5\ /\!/\ 2+10\ /\!/\ 8}\text{ A}=\frac{63}{1\,000}\text{ A},\ I_1=\frac{2}{5+2}I=\frac{9}{500}\text{ A},$$

$$I_2=-\frac{8}{10+8}I=-\frac{14}{500}\text{ A} \qquad (6-22)$$

因此得到
$$I_{SC}=I_1+I_2=-\frac{1}{100}\ \mathrm{A}$$
最后得到
$$R_{ab}=U_{OC}/I_{SC}=5\ \Omega$$

上述求解时在电阻支路上串联电压源,也可在电阻支路上并联电流源,所解得的结果相同。

6.2.2　进一步讨论

上面给出了求非平衡桥式电路等效电阻的几种解法,所涉及的电路知识点较多,但每种方法都有不同的侧重点:

(1) 解法 1 是针对电路的特定连接方式而给出的求法,是一种简洁而有效的方法。该解法除涉及 T-Π 形电路的等效变换公式外,还涉及电阻的串、并联知识。其特点是必须熟知 T-Π 形电路的等效变换公式。

(2) 解法 2 节点分析分析法、回路(网孔)分析法是电路分析的一般方法,对一般电路具有普适性。值得指出的是,为使分析具有简便性,在解法 2 中应注意端口外加电源的类型(电压源或电流源)以保证所列方程数最少。

(3) 解法 3 也是一种针对非平衡桥式电路特定拓扑结构而采用的一种简便方法,通过电源转移的等效变换,结合叠加定理,使电路复杂的连接关系得到简化。该法是电路等效变换和电路定理的综合应用。

(4) 解法 4 综合应用替代定理和叠加定理,同样使分析的两个子电路的拓扑结构得到简化。

(5) 解法 5 并没有直接应用戴维南定理或诺顿定理,但运用了与之相关的知识点,即戴维南/诺顿等效电阻满足 $R_o=U_{OC}/I_{SC}$。有趣的是,为了利用这一知识点,必须在电路支路中串联电压源或并联电流源。此解法在概念上看似变简为繁,但在解法上却是简单的。

综上所述,为求非平衡桥式电路的等效电阻,可采用 T-Π 形电路等效变换、电源转移等效变换、电路分析的一般方法、电路定理来求解。除此之外,还可采用其他分析方法来求解,如直接利用 KCL、KVL 和欧姆定律的方法[5]、极限法[6]、电阻分解法[7]等,这些方法也不失为有效的求解方法。

6.2.3　结语

从电路结构看,非平衡电桥电路不能直接利用电阻串、并联等效进行化简，其常见的处理方法是利用T－Π形电路的等效变换将电路简化为可以利用电阻串、并联等效的电路形式。尽管如此，其他的电路分析方法也能够用来分析非平衡电桥电路的等效电阻，这些方法也具有容易理解、计算较为简便的特点。

6.3　基于二端口参数矩阵的非平衡桥式电路等效电阻的求法

在电路理论中，对桥式电路一般多通过T－Π形电路的等效变换化简的方法来分析。下面通过建立一端口电路和二端口电路之间的关系，对非平衡电桥电路等效电阻的求解再进行讨论。

6.3.1　基于二端口VCR的非平衡桥式电路的分析

为便于比较，仍以如图6－11所示的非平衡桥式电路为例加以讨论。

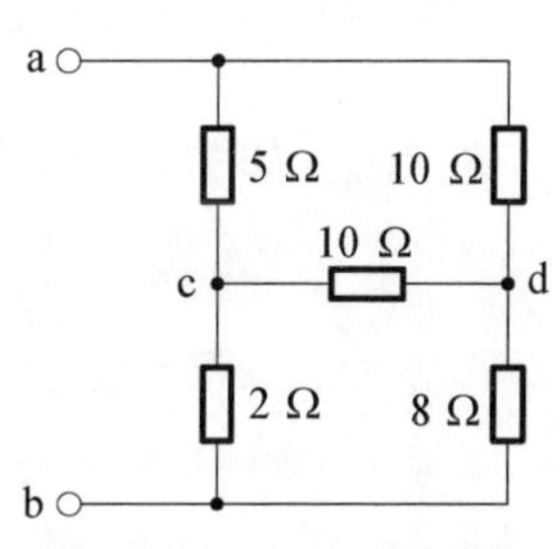

图6－11　非平衡桥式电路

对非平衡桥式电路，由于对角支路cd的存在，使得从输入端口ab看进去的电路拓扑不是由电阻串、并联构成的简单混联连接方式，从而无法利用电阻串、并联的等效变换进行化简。因此，可考虑断开对角支路cd，使电路构成一个二端口电路，如图6－12(a)所示。该二端口电路的VCR用g参数矩阵可表示为

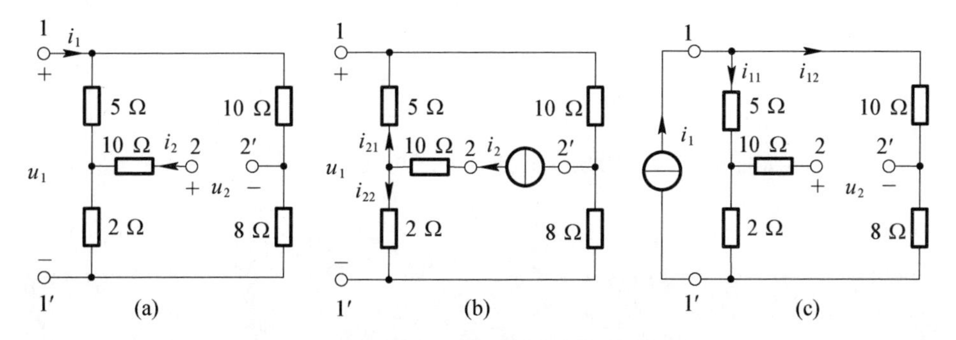

图6－12　非平衡桥式电路等效电阻的求解之一

(a) 二端口电路；(b) 求r_{12}的电路；(c) 求r_{21}的电路

$$\begin{cases} i_1 = g_{11}u_1 + g_{12}u_2 \\ i_2 = g_{21}u_1 + g_{22}u_2 \end{cases} \tag{6-23}$$

由 g 参数的定义可知，g_{11} 为端口 $11'$ 的短路策动点电导，它也就是图 6-11 电路的端口等效电导。因此求出参数 g_{11} 也就得到了图 6-11 电路的端口等效电阻，即 $R_{ab}=1/g_{11}$。

显然，直接按照定义求解参数 g_{11} 是比较复杂的。为此，可将图 6-12(a)所示二端口电路的 VCR 用 r 参数矩阵表示为

$$\begin{cases} u_1 = r_{11}i_1 + r_{12}i_2 \\ u_2 = r_{21}i_1 + r_{22}i_2 \end{cases} \tag{6-24}$$

如果能够求出 r 参数，则利用 r 参数矩阵与 g 参数矩阵的关系即可求出 g 参数。观察图 6-12(a)，不难发现可简便求出 r 参数。由图 6-12(a)，可得

$$\begin{cases} r_{11} = (5+2) \mathbin{/\!/} (10+8)\ \Omega = \dfrac{126}{25}\ \Omega \\ r_{22} = 10 + (5+10) \mathbin{/\!/} (2+8)\ \Omega = 16\ \Omega \end{cases} \tag{6-25}$$

为求 r_{12}，如图 6-12(b)所示，由分流公式可得

$$\begin{cases} i_{21} = \dfrac{2+8}{2+8+5+10}i_2 = \dfrac{2}{5}i_2 \\ i_{22} = i_2 - i_{21} = \dfrac{3}{5}i_2 \end{cases} \tag{6-26}$$

由 KVL 可得

$$u_1 = -5i_{21} + 2i_{22} = -\frac{4}{5}i_2 \tag{6-27}$$

因此
$$r_{12} = \frac{u_1}{i_2}\bigg|_{i_1=0} = -\frac{4}{5}\ \Omega$$

为求 r_{21}，如图 6-12(c)所示，由分流公式可得

$$\begin{cases} i_{11} = \dfrac{10+8}{5+2+10+8}i_1 = \dfrac{18}{25}i_1 \\ i_{12} = i_1 - i_{11} = \dfrac{7}{25}i_2 \end{cases} \tag{6-28}$$

由 KVL 可得

$$u_2=-5i_{11}+10i_{12}=-\frac{4}{5}i_1 \tag{6-29}$$

因此
$$r_{21}=\left.\frac{u_2}{i_1}\right|_{i_2=0}=-\frac{4}{5}\ \Omega$$

由上面的分析可知 $r_{12}=r_{21}$，这也说明二端口电路是互易的。得到 r 参数后，即可求得

$$g_{11}=\frac{r_{22}}{\Delta_r}=\frac{r_{22}}{r_{11}r_{22}-r_{12}r_{21}}=\frac{16}{(126\times 16-16)/25}=\frac{1}{5}\ \mathrm{S} \tag{6-30}$$

因此
$$R_{ab}=1/g_{11}=5\ \Omega$$

6.3.2 构成二端口电路的形式

在上面分析中，通过断开对角支路 cd 来构成二端口电路。是否存在构成二端口电路的其他形式呢？事实上，通过断开图 6-11 中任意支路来构成二端口电路均可较方便地使问题得到求解。下面仅以如图 6-13(a)所示的断开 10 Ω 桥臂支路为例加以说明。

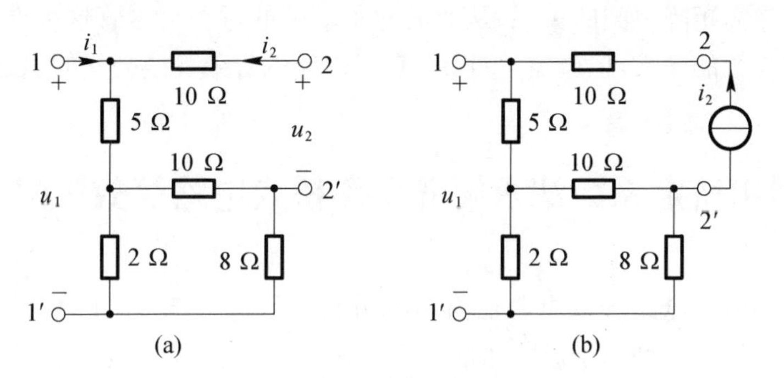

图 6-13　非平衡桥式电路等效电阻的求解之二

(a) 二端口电路；(b) 求 r_{12} 的电路

由图 6-13(a)，可得

$$\begin{cases} r_{11}=5+2\ /\!/\ (10+8)\ \Omega=\dfrac{34}{5}\ \Omega \\ r_{22}=10+5+(2+8)\ /\!/\ 10\ \Omega=20\ \Omega \end{cases} \tag{6-31}$$

为求 r_{12}，如图 6-13(b)所示，由 KVL 可得

$$u_1 = 5i_2 + 2 \times \frac{10}{2+10+8} i_2 = 6i_2 \tag{6-32}$$

因此 $$r_{12} = \left.\frac{u_1}{i_2}\right|_{i_1=0} = 6\ \Omega$$

而由互易性，得到 $$r_{21} = r_{12} = 6\ \Omega$$

由 r 参数即可求得

$$g_{11} = \frac{r_{22}}{\Delta_r} = \frac{r_{22}}{r_{11}r_{22} - r_{12}r_{21}} = \frac{20}{20 \times 34/5 - 6 \times 6} = \frac{1}{5}\text{S} \tag{6-33}$$

因此 $$R_{ab} = 1/g_{11} = 5\ \Omega$$

6.3.3　结语

从电路结构看，非平衡电桥电路不能直接利用电阻串、并联等效进行化简，其常见的处理方法是利用 T-Π 形电路的等效变换将电路简化为可以利用电阻串、并联等效的电路形式。上面讨论了利用二端口参数矩阵来求解非平衡电桥电路等效电阻，该方法充分利用了二端口 g 参数与一端口等效电阻间的关系以及二端口参数矩阵之间的关系，从而简化了求解的过程。尽管这种方法需要理解二端口参数的含义，但避免了对 T-Π 形电路的等效变换公式的识记。

6.4　利用待定系数法求解非平衡桥式电路等效电阻

非平衡电桥电路等效电阻已有多种分析方法。对图 6-14 所示的电桥电路，文献[6]提出一种基于极限法的求解方法，该文提出等效电阻可表示为决定于 4 个未知参数 a、b、c、d 的通用公式，然后令 R_5 分别为 0 和∞这两个极限值，得出在这两种极限情况下的等效电阻，进而推算出待求参数 a、b、c、d。从严格的数学意义来讲，通过两种极限情况下的等效电阻，仅能得到两个方程，因此是无法求出 4 个参数的。文献[6]是通过增加其他限定条件来回避这一问题的。

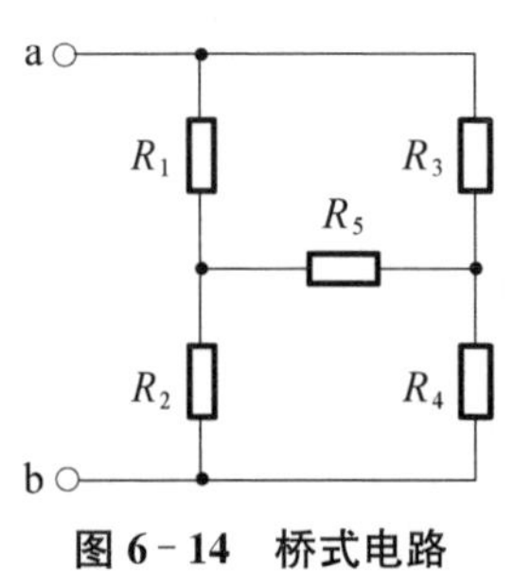

图 6-14　桥式电路

下面对桥式电路作进一步讨论，给出等效电阻的通用参数表达式，并采用待定系数求出表达式中的未知参数，进而求出所分析桥式电路的等效电阻。

6.4.1　等效电阻的通用参数表达式

为了得出桥式电路等效电阻的通用参数表达式，先观察图 6－14 电路的等效电阻 R_{ab}的一般表达式。通过 T－Π 形电路的等效变换化简，不难求得 R_{ab}的一般表达式为

$$R_{ab}=\frac{R_5(R_1+R_2)(R_3+R_4)+R_1R_2R_3+R_1R_3R_4+R_1R_2R_4+R_2R_3R_4}{R_5(R_1+R_2+R_3+R_4)+(R_1+R_3)(R_2+R_4)} \tag{6-34}$$

观察式(6－34)，可以得出如下结论：式(6－34)可以表示为如下具有通用参数的表达式，即

$$R_{ab}=\frac{a_nR_n+b_n}{R_n+c_n} \tag{6-35}$$

式中，a_n、b_n、c_n($n=1, 2, 3, 4, 5$)为通用参数，待求。

式(6－35)的意义在于，对于图 6－14 电路中的某个电阻 R_n($n=1, 2, 3, 4, 5$)，如果使 R_n为三个特殊的值，能够简便地求出对应的 R_{ab}，那么就可以通过待定系数法求出参数 a_n、b_n、c_n($n=1, 2, 3, 4, 5$)。例如，当 $n=3$ 时，有

$$R_{ab}=\frac{a_3R_3+b_3}{R_3+c_3} \tag{6-36}$$

可以令 $R_3=0$、$R_3=\infty$、$R_3=R_1R_4/R_2$(电桥平衡)，求这三种情况下的 R_{ab}，即可由式(6－36)得到三个含未知参数 a_3、b_3、c_3的方程，进而求出这三个参数。

6.4.2　一个算例

为了验证上述方法的正确性及计算的简便性，下面以图 6－15(a)电路等效电阻的计算为例加以说明。

首先令 $R_3=0$，如图 6－15(b)所示，有

$$R_{ab}\Big|_{R_3=0}=\frac{b_3}{c_3}=(5\ /\!/\ 10+2)\ /\!/\ 8\ \Omega=\frac{16}{5}\ \Omega \tag{6-37}$$

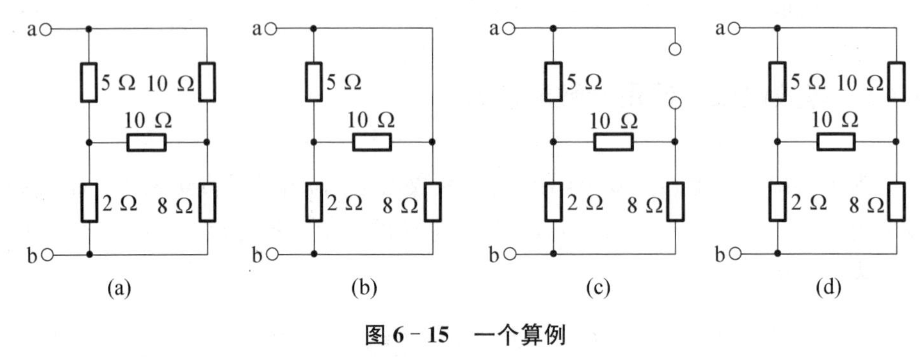

图 6-15　一个算例

(a) 原电路;(b) $R_3=0$;(c) $R_3=\infty$;(d) $R_3=20\ \Omega$

再令 $R_3=\infty$,如图 6-15(c)所示,有

$$R_{ab}\Big|_{R_3=\infty}=a_3=5+(10+8)\ /\!/\ 2\ \Omega=\frac{34}{5}\ \Omega \tag{6-38}$$

最后令 $R_3=20\ \Omega$,如图 6-15(d)所示,此时电桥平衡,因此有

$$R_{ab}\Big|_{R_3=20\Omega}=\frac{20a_3+b_3}{20+c_3}=(5+2)\ /\!/\ (10+8)\ \Omega=\frac{126}{25}\ \Omega \tag{6-39}$$

联立求解式(6-37)~式(6-39),解得

$$a_3=34/5,\ b_3=32,\ c_3=10 \tag{6-40}$$

当 $R_3=10\ \Omega$ 时,有

$$R_{ab}=\frac{a_3R_3+b_3}{R_3+c_3}=\frac{10\times 34/5+32}{10+10}\ \Omega=5\ \Omega \tag{6-41}$$

6.4.3　进一步讨论

对于图 6-14 电路中的桥臂电阻 R_1~R_4,均可仿照上述方法,分别取 0、∞、电桥平衡时的电阻等三种特殊情况来列写方程求解未知参数,但对于对角支路电阻 R_5 而言,则情况比较特殊。当 R_5 取 0、∞时的等效电阻能够简便求出,但当 R_5 取其他阻值时由于电桥不平衡,则等效电阻较难求出。为能得到第三个方程,观察式(6-34)可知,当 $R_5=-(R_1+R_3)(R_2+R_4)/(R_1+R_2+R_3+R_4)$ 时,$R_{ab}=\infty$,这样亦可得到第三个方程。下面仍以图 6-15(a)电路为例加以说明。

首先令 $R_5=0$，有

$$R_{ab}\Big|_{R_5=0}=\frac{b_5}{c_5}=5\ /\!/\ 10+2\ /\!/\ 8\ \Omega=\frac{74}{15}\ \Omega \tag{6-42}$$

再令 $R_5=\infty$，有

$$R_{ab}\Big|_{R_5=\infty}=a_5=(5+2)\ /\!/\ (10+8)\ \Omega=\frac{126}{25}\ \Omega \tag{6-43}$$

最后令 $R_5=-(R_1+R_3)(R_2+R_4)/(R_1+R_2+R_3+R_4)=-6\ \Omega$，有

$$R_{ab}\Big|_{R_5=-6\Omega}=\frac{-6a_5+b_5}{-6+c_5}=\infty \tag{6-44}$$

联立求解式(6-42)～式(6-44)，解得

$$a_5=126/25,\ b_5=148/5,\ c_5=6 \tag{6-45}$$

当 $R_5=10\ \Omega$ 时，有

$$R_{ab}=\frac{a_5R_5+b_5}{R_5+c_5}=\frac{10\times 126/25+148/5}{10+6}\ \Omega=5\ \Omega \tag{6-46}$$

此结果与式(6-41)的结果相同。

6.4.4　结语

非平衡电桥电路的结构具有特殊性，不能直接利用电阻串、并联等效进行化简。上面通过观察等效电阻的一般表达式，以一个支路电阻为参数，其他电阻参数用三个待定参数表示，归纳出等效电阻与各支路电阻之间的关系，并利用支路电阻取特殊阻值时的等效电阻求得待定参数，具有一定的简便性。

参考文献

[1] 张国雄，金篆芷.测控电路[M].北京：机械工业出版社，2004.
[2] 蔡萍，赵辉.现代检测技术与系统[M].北京：高等教育出版社，2005.
[3] 朱武，张佳民.用放大器反馈控制消除电桥非线性误差[J].光学精密工程，2007，15(06)：910-914.
[4] 樊德军，崔仁涛，陈涤.消除传感器电桥非线性误差的方法[J].仪表技术与传感器，1998，4：43-44.

[5] 邵建新.非平衡桥式电路等效电阻的一种计算方法[J].物理与工程,2011,21(01):32-33.
[6] 张权义,杜学能.用极限法计算桥式电路的等效电阻[J].铜仁师范高等专科学校学报(综合版),2002,4(04):67-68.
[7] 钟克武.用电阻分解法解非平衡桥式电路[J].九江师专学报,1982,2:28-31.

第7章 电路的反馈

运算放大器作为构成电路的基本器件，在电路中得到了广泛的应用。随着电子技术的发展，越来越多的电路都采用运算放大器作为构成电路的基本器件，因此在电路理论中，含运算放大器电路的分析是一个重要内容。本章通过对不同的正/负反馈电路进行分析，探究电路的反馈对电路工作状态的影响。

7.1 运算放大器工作状态的判定及其仿真

运算放大器在工作时具有两种状态：线性状态和非线性状态，分别对应其输入输出特性的线性区和正、负饱和区[1]。对于一个含运算放大器的电路，运算放大器究竟处于何种工作状态？如何进行判定？这里试图对上述问题进行讨论。在下面的讨论中，如果未作特别说明，运算放大器均指理想运算放大器。

7.1.1 运算放大器工作状态的判定规则

如图7-1(a)所示，运算放大器的净输入电压为 $u_i = u_+ - u_-$，输出电压为 u_o，其输入-输出特性如图7-1(b)所示，其中 U_{sat} 为饱和输出电压，一般小于(或等于)运算放大器的工作电压。由于运算放大器的开环放大倍数为∞，因此当 $u_i=0$ 时，运算放大器工作于线性区；当 $u_i<0$ 时，运算放大器工作于负饱和区；当 $u_i>0$ 时，运算放大器工作于正饱和区。

对于给定的含运算放大器的电路，有时并不一定知道 u_i 的符号及大小，这给运算放大器工作状态的判定造成了一定的困难。分析运算放大器的输入-输出特性可以看出：当 $u_o=U_{sat}$ 时，则必有 $u_i>0$，运算放大器工作于正饱和区，否则运算放大器工作于线性区或负饱和区；当 $u_o=-U_{sat}$ 时，则必有 $u_i<0$，运算放大器工作于负饱和区，否则运算放大器工作于线性区或正饱和区。基于这一

分析，可总结出判定运算放大器工作状态的规则如下：

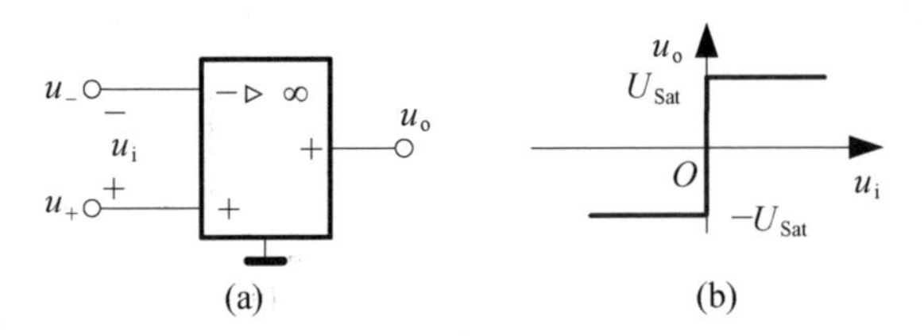

图 7-1　运算放大器的符号及输入-输出特性

(a) 运算放大器符号；(b) 输入-输出特性

(1) 令 $u_o=U_{sat}$，计算 $u_i=u_+-u_-$，如果 $u_i>0$，则运算放大器工作于正饱和区。

(2) 令 $u_o=-U_{sat}$，计算 $u_i=u_+-u_-$，如果 $u_i<0$，则运算放大器工作于负饱和区。

(3) 如果运算放大器不工作于正、负饱和区，则工作于线性区，即：如果令 $u_o=U_{sat}$，得出 $u_i=u_+-u_-\leqslant 0$，并且令 $u_o=-U_{sat}$，得出 $u_i=u_+-u_-\geqslant 0$，则运算放大器工作于线性区。

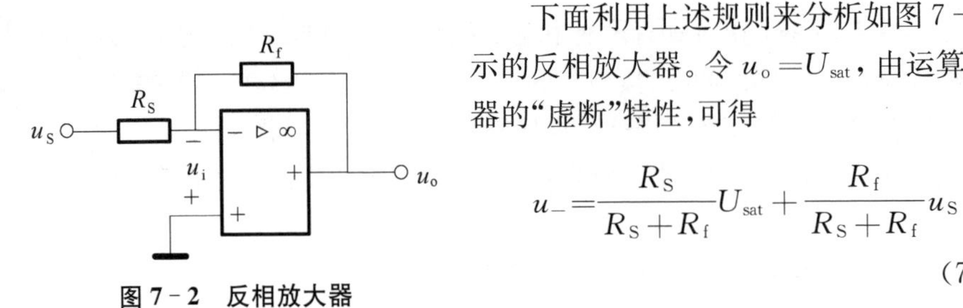

图 7-2　反相放大器

下面利用上述规则来分析如图 7-2 所示的反相放大器。令 $u_o=U_{sat}$，由运算放大器的“虚断”特性，可得

$$u_-=\frac{R_S}{R_S+R_f}U_{sat}+\frac{R_f}{R_S+R_f}u_S \tag{7-1}$$

又 $u_+=0$，因此

$$u_i=u_+-u_-=-\frac{R_S}{R_S+R_f}U_{sat}-\frac{R_f}{R_S+R_f}u_S \tag{7-2}$$

当 $u_i>0$ 时，运算放大器工作于正饱和区，此时由式(7-2)可得

$$u_S<-\frac{R_S}{R_f}U_{sat} \tag{7-3}$$

同理，可类似得到运算放大器工作于负饱和区的条件为

$$u_S>\frac{R_S}{R_f}U_{sat} \tag{7-4}$$

而由判定规则式(7-3),可得运算放大器工作于线性区的条件为

$$-\frac{R_S}{R_f}U_{sat} \leqslant u_S \leqslant \frac{R_S}{R_f}U_{sat} \tag{7-5}$$

由于反相放大器采用负反馈连接方式,在几乎所有的电路理论或电路分析教科书中仅讨论运算放大器工作于线性区的情况,但由式(7-3)和式(7-4)可知,当反相放大器的输入电压超出一定范围,则运算放大器将工作于非线性区。

7.1.2　对采用正、负反馈连接方式的运算放大器工作状态的判定

对于仅采用负反馈连接方式的运算放大器电路,当电路的输入处于一定范围之内时,由负反馈的作用原理可知,运算放大器必定工作于线性区,运算放大器的“虚短”、“虚断”特性成立。对实际的运算放大器电路,有时还同时采用正、负反馈的连接方式。对这种既采用负反馈,又采用正反馈连接方式的运算放大器电路,要确定运算放大器的工作状态,一般不能简单地看出。下面以如图7-3所示的Howland电路为例加以说明。图7-3电路采用了正、负反馈的连接方式,下面运用运算放大器工作状态的判定规则作一具体分析。

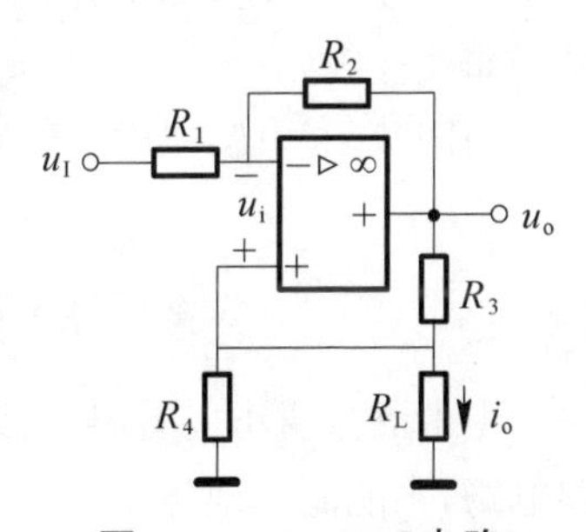

图7-3　Howland电路

由节点分析法可得出运算放大器同相端和反相端节点电压分别为

$$\begin{cases} u_+ = \dfrac{R_4 \mathbin{/\!/} R_L}{R_4 \mathbin{/\!/} R_L + R_3} u_o \\ u_- = \dfrac{R_2}{R_1 + R_2} u_I + \dfrac{R_1}{R_1 + R_2} u_o \end{cases} \tag{7-6}$$

令 $u_o = U_{sat}$,由 $u_i = u_+ - u_- > 0$,可得运算放大器工作于正饱和区的条件为

$$u_I < \left(\frac{R_4 \mathbin{/\!/} R_L}{R_4 \mathbin{/\!/} R_L + R_3} \times \frac{R_1 + R_2}{R_2} - \frac{R_1}{R_2} \right) U_{sat} \tag{7-7}$$

令 $u_o = -U_{sat}$,由 $u_i = u_+ - u_- < 0$,可得运算放大器工作于负饱和区的条件为

$$u_I > -\left(\frac{R_4 \mathbin{/\!/} R_L}{R_4 \mathbin{/\!/} R_L + R_3} \times \frac{R_1 + R_2}{R_2} - \frac{R_1}{R_2} \right) U_{sat} \tag{7-8}$$

由运算放大器工作状态的判定规则式(7－3)，结合式(7－7)和式(7－8)，得到运算放大器工作于线性区的条件为

$$\begin{aligned}&\left(\frac{R_4 /\!/ R_L}{R_4 /\!/ R_L + R_3} \times \frac{R_1 + R_2}{R_2} - \frac{R_1}{R_2}\right) U_{sat} \leqslant u_I \leqslant \\ &-\left(\frac{R_4 /\!/ R_L}{R_4 /\!/ R_L + R_3} \times \frac{R_1 + R_2}{R_2} - \frac{R_1}{R_2}\right) U_{sat}\end{aligned} \tag{7-9}$$

由上面的分析可知，一般情况下，采用正、负反馈连接方式的运算放大器电路中运算放大器的工作区可以包括线性区和非线性区(正、负饱和区)。特别地，由式(7－9)可知，图 7－3 电路工作于线性区的必要条件为

$$\frac{R_4 /\!/ R_L}{R_4 /\!/ R_L + R_3} \times \frac{R_1 + R_2}{R_2} - \frac{R_1}{R_2} < 0 \tag{7-10}$$

如上述条件不满足，则不存在满足式(7－9)的输入电压 u_I，图 7－3 电路只能工作于非线性区。

当图 7－3 电路工作于线性区时，其输出电压为

$$u_o = \left(\frac{R_2}{R_1 + R_2} u_I\right) \Big/ \left(\frac{R_4 /\!/ R_L}{R_4 /\!/ R_L + R_3} - \frac{R_1}{R_1 + R_2}\right) \tag{7-11}$$

由上面分析可以看出，对既采用负反馈，又采用正反馈连接方式的运算放大器电路，不能简单地运用“虚短”和“虚断”特性来分析运放电路。只有在一定条件下，即运算放大器工作于线性区时，“虚短”和“虚断”特性成立。

7.1.3 仿真结果

为了说明上述分析结果，仍以图 7－3 电路为例，采用 OrCAD/PSpice 进行仿真[2]，并使用了实际运算放大器模型。仿真电路如图 7－4 所示，取 $R_1 = R_2 = 1\ \text{k}\Omega$，$R_3 = 3\ \text{k}\Omega$，$R_4 = R_L = 2\ \text{k}\Omega$，运算放大器模型选用 LM324，取工作电压为 ± 15 V，则可取 $U_{sat} = 15$ V。由式(7－10)可知，该电路存在线性工作区，输入电压 u_I 的范围为

$$-7.5\ \text{V} \leqslant u_I \leqslant 7.5\ \text{V} \tag{7-12}$$

由式(7－11)可知，此时输出电压满足

$$u_o = -2u_I \tag{7-13}$$

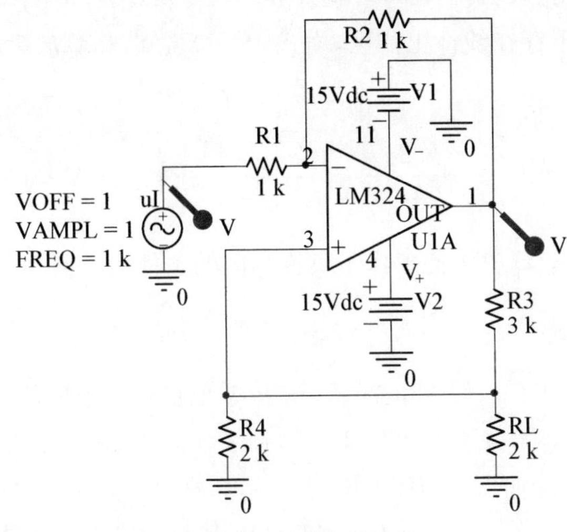

图 7-4　仿真电路

在图 7-4 中取输入电压 $u_I=[1+\sin(2\pi\times1\,000t)]$V，显然 u_I满足式(7-12)。图 7-5(a)给出了输出电压的仿真结果，其中带"□"曲线为输入电压，带"◇"曲线为输出电压，仿真结果与理论分析完全一致。

如果将图 7-4 中输入电压改为 $u_I=15\sin(2\pi\times1\,000t)$V，显然 u_I的值在一部分时间内超出±7.5 V 的范围。由式(7-7)和式(7-8)可计算出运算放大器处于正、负饱和区 u_I的范围分别为 $u_I<-7.5$ V 和 $u_I>7.5$ V。仿真结果如图 7-5(b)所示，可见当 $u_I<-7.5$ V 时，输出电压为正饱和电压；当 $u_I>7.5$ V 时，输出电压为负饱和电压；当 $-7.5\text{ V}\leqslant u_I\leqslant7.5$ V 时，运算放大器工作于线性区，与理论分析一致。

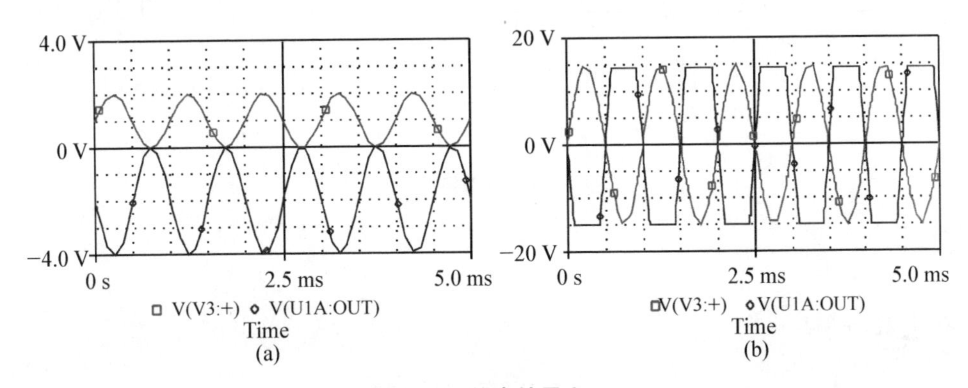

图 7-5　仿真结果之一

(a) $u_I=[1+\sin(2\pi\times1\,000t)]$V；(b) $u_I=15\sin(2\pi\times1\,000t)$V

对图 7－4 电路取 $R_1=R_2=1\ \text{k}\Omega$，$R_3=0.5\ \text{k}\Omega$，$R_4=R_L=2\ \text{k}\Omega$，由式(7－10)可知，该电路不存在线性工作区，由式(7－7)可知，运算放大器工作于正饱和区的条件为

$$u_I<\left(\frac{2\ /\!/\ 2}{2\ /\!/\ 2+0.5}\times\frac{1+1}{1}-\frac{1}{1}\right)\times 15\ \text{V}=5\ \text{V} \tag{7-14}$$

由式(7－8)可知，运算放大器工作于负饱和区的条件为

$$u_I>-5\ \text{V} \tag{7-15}$$

图 7－6(a)给出了 $u_I=\sin(2\pi\times 1\,000t)$V 时的输出电压仿真结果，由于 u_I满足式(7－15)，因此运算放大器工作于负饱和区。当然，由于 u_I也满足式(7－14)，因此输出电压也可能输出正饱和电压，这由运算放大器 LM324 的内部模型决定。

图 7－6(b)给出了 $u_I=6\sin(2\pi\times 1\,000t)$V 时的输出电压仿真结果，由于 u_I交替满足式(7－14)和式(7－15)，因此运算放大器交替工作于负、正饱和区，即：运算放大器开始工作于负饱和区，随着输入电压的减小，当 $u_I<-5$ V 时，u_I不满足式(7－15)，运算放大器加入正饱和区；随着输入电压的增大，当 $u_I>5$ V 时，u_I不满足式(7－14)，运算放大器加入负饱和区。显然，图 7－6 的仿真结果与理论分析是一致的。

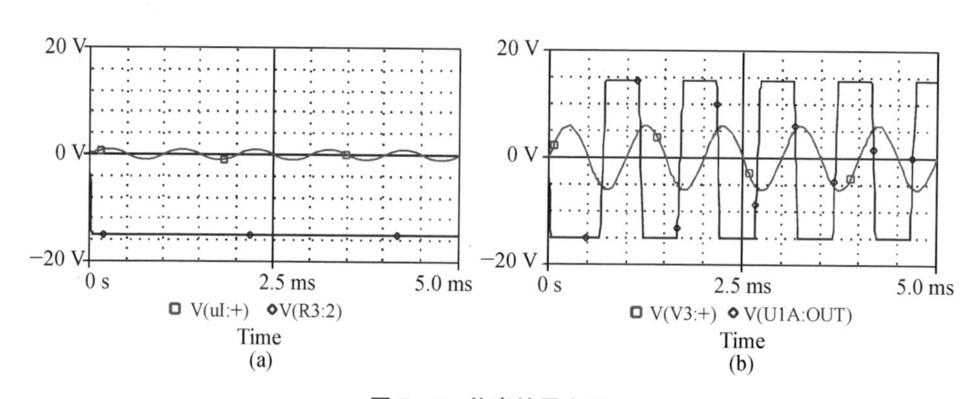

图 7－6　仿真结果之二

(a) $u_I=\sin(2\pi\times 1\,000t)$V；(b) $u_I=6\sin(2\pi\times 1\,000t)$V

7.1.4　结语

上面讨论了如何判定运算放大器电路中运算放大器的工作状态，对引入负

反馈的运算放大器电路,一般情况下运算放大器工作于线性状态,但当电路的输入超出允许的范围时,运算放大器工作于非线性状态。对同时引入正、负反馈的运算放大器电路,运算放大器可工作于线性状态,此时负反馈的作用要强于正反馈的作用;也可以仅工作于非线性状态,此时正反馈的作用要强于负反馈的作用。通过仿真试验验证了分析结果。

7.2　含运算放大器电路的图解分析

尽管含运算放大器电路的分析方法并不难,如充分利用理想运算放大器的"虚短"、"虚断"特性,采用节点法即可简便地分析含运算放大器的线性电路(运算放大器工作线性区),但对含运算放大器电路仍可提出一些问题,如反相比例器为什么采用图7-7(a)的接法,而不采用图7-7(b)的接法?如何较简单地判断含运算放大器电路的工作状态?此小节在文献[3]的基础上试图对这些问题作分析和讨论。

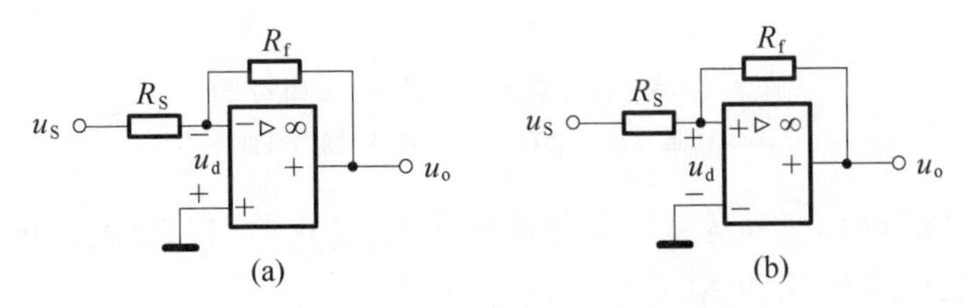

图7-7　含运算放大器电路

(a) 反相比例器;(b) 图(a)的正反馈接法

在下面的讨论中,如果未作特别说明,运算放大器均指理想运算放大器。

7.2.1　问题产生原因的分析

对含运算放大器的线性电路,电路必须采用负反馈的形式,以确保电路工作稳定,这是一个基本原则。如果含运算放大器采用正反馈的接法,则电路中的运算放大器必定工作于饱和区。这一原则是如此基本和确定,以至于在对含运算放大器的线性电路为什么必须采用负反馈形式这一问题很少加以关注。现有文献很少对上述问题进行讨论或说明。例如,文献[4]在首次讨论含运算放大器电路——反相放大器电路时,仅给出了一句说明:"我们假设运算放大器工作于线性区。”而对反相放大器电路中的运算放大器为什么工作于线性区未作任何说明。此后在讨论其他含运算放大器电路如求和放大器电路、同相放大器电路等均回避了上述问题。笔者还查阅了部分模拟电子技术方面的文献[1]，在讨论运算放大器及其应用电路时，也未对上述问题进行讨论或说明。

7.2.2 含运算放大器电路的图解分析

可以采用图解分析法对上述问题作一回答。所谓理想运算放大器，是指输入电阻为无穷大、输出电阻为零、开环增益为无穷大的运算放大器。其输入-输出特性如图 7－8(b)所示，其中的变量见图 7－8(a)的运算放大器符号。下面以图 7－7 所示的两个电路为例分别进行分析。

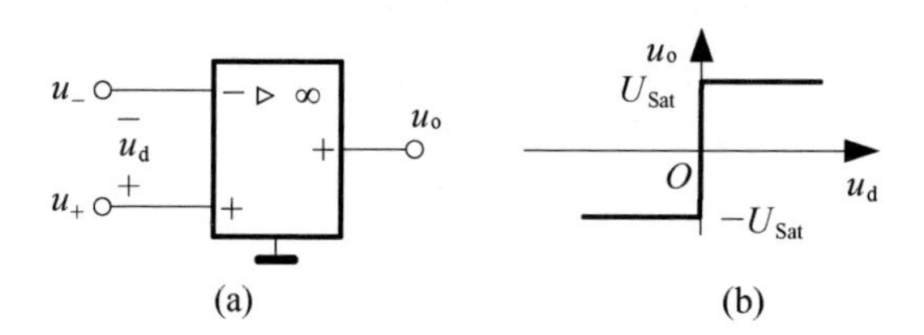

图 7－8 运算放大器的输入-输出特性

(a) 运算放大器符号；(b) 输入-输出特性

对图 7－7(a)电路，运算放大器输入端满足“虚断”特性(输入电阻为无穷大)，列写反相端 KCL 方程，得

$$(u_S + u_d)/R_S + (u_o + u_d)/R_f = 0 \tag{7-16}$$

由式(7－16)可得到 $u_d \sim u_o$ 关系为

$$u_o = -\left(1 + \frac{R_f}{R_S}\right) u_d - \frac{R_f}{R_S} u_S \tag{7-17}$$

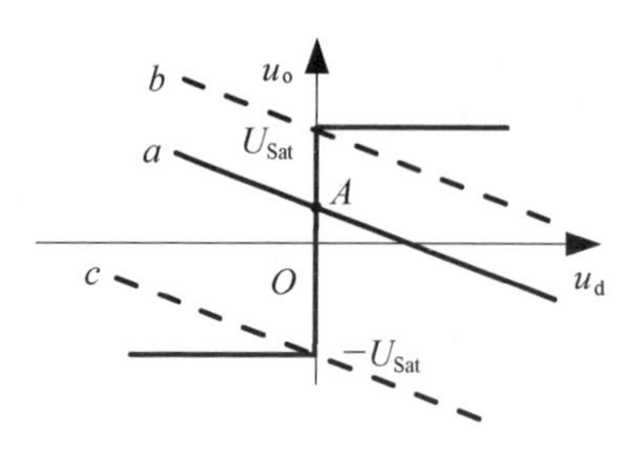

图 7－9 图 7－7(a)电路的图解分析

将式(7－17)所表达的直线绘于图 7－8(b)中，即图 7－9 中的直线 a。直线 a 和运算放大器的输入-输出特性曲线的交点 A 即为图 7－7(a)电路的解。从图 7－9 可以得到如下一些结论：

(1) 直线 a 与运算放大器的输入-输出特性曲线的交点有且只有一个，因此图7－7(a)

电路具有唯一解，对图 7-9 中的 A 点有 $u_d=0$。注意，由于电路具有唯一解，因此该解必定是稳定的。

(2) 当选择电路参数 R_S、R_f以及输入电压 u_S，使得直线 a 出现在直线 b、c 之间时，图 7-7(a)电路中的运算放大器工作在线性状态，电路的输出电压为 $u_o=-(R_f/R_S)u_S$。此时，有

$$-\frac{R_S}{R_f}U_{sat}\leqslant u_S\leqslant\frac{R_S}{R_f}U_{sat}\tag{7-18}$$

(3) 当选择电路参数 R_S、R_f以及输入电压 u_S，使得直线 a 超出直线 b、c 之间时，图 7-7(a)电路中的运算放大器工作在饱和(非线性)状态，此时电路的输出电压为 U_{Sat}或$-U_{Sat}$。

对图 7-7(b)电路的解可作类似分析。列写图 7-7(b)电路运算放大器同相端的 KCL 方程，得

$$(u_S-u_d)/R_S+(u_o-u_d)/R_f=0\tag{7-19}$$

由式(7-19)可得到 u_d- u_o关系为

$$u_o=\left(1+\frac{R_f}{R_S}\right)u_d-\frac{R_f}{R_S}u_S\tag{7-20}$$

将式(7-20)所表达的直线绘于图 7-8(b)中，即图 7-10 中的直线 a。直线 a 和运算放大器的输入-输出特性曲线共有 3 个交点，即 A、B、C，它们都是图 7-7(b)电路的解。从图 7-10可以得到如下一些结论：

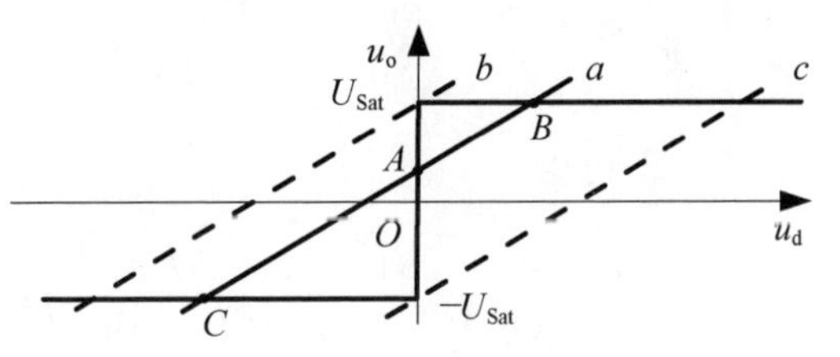

图 7-10　图 7-7(b)电路的图解分析

(1) A 点对应的电路解为线性解，此时，$u_d=0$。如果不能保证 $u_d=0$，则 A 点对应的解是不稳定的。事实上，对实际电路，由于电路存在噪声或干扰，往往不能保证 $u_d=0$，因此 A 点对应的解是一不稳定解。B、C 点对应的电路解为非线性解，运算放大器工作在饱和(非线性)状态。B 点对应于运算放大器工作在正饱和区，该解是稳定的。事实上，当图 7-7(b)电路一旦进入 B 点对应的解，此时 $u_o=U_{Sat}$，即使由于某种原因导致 u_d发生微小变化，电路的输出电压 u_o也并不发生变化。同样 C 点对应的电路解也是稳定解。对于实际的电路，电路究竟处于 B 点对应的解或 C 点对应的解，取决于实际情况，具有一定的随机性[3]。

(2) 当选择电路参数R_S、R_f以及输入电压u_S，使得直线a超出直线b、c之间时，图7－7(b)电路具有唯一的稳定非线性解(当直线a与直线b或直线c重合时，电路具有2个解)，电路的输出电压为U_{Sat}或$-U_{Sat}$。此时有

$$u_S \leqslant -\frac{R_S}{R_f}U_{sat} \quad 或 \quad u_S \geqslant \frac{R_S}{R_f}U_{sat} \tag{7-21}$$

由上面分析可以看出，利用图解法可以简单、清楚地解释含运算放大器电路中运算放大器的工作状态(线性或非线性)、反相比例器采用图7－7(a)的接法，而不采用图7－7(b)的接法等问题。

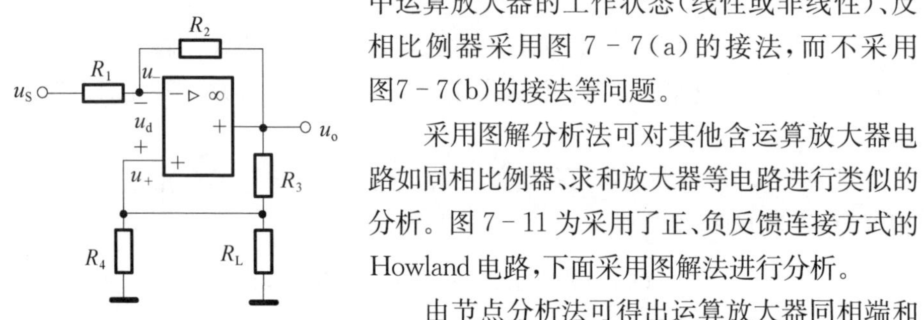

图7－11　Howland电路

采用图解分析法可对其他含运算放大器电路如同相比例器、求和放大器等电路进行类似的分析。图7－11为采用了正、负反馈连接方式的Howland电路，下面采用图解法进行分析。

由节点分析法可得出运算放大器同相端和反相端节点电压分别为

$$\begin{cases} u_+ = \dfrac{R_4 /\!/ R_L}{R_4 /\!/ R_L + R_3} u_o \\ u_- = \dfrac{R_2}{R_1 + R_2} u_S + \dfrac{R_1}{R_1 + R_2} u_o \end{cases} \tag{7-22}$$

由式(7－22)可得

$$u_d = \left(\frac{R_4 /\!/ R_L}{R_4 /\!/ R_L + R_3} - \frac{R_1}{R_1 + R_2}\right) u_o - \frac{R_2}{R_1 + R_2} u_S = k u_o + b \tag{7-23}$$

式中，$k = \dfrac{R_4 /\!/ R_L}{R_4 /\!/ R_L + R_3} - \dfrac{R_1}{R_1 + R_2}$，$b = -\dfrac{R_2}{R_1 + R_2} u_S$。

式(7－23)在u_d-u_o平面的直线如图7－12所示，当$k<0$时，直线的斜率为负，对应图7－12中的直线a，其与运算放大器输入-输出特性曲线只有1个交点，电路具有唯一解，可分别工作在线性状态、正饱和状态和负

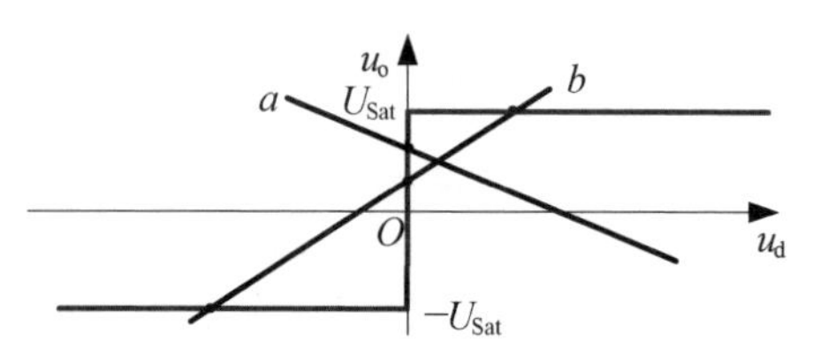

图7－12　图7－11电路的图解分析

饱和状态；当 $k>0$ 时，直线的斜率为正，对应图 7－12 中的直线 b，其与运算放大器输入-输出特性曲线可有 1、2 或 3 个交点，电路工作在非线性状态。

7.2.3　教学建议

鉴于目前电路理论教学内容和教学时数的实际情况，可在教学中加入含运算放大器电路接法的教学内容，其处理方法可有如下几种形式：

(1) 提出含运算放大器电路接法的问题，对该问题进行较为详细的分析和讨论，其学时数约为 1 个。其特点在于可让学生提前掌握后续的非线性电阻电路分析中的图解分析法。

(2) 提出上述问题，不作分析和讨论，但对分析方法如图解分析法作一些提示，由学生自己完成分析。其学时数约为 0.5 个。该做法的优点在于，锻炼学生自学能力，同时为后续的非线性电阻电路分析中的图解分析法作了很好的铺垫。

(3) 仅提出问题，不占用学时。在非线性电阻电路分析中的图解分析法教学中回答问题，其特点在于前后知识点之间的串联。

7.2.4　结语

电路的拓扑约束是电路的两大约束之一，一个电路的连接形式决定了电路的功能。针对含运算放大器电路的负反馈接法和正反馈接法，采用图解分析法进行分析和讨论。图解分析法是一种非常直观的分析方法，特别适合在教学过程中加以运用。上面的分析和讨论有助于加深对含运算放大器电路的连接方式、工作状态等的理解。

7.3　关于 Howland 电路的分析与讨论

Howland 电路是一种适用于接地负载的电压-电流转换电路，广泛应用于负载需要电流供电的场合[5,6]。如图 7－13 所示为 Howland 电路的基本电路，当 $R_4/R_3=R_2/R_1$ 时电路的输出电流 i_o 与负载电阻 R_L 无关，此为 Howland 电路的工作条件。

为说明 Howland 电路的工作条件，一种证明如下：

由诺顿定理，可将图 7－13(a)电路等效为图 7－13(b)电路。先求 i_{SC}，将

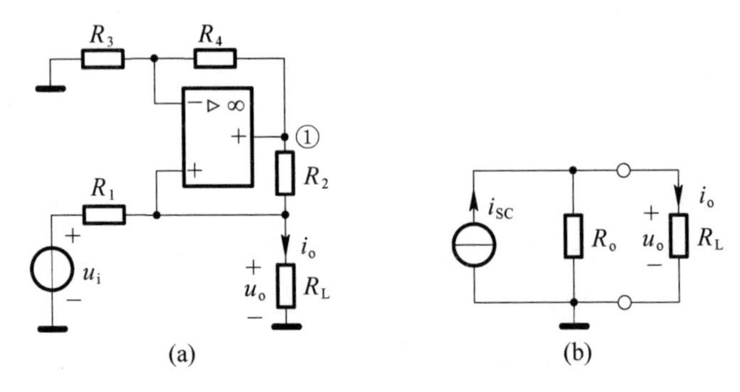

图 7 - 13　Howland 电流泵电路

(a) 基本电路；(b) 诺顿等效电路

图 7 - 13电路中 R_L两端短路，此时运放的同相、反相端电压均为零，运放输出电压也为零，因此 $i_{SC}=i_o\Big|_{R_L=0}=u_i/R_1$。

为求诺顿等效电阻 R_o，先求 R_L两端开路后的输出电压 u_{OC}。为此，将 R_L两端开路，令运放输出端电压为 u_{n1}，则由运放的虚断特性以及叠加定理，可得运放同相端的电压为

$$u_+=\frac{R_2}{R_1+R_2}u_i+\frac{R_1}{R_1+R_2}u_{n1}$$

由运放的“虚断”特性以及分压公式，可得运放反相端的电压为

$$u_-=\frac{R_3}{R_3+R_4}u_{n1}=u_{OC}$$

由运放的“虚短”特性可知，$u_+=u_-$，可得

$$\frac{R_2}{R_1+R_2}u_i+\frac{R_1}{R_1+R_2}u_{n1}=\frac{R_3}{R_3+R_4}u_{n1}=u_{OC}$$

消去 u_{n1}，解得

$$u_{OC}=\frac{R_2R_3}{R_2R_3-R_1R_4}u_i$$

由开路电压和短路电流即可求得诺顿等效电阻 R_o为

$$R_o=\frac{u_{OC}}{i_{SC}}=\frac{R_1R_2R_3}{R_2R_3-R_1R_4}$$

显然，当 $R_4/R_3=R_2/R_1$ 时，$R_o\to\infty$，亦即图 7-13 电路中的诺顿电路为一个电流源，此时输出电流 $i_o=i_{SC}=u_i/R_1$，与负载电阻 R_L 无关。

由于证明结论正确，上述证明过程似乎没有问题。但该证明是错误的！上述证明假定运放工作在线性区，即运放满足“虚短”、“虚断”条件，但图 7-13 电路是一既包含负反馈环节，也包含正反馈环节的运放电路，在上述求开路电压 u_{OC} 时，R_L 支路开路，电路的正反馈深度增加，此时负反馈环节的反馈系数为 $R_3/(R_3+R_4)$，而正反馈环节的反馈系数为 $R_1/(R_1+R_2)$，在 $R_4/R_3=R_2/R_1$ 的情况下，正、负反馈系数相等，因此无法保证电路中的运放稳定地工作在线性区！可见，上述证明是一个极易产生误解的似是而非的证明。

下面试对图 7-13 电路的工作条件作一分析。

7.3.1　两种证明方法

图 7-13 电路中的运放工作在线性区。这是因为电路的负反馈深度要强于正反馈深度。事实上，当 $R_4/R_3=R_2/R_1$ 时，电路负反馈环节的反馈系数为 $R_3/(R_3+R_4)$，而正反馈环节的反馈系数为 $(R_1 /\!/ R_L)/(R_1 /\!/ R_L+R_2)<R_1/(R_1+R_2)=R_3/(R_3+R_4)$。因此在证明过程中所出现的电路中的运放亦应保证其工作在线性区。为此，在上述求诺顿等效电阻 R_o 时可采用外施电源法。一般外施电源既可是电压源，也可是电流源，但是为了保证运放线性区工作条件，这里必须是外施电压源，如图 7-14 所示。此时，电路尽管也包含正反馈支路 R_2，但由于运放同相端的电压被限制为 u，电路的正反馈支路不起作用，正反馈系数为零，因此运放工作在线性区，运放的“虚短”、“虚断”特性成立。如果采用外施电流源，则出现上述证明中的类似情况，不能保证运放工作在线性区。

由图 7-14，利用运放“虚短”、“虚断”特性，不难得到如下电路方程，即

$$i=\frac{u}{R_1}+\frac{u-u_{n1}}{R_2},\ u_{n1}=\left(1+\frac{R_4}{R_3}\right)u \tag{7-24}$$

由式(7-24)可得

$$R_o=\frac{u}{i}=\frac{R_1R_2R_3}{R_2R_3-R_1R_4} \tag{7-25}$$

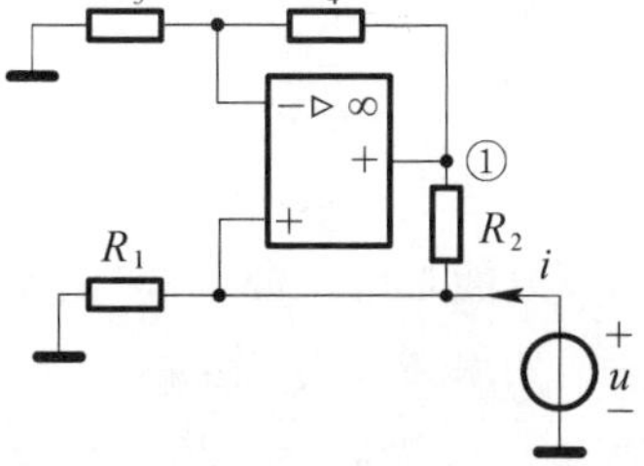

图 7-14　求诺顿等效电阻的电路

可见，当 $R_4/R_3=R_2/R_1$ 时，输出电流 i_o 与负

载电阻 R_L 无关。

上述证明中的关键是外施电源的选择，以保证运放工作在线性区。这就要求对诸如反馈深度、反馈系数等概念有清晰的理解。下面的证明则避免了上述问题。

首先，直接求解图 7-13 电路中的输出电压 u_o。由叠加定理可得

$$u_o = \frac{R_2 /\!/ R_L}{R_1 + R_2 /\!/ R_L} u_i + \frac{R_1 /\!/ R_L}{R_2 + R_1 /\!/ R_L} u_{n1} \tag{7-26}$$

将 $u_{n1} = (1 + R_4/R_3) u_o$ 代入上式，经过简单的化简，可得

$$u_o = \frac{R_2 R_3 R_L}{R_1 R_2 R_3 + R_2 R_3 R_L - R_1 R_4 R_L} u_i \tag{7-27}$$

再由图 7-13(b)可得

$$u_o = \frac{R_o R_L}{R_o + R_L} i_{SC} = \frac{R_o R_L}{R_o + R_L} \times \frac{u_i}{R_1} \tag{7-28}$$

由式(7-27)和式(7-28)可得

$$\frac{R_o}{R_o + R_L} = \frac{R_1 R_2 R_3}{R_1 R_2 R_3 + R_2 R_3 R_L - R_1 R_4 R_L} \tag{7-29}$$

由上式可求得 $R_o = \dfrac{R_1 R_2 R_3}{R_2 R_3 - R_1 R_4}$，与前一证明的结论一致。

在上述证明中直接利用图 7-13 电路及其诺顿等效电路，避免正、负反馈深度的判断，其理解难度降低，适合在电路理论或电路分析课程中讲授。

7.3.2 进一步讨论

图 7-13 电路还可进一步从负电阻的角度加以理解。将图 7-13 电路改画为图 7-15(a)所示的电路，其中 a 点右边的电路部分可等效为一个接地的负电阻[7]。为求该负电阻，可采用外施电源法，如图 7-15(b)所示。注意，外施电源同样只能是电压源，此时电路的正反馈环节失去反馈作用，因此运放工作于线性区。如果外施电流源，则电路的正反馈系数为 1，而负反馈系数 $R_3/(R_3 + R_4) < 1$，因此运放将工作于非线性区，其“虚短”特性不能保证。由图 7-15(b)可知，

$$i=\frac{u-(1+R_4/R_3)u}{R_2}=-\frac{R_4}{R_2R_3}u \tag{7-30}$$

得到端口等效阻值为

$$R_e=\frac{u}{i}=-\frac{R_2R_3}{R_4} \tag{7-31}$$

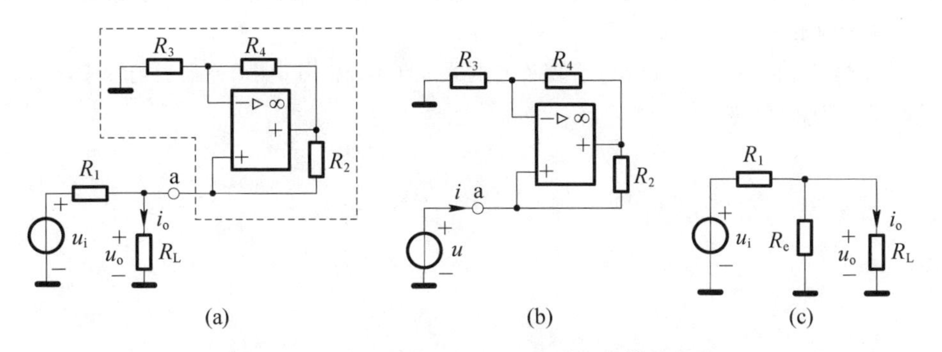

图 7 - 15　改画后图 7 - 13(a)电路及其等效电路

(a) 改画后的图 7 - 13(a)电路;(b) 求负电阻电路;(c) 等效电路

于是图 7 - 15(a)电路可等效为图 7 - 15(b)所示的电路。显然,为了保证输出电流 i_o与负载电阻 R_L无关,应满足从 R_L 向左看去的等效电阻趋于无穷大。而从 R_L向左看去的等效电阻亦即图 7 - 13(b)中的电阻 R_o,其大小为

$$R_o=\frac{R_1R_e}{R_1+R_e}=\frac{-R_1R_2R_3/R_4}{R_1-R_2R_3/R_4}=\frac{R_1R_2R_3}{R_2R_3-R_1R_4} \tag{7-32}$$

可见,这一结果与上面的分析结果相同。上述证明比较简洁,但要求熟练掌握对负电阻电路的分析。

7.3.3　结语

Howland 电路是一种典型的含运放电阻电路,它包含较多的电路理论知识点,上面的分析指出了该电路分析过程可能出现的错误,并给出了三种不同的分析与证明方法。

参考文献

[1] 童诗白,华成英.模拟电子技术基础[M].北京：高等教育出版社,2001.

[2] 贾新章.OrCAD/PSpice 9 实用教程[M].西安：西安电子科技大学出版社，1999.
[3] 田社平，陈洪亮，张峰，等.对"一种含理想运算放大器电路的讨论"的讨论[J].电气电子教学学报，2007，29(04)：106-109.
[4] Nilsson J W, Riedel S A. Electric circuits [M]. 7ed. New York: Prentice Hall, 2005.
[5] A comprehensive study of the Howland current pump [R]. Texas: Texas Instruments Incorporated, 2013.
[6] Franco S.基于运算放大器和模拟集成电路的电路设计[M].西安：西安交通大学出版社，2004.
[7] 丁晨华，田社平.用 Multisim 实现负电阻的仿真和分析[J].实验室研究与探索，2008，27(02)：63-66.

第8章　动态电路的分析

动态电路是指包含动态元件的电路，其电路方程需用微分方程来加以描述。因此，从分析方法上讲，动态电路的分析首先涉及动态方程的求解。本章主要探究动态电路分析中一些看似简单且常被忽视的问题，如时间常数的求法、全时域响应的求解、全耦合电路的分析、电容电压与电感电流的跃变等。

8.1　阶跃函数的定义及其在零点的取值

阶跃函数是一种特殊的连续时间函数，它在信号与系统分析以及电路分析中具有重要作用。在电路分析中，阶跃函数是研究动态电路阶跃响应的基础。研究阶跃响应之前，必先给出阶跃函数的定义。在文献中给出的若干种互有区别的阶跃函数定义，造成了理解上的混乱。各类文献对阶跃函数的定义基本上大同小异，如文献[1]给出的定义为：

$$\varepsilon(t)=\begin{cases}0, & t<0\\ 1, & t>0\end{cases} \tag{8-1}$$

其说明为"$\varepsilon(t)$是奇异函数，$t=0$ 时无定义，可取 0 或 1。"从上述定义可知，$\varepsilon(t)$ 在 $t=0$ 点的取值是可变的。

又如文献[2]给出了两种定义，其一与式(8-1)同，其二为：

$$\varepsilon(t)=\begin{cases}0, & t<0\\ \dfrac{1}{2}, & t=0\\ 1, & t>0\end{cases} \tag{8-2}$$

与式(8-1)不同，式(8-2)明确给出了 $\varepsilon(t)$在 $t=0$ 点的大小。

此外，关于阶跃函数的定义，还有[3]

$$\varepsilon(t)=\begin{cases}1, & t\geqslant 0\\ 0, & t<0\end{cases} \tag{8-3}$$

及

$$\varepsilon(t)=\begin{cases}1, & t>0\\ 0, & t\leqslant 0\end{cases} \tag{8-4}$$

综观上述对阶跃函数的定义，其主要区别在于如何对 $\varepsilon(t)$ 在 $t=0$ 点取值。$\varepsilon(t)$ 在 $t=0$ 点究竟应该如何取值？上述四种定义方式是否是合理？笔者认为，对阶跃函数的定义应该取式(8-1)，$\varepsilon(t)$ 在 $t=0$ 点的值应根据实际情况给出，一般可取 0、1/2 或 1。下面通过实例对上述结论加以说明。

8.1.1　实例说明

例 8-1　阶跃函数的重要性质之一是具有切除作用，可以用来规定任意波形的起始点[4]。如图 8-1，表示电压为 U_S 的理想电压源从 $t=0$ 时刻作用于 RC 电路，电容的初始电压为 u_0。求 $u_C(t)$，$t\geqslant 0$。

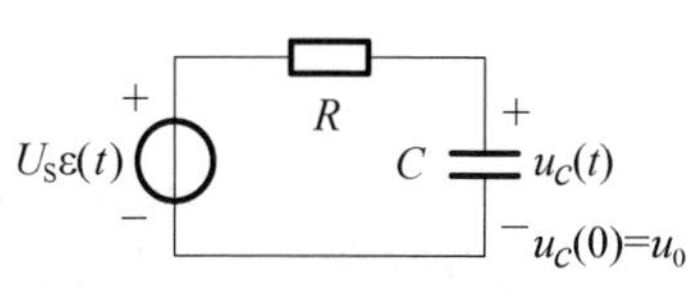

图 8-1　例 8-1 用图

$u_C(t)$ 为电路的全响应。运用三要素法，不难求得

$$u_C(t)=U_S+(u_0-U_S)e^{-\frac{t}{RC}},\ t\geqslant 0 \tag{8-5}$$

也可以用阶跃函数来表示响应的时间段[1,5]，此时式(8-5)可表示为

$$u_C(t)=[U_S+(u_0-U_S)e^{-\frac{t}{RC}}]\varepsilon(t) \tag{8-6}$$

式(8-5)和式(8-6)互为等效的表示方法在一般的电路理论文献中都可以见到。但是应该指出的是，如果从“用阶跃函数来表示响应的时间段”的意义上看，式(8-5)和式(8-6)是一致的。如果从严格的数学意义上讲，上述两式还是有区别的，式(8-5)的定义域为 $t\geqslant 0$，而式(8-6)的定义域为整个时间轴。更重要的是，由于 $\varepsilon(t)$ 在 $t=0$ 点取值的不确定性，使得式(8-5)和式(8-6)在 $t=0$ 点的取值不一致！比较式(8-5)和式(8-6)在 $t=0$ 处的取值，可以得出

$$u_C(0)=u_0=u_0\varepsilon(0) \tag{8-7}$$

可见，此时阶跃函数在 $t=0$ 点必须取值 1，即阶跃函数的定义符合

式(8-3)。

例8-2　电路的阶跃响应。电路如图8-1所示，电容的初始电压为$u_0=0$。求$u_C(t)$。

阶跃响应是指电路在阶跃输入下的零状态响应。电路在$U_S\varepsilon(t)$作用下的零状态响应为

$$u_C(t)=U_S(1-e^{-\frac{t}{RC}}),\ t\geqslant 0 \tag{8-8}$$

由阶跃响应的定义，$u_C(t)$也可以表示为

$$u_C(t)=U_S(1-e^{-\frac{t}{RC}})\varepsilon(t) \tag{8-9}$$

与例8-1不同，不管$\varepsilon(t)$在$t=0$点取何值，式(8-8)和式(8-9)是完全等效的，此时，阶跃函数的定义符合式(8-1)～式(8-4)。

例8-3　设想有一个未充电的理想电容C，突然与理想电压源U接通，电容电压为

$$u(t)=U\varepsilon(t) \tag{8-10}$$

通过电容的电流为

$$i(t)=C\frac{du(t)}{dt}=CU\delta(t) \tag{8-11}$$

显然，电容的储能最终应为$\frac{1}{2}CU^2$。该储能应满足

$$\int_{-\infty}^{\infty}u(t)i(t)dt=\int_{-\infty}^{\infty}U\varepsilon(t)CU\delta(t)dt=CU^2\varepsilon(0)=\frac{1}{2}CU^2 \tag{8-12}$$

可见，此时阶跃函数在$t=0$点必须取值1/2。此时，阶跃函数的定义符合式(8-2)。

例8-4　复频域(s域)分析方法是分析动态电路的一种行之有效的方法，可以在s域认识阶跃函数。如图8-2(a)所示，已知$u_S(t)=[1-e^{-t}\varepsilon(t)]$ V，试求$i(t)$，$t\geqslant 0$。

当$t\geqslant 0$时，可作出如图8-2(b)的s域模型，其中$U_S(s)=\frac{1}{s}-\frac{1}{s+1}=\frac{1}{s(s+1)}$。注意，由于$u_S(t)$中的1 V部分在$t=0$前即作用于电路，因此，电

路在 $t=0$ 时,电感电流不等于零。显然 $i(0_-)=1$ A。从图 8-2(b)运用叠加原理可知

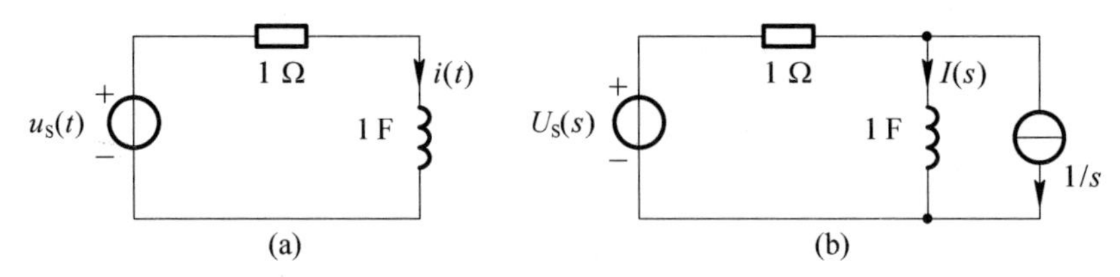

图 8-2 例 8-4 用图

$$I(s)=\frac{1}{s(s+1)^2}-\frac{1}{s(s+1)}=-\frac{1}{(s+1)^2} \tag{8-13}$$

求上式的反拉氏变换,可得

$$i(t)=-te^{-t}\,\text{A},\ t\geqslant 0 \tag{8-14}$$

如果假设在 $t=-\infty$ 时刻,电感电流的初始值为 1 A,则可以在整个时间轴上表示 $i(t)$,即

$$i(t)=[1-(1+t\,e^{-t})\varepsilon(t)]\,\text{A} \tag{8-15}$$

由于在 $t=0$ 时电流有跃变,此时阶跃函数的定义可取式(8-1)或式(8-3)。取定义式(8-3)时,式(8-14)和式(8-15)在 $t\geqslant 0$ 时可以完全统一起来;而取定义式(8-1),则由式(8-15)可以清楚地得到 $i(0_-)=1$ A 和 $i(0_+)=0$。

8.1.2 结语

单位阶跃函数是一人为定义的数学函数,在电路分析中引入该函数可以极大地简化电路的分析,因此单位阶跃函数的定义在电路理论中有重要的作用,上面通过实例说明了阶跃函数在 $t=0$ 点的值应根据实际情况给出,这对理解阶跃函数的意义具有一定的帮助。

8.2 关于一阶电路时间常数求法的讨论

一阶电路的响应由电路的初始状态、电路激励和电路的时间常数所决定,其中时间常数反映了一阶电路的特性,即电路的响应具有随时间衰减的指数函数

形式[1]。对直流激励的一阶电路，采用三要素法求解响应时，时间常数亦是三要素之一。尽管时间常数的定义非常简单，对 RC 电路，时间常数 $\tau=RC$；对 RL 电路，$\tau=L/R$，但随着一阶电路形式的不同，其时间常数的确定也有繁简之分，具体表现在：① 一阶电路由多个动态元件和/或多个电阻元件构成；② 一阶电路包括运算放大器；③ 一阶电路包括全耦合电感元件时，时间常数的计算具有一定的特殊性。下面试对上述问题作一讨论。

8.2.1 时间常数的一般求法

按照时间常数的定义，确定时间常数的常见方法有：

方法 1 如果列写出的电路方程为

$$\tau\frac{\mathrm{d}x(t)}{\mathrm{d}t}+x(t)=aw(t) \tag{8-16}$$

式中 $x(t)$、$w(t)$分别为电路电压或电流变量、电路激励；τ、a 为常数，那么 τ 就是电路的时间常数，即时间常数等于一阶电路方程特征根倒数的负值。

上述方法的优点是比较直观，缺点是必须列写电路方程，求解过程显得较为复杂。

方法 2 当一阶电路仅包含一个动态元件(或虽包含若干个同类型的动态元件但这些动态元件可等效为一个动态元件)时，首先求出从动态元件(或等效动态元件)两端看出去的等效电阻，然后利用 $\tau=RC$ 或 $\tau=L/R$ 就可以计算出时间常数。

这是一种比较简单的计算时间常数的方法，大多数一阶电路的时间常数都可按该方法确定。

方法 3 从式(8-16)可以看出，一阶电路的时间常数与电路的激励无关，因此为方便起见，在求时间常数时可将电路的激励(电压源或电流源)置零，然后利用 $\tau=RC$ 或 $\tau=L/R$ 就可以计算出时间常数。

方法 4 时间常数等于一阶电路固有频率倒数的负值，因此如能求得电路的 s 域网络函数，则通过网络函数也可求得时间常数。

对于简单的一阶电路，时间常数的确定可采用上述任一方法。当一阶电路具有较复杂的形式时，则上述方法的繁简程度有较大的区别。

8.2.2 一阶电路时间常数的计算

下面针对一阶电路分析中遇到的三类情况来讨论时间常数的计算问题。

8.2.2.1 多个动态元件/电阻元件构成的电路

如图 8-3 所示,该电路包含两个电容,但两个电容和电压源构成一个回路,因此为一阶电路。首先运用方法 1 来求时间常数。以电容电压为电路变量列写 KVL、KCL 方程,得

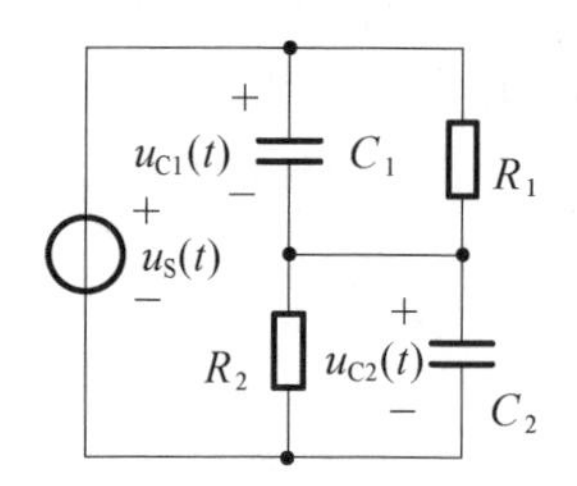

图 8-3 由两个电容和两个电阻构成的电路

$$\begin{cases} u_{C1}(t)+u_{C2}(t)=u_S(t) \\ C_1\dfrac{\mathrm{d}u_{C1}(t)}{\mathrm{d}t}+\dfrac{u_{C1}(t)}{R_1}=C_2\dfrac{\mathrm{d}u_{C2}(t)}{\mathrm{d}t}+\dfrac{u_{C2}(t)}{R_2} \end{cases} \tag{8-17}$$

由式(8-17)得到

$$(C_1+C_2)\frac{\mathrm{d}u_{C1}(t)}{\mathrm{d}t}+\left(\frac{1}{R_1}+\frac{1}{R_2}\right)u_{C1}(t)=C_2\frac{\mathrm{d}u_S(t)}{\mathrm{d}t}+\frac{u_S(t)}{R_2} \tag{8-18}$$

比较式(8-18)和式(8-16),可以看出时间常数为

$$\tau=RC=\frac{R_1R_2}{R_1+R_2}(C_1+C_2) \tag{8-19}$$

也可运用方法 3 来计算时间常数。将图 8-3 电路的电压源置零,可以看出,电路由 R_1、R_2、C_1、C_2并联构成,因此电路时间常数满足式(8-19)。

可见,当一阶电路由多个动态元件和/或多个电阻元件构成时,一种较为简便的求时间常数的方法是将电路的激励置零,然后将电路等效变换为 RC 电路或 RL 电路,再直接写出时间常数。

8.2.2.2 一阶电路包含运算放大器

如图 8-4 所示为常见的含运算放大器一阶电路。由于运算放大器工作于线性区,因此运算放大器满足"虚短"、"虚断"特性。采用方法 2 求电路的时间常数时,可先求出从电容两端看出去的等效电阻。值得注意的是,运算放大器是有源元件,因此在求等效电阻时,无法采用电路的等效变换方法,而必须采用外施电源方法。

对图 8-4(a)电路,采用外施电源方法求从电容两端看出去的等效电阻,将电压源 u_S置零,由运算放大器的"虚短"特性,可知从电容两端看出去的等效电阻为 R_1,因此电路的时间常数为 $\tau=R_1C$。 类似地,对图 8-4(b)电路,电路的时间常数为 $\tau=R_3C$。

对图 8-4(c)电路,将电压源 u_S置零,用电压源或电流源替换电容 C,如

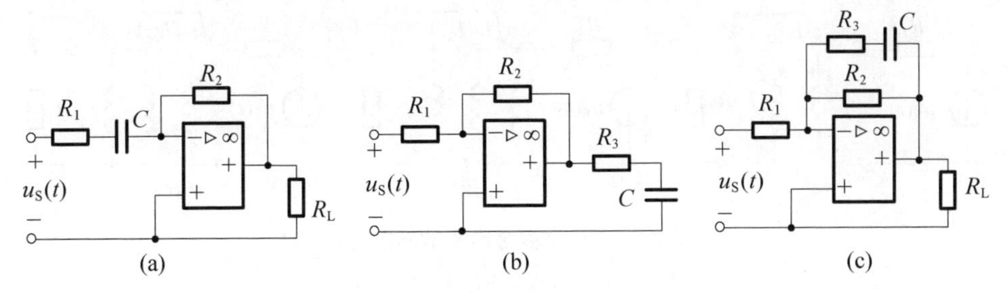

图 8-4　含运算放大器的一阶电路

(a) C 位于输入端；(b) C 位于输出端；(c) C 位于负反馈支路

图8-5所示。由运算放大器的“虚短”特性可知，电阻 R_1 两端电压为零，因此 $i_1=0$。又由“虚断”特性，得到 $i_2=i_1=0$。可见，从电容两端看出去的等效电阻为 $u/i=R_2+R_3$，因此图 8-4(c)电路的时间常数为 $\tau=(R_2+R_3)C$。

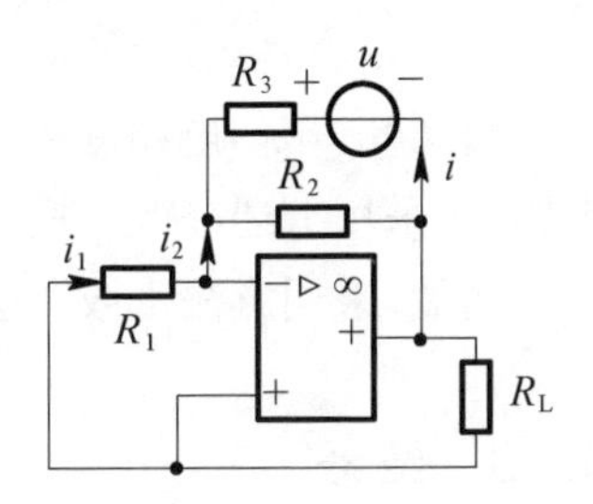

图 8-5　外施电源法求等效电阻

也可采用方法 4 来求时间常数。取运算放大器输出端电压与输入电压之比为网络函数，则图 8-4(a)、(c)所示电路的 s 域网络函数分别为

$$H_a=-\frac{R_2Cs}{R_1Cs+1},\ H_c=-\frac{R_2(R_3Cs+1)/R_1}{(R_2+R_3)Cs+1} \tag{8-20}$$

对图 8-4(b)电路，如取运算放大器输出端电压与输入电压之比为网络函数，则无法求出时间常数，此时可取电容两端电压与输入电压之比为网络函数，即

$$H_b=-\frac{R_2}{R_1}\times\frac{1}{R_3Cs+1} \tag{8-21}$$

由式(8-20)、式(8-21)可以看出，采用方法 4 得到的时间常数和方法 2 相同。

8.2.2.3　一阶电路包含全耦合电感元件

如图 8-6(a)所示为一含全耦合电感的电路，由于耦合系数为 1，该电路为一阶电路。为求时间常数，可将图 8-6(a)电路等效为图 8-6(b)或图 8-6(c)电路。采用方法 2，由图 8-6(b)电路，从 L_1 两端看出去的等效电阻为 R_1 // $[(L_1/L_2)R_2]$，因此时间常数为

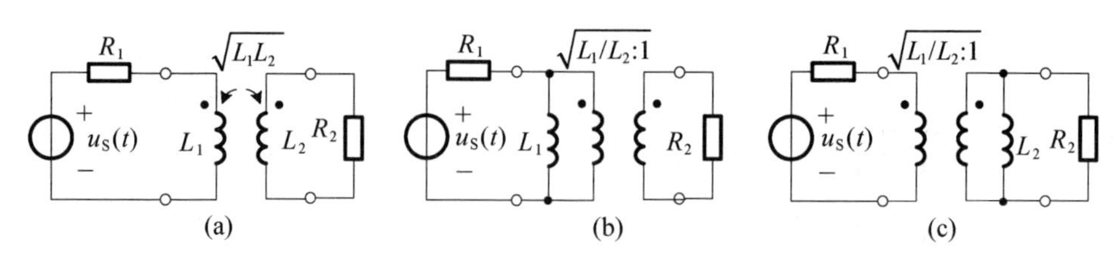

图 8-6　含全耦合电感的一阶电路

(a) 一阶电路；(b) 等效电路 1；(c) 等效电路 2

$$\tau=\frac{L_1}{R_1 /\!/ [(L_1/L_2)R_2]}=\frac{R_1L_2+R_2L_1}{R_1R_2} \tag{8-22}$$

由图 8-6(c)电路亦可得到相同的结果。可见，对含全耦合电感元件的一阶电路，可采用上述等效变换方法求出等效电路，再通过方法 2 求得时间常数。

当然，采用方法 1 或方法 4 也可得到相同的结果，由于篇幅所限，不再赘述。

8.2.3　结语

时间常数在电路理论或电路分析中是一个比较简单的概念，其含义十分明确，但具有重要的物理意义，即它决定了一阶电路的响应特性，因此时间常数是一阶电路的重要表征参数。上面讨论了三类一阶电路时间常数的求法，通过对时间常数的计算进行归纳总结，可更好地理解时间常数的含义及其计算方法。

8.3　由原始值直接求动态电路响应

分析动态电路既可以采用时域分析方法，也可应用拉普拉斯变换方法。采用时域分析方法时一般先以电路的状态变量即独立电容电压或/和独立电感电流为变量列写电路方程，再结合换路定律得到初始条件，求解电路方程得到独立电容电压或/和独立电感电流的时域表达式，然后进一步利用置换定理求出电路其他变量的时域表达式。由于时域分析方法利用状态变量的初始值求解微分方程，当给出电路状态变量的原始值[3, 6]($t=0_-$ 时刻的值)时，必须通过原始值先求出 $t=0_+$ 时刻的初始值，再求解电路微分方程，因此可以认为时域分析的时间起点为 $t=0_+$。应用拉普拉斯变换方法分析电路时，则直接由状态变量的原始值直接构建 s 域模型，求得电路的 s 域解，再通过拉普拉斯反变换求得相应的时域解。由于拉普拉斯变换方法直接由原始值分析电路，因此其分析的时间起点为 $t=0_-$。

当电路中独立电容电压或/和独立电感电流不发生跃变时，由换路定律可知，电容电压或/和电感电流在 $t=0_-$ 时刻和 $t=0_+$ 时刻的值相等，此时时域分析的时间起点看作 $t=0_+$ 或 $t=0_-$ 没有太大的区别，但是当电路中独立电容电压或/和独立电感电流发生跃变时，由于原始值不同于初始值，必须首先从 $t=0_-$ 时刻的电路状态得到 $t=0_+$ 时刻的电路状态，才能对电路作进一步的分析。能否将时域分析的时间起点定为 $t=0_-$，直接由原始值对电路进行时域分析，使之与拉普拉斯变换方法统一起来？这个问题的答案是肯定的。为了更清楚地说明问题，在下面的讨论中主要侧重于电路中电容电压或/和电感电流发生跃变的情况。

8.3.1　由原始值直接求解电路微分方程

电容电压或/和电感电流可能发生跃变的情况有两种[1]：① 电路的激励本身就是冲激电源；② 电路中存在纯电容和(或无)电压源构成的回路或存在纯电感(或无)电流源构成的割集，但电路中的电源并非冲激电源时。在这两种情况下列写状态变量的微分方程，其激励项中可存在冲激激励项，如果确实存在冲激激励项，则电容电压或/和电感电流可能发生跃变。

对于含冲激激励项的电路微分方程，可结合原始值直接进行求解。常见的解法包括平衡系数法、0_+ 条件法和线性叠加法等[5]。平衡系数方法是运用平衡电路方程等号两边奇异函数项系数来求取待定系数。0_+ 条件方法是通过不断地对电路方程两边从 0_- 到 0_+ 进行积分，用以确定 $t=0_+$ 时的初始条件，然后用求得的结果确定待定系数。线性叠加方法是根据线性方程解的齐次性和可加性来求解。下面通过实例加以说明。

例 8-5　试求电路微分方程 $\dfrac{\mathrm{d}^2 y(t)}{\mathrm{d}t^2}+4\dfrac{\mathrm{d}y(t)}{\mathrm{d}t}+3y(t)=\dfrac{\mathrm{d}\delta(t)}{\mathrm{d}t}+2\delta(t)$ 的解。假设电路的原始状态为零。

解：(1) 平衡系数法。

特征方程为

$$s^2+4s+3=0$$

解得

$$s_1=-1,\ s_2=-3$$

于是微分方程的通解为

$$y(t)=(K_1 e^{-t}+K_2 e^{-3t})\varepsilon(t) \tag{8-23}$$

对 $y(t)$ 逐次求导，有

$$\frac{dy(t)}{dt}=(K_1+K_2)\delta(t)+(-K_1 e^{-t}-3K_2 e^{-3t})\varepsilon(t) \tag{8-24}$$

$$\frac{d^2 y(t)}{dt^2}=(K_1+K_2)\frac{d\delta(t)}{dt}+(-K_1-3K_2)\delta(t)+(K_1 e^{-t}+9K_2 e^{-3t})\varepsilon(t) \tag{8-25}$$

将式(8-24)和式(8-25)代入式(8-23)得

$$(K_1+K_2)\frac{d\delta(t)}{dt}+(3K_1+K_2)\delta(t)=\frac{d\delta(t)}{dt}+2\delta(t)$$

为使上式左右两边的系数平衡，得到方程组为

$$\begin{cases} K_1+K_2=1 \\ 3K_1+K_2=2 \end{cases}$$

解得　　$K_1=1/2,\ K_2=1/2$

因此微分方程的解为

$$y(t)=\frac{1}{2}(e^{-t}+e^{-3t})\varepsilon(t) \tag{8-26}$$

(2) 0_+ 条件法。

对微分方程两边从 0_- 到 t 积分，并令 $t=0_+$ 得 $\left.\frac{dy(t)}{dt}\right|_{t=0_+}+4y(0_+)=2$；对微分方程两边从 0_- 到 t 两次积分，并令 $t=0_+$ 得 $y(0_+)=1$，因此 $\left.\frac{dy(t)}{dt}\right|_{t=0_+}=-2$。

对微分方程的通解令 $t=0_+$，利用初始条件得到 $K_1=1/2$，$K_2=1/2$。得到微分方程的解为

$$y(t)=\frac{1}{2}(e^{-t}+e^{-3t})\varepsilon(t) \tag{8-27}$$

(3) 线性叠加法。

求得微分方程 $\frac{d^2 y(t)}{dt^2}+4\frac{dy(t)}{dt}+3y(t)=\delta(t)$ 的冲激响应解为

$$h(t)=\frac{1}{2}(e^{-t}-e^{-3t})\varepsilon(t)$$

由叠加原理得原微分方程的解为

$$y(t)=\frac{dh(t)}{dt}+2h(t)=\frac{1}{2}(e^{-t}+e^{-3t})\varepsilon(t) \tag{8-28}$$

由式(8-26)～式(8-28)可见，三种求解方法的结果一致。

8.3.2　应用实例

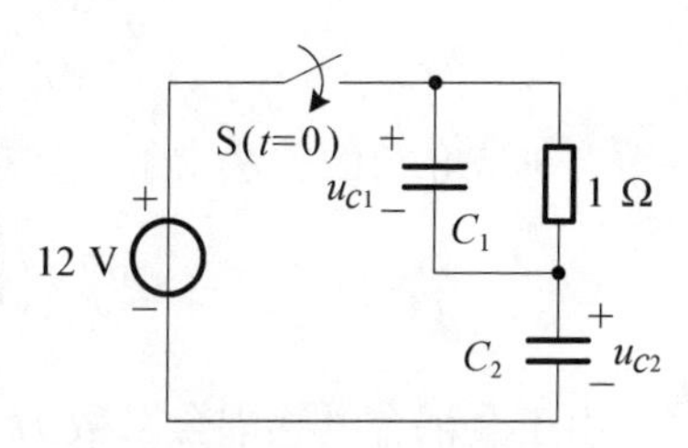

图 8-7　例 8-6 用图

下面通过实例加以说明由原始值直接求动态电路响应。

例 8-6[6]　在图 8-7 所示电路中，已知 $C_1=1$ F，$C_2=2$ F，开关动作时电路的原始状态为零。试求响应 $u_{C1}(t)$、$u_{C2}(t)$。

解： 对图 8-7 所示电路由 KCL、KVL 及元件 VCR 可得如下电路方程

$$\begin{cases}u_{C1}(t)+u_{C2}(t)=12\varepsilon(t)\\ C_1\dfrac{du_{C1}(t)}{dt}+\dfrac{u_{C1}(t)}{1\ \Omega}=C_2\dfrac{du_{C2}(t)}{dt}\end{cases} \tag{8-29}$$

将元件参数代入式(8-29)并消去 $u_{C2}(t)$ 得

$$3\frac{du_{C1}(t)}{dt}+u_{C1}(t)=24\delta(t) \tag{8-30}$$

运用上一节介绍的方法求解上述微分方程得到 $u_{C1}(t)$ 为

$$u_{C1}(t)=8e^{-t/3}\varepsilon(t)\ \text{V} \tag{8-31}$$

又由式(8-29)得到 $u_{C2}(t)$ 为

$$u_{C2}(t)=(12-8e^{-t/3})\varepsilon(t)\ \text{V} \tag{8-32}$$

上述结果与文献[6]的求解结果完全一致，但求解过程并未涉及初始值。

例 8-7　图 8-8 为一个含全耦合电感的电路，已知 $i_1(0_-)=i_2(0_-)=0$ A。试求电路中的 i_1。

解： 由图 8-8 电路可列写出时域电路方程为

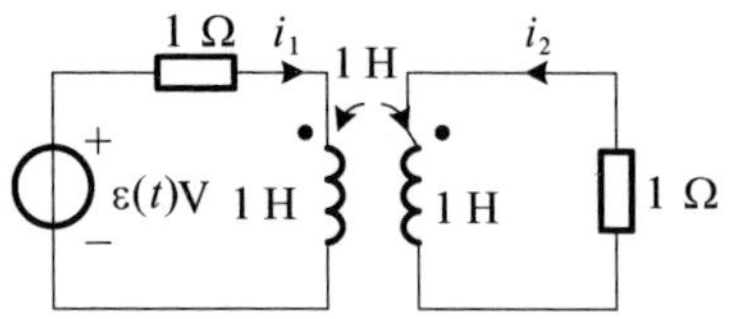

$$\begin{cases}1\times i_1+1\times\dfrac{\mathrm{d}i_1}{\mathrm{d}t}+1\times\dfrac{\mathrm{d}i_2}{\mathrm{d}t}=\varepsilon(t)\\ 1\times\dfrac{\mathrm{d}i_1}{\mathrm{d}t}+1\times\dfrac{\mathrm{d}i_2}{\mathrm{d}t}+1\times i_2=0\end{cases}\tag{8-33}$$

图 8-8　例 8-7 用图

由上式消去 i_2 得

$$2\frac{\mathrm{d}i_1}{\mathrm{d}t}+i_1=\delta(t)+\varepsilon(t)\tag{8-34}$$

运用上一节介绍的方法求解上述微分方程得到 i_1 的时域解为

$$i_1=\left(1-\frac{1}{2}\mathrm{e}^{-\frac{1}{2}t}\right)\varepsilon(t)\ \mathrm{A}\tag{8-35}$$

由于全耦合电感耦合系数为 1，无法由磁通链守恒原理求出全耦合电感电流的初始值。若采用时域分析方法，由于 $t=0_+$ 时刻流入耦合电感电流的初始值未知，以流入耦合电感的电流为变量列写电路方程在求解时存在一定的困难，此时可采用其等效电路来求解。这里采用原始值直接求解电路微分方程，避免了初始值未知的问题。

8.3.3　结语

上面讨论了由原始值直接求解动态电路响应的问题，通过实例给出了其应用方法，可以看作是对现有的从初始值开始求解动态电路响应的方法的一个补充。比较这两种方法，可以看出由原始值直接求解动态电路响应时，所列写的电路方程的时间域为 $t\geqslant 0_-$；从初始值开始求解动态电路响应时，所列写的电路方程的时间域为 $t\geqslant 0_+$，这是两种方法最关键的区别。上述方法的意义在于：

(1) 将时域分析的起点扩展到为 $t=0_-$，与拉普拉斯变换分析方法一致，使两者在分析时间起点上具有统一性。

(2) 上述方法在某些情况下具有一定的应用价值，例 8-7 很好地说明了这一点。

8.4　动态电路全时域响应的求解

动态电路的响应是电路理论研究的一个重要内容。对具有换路的动态电路，在求解其响应时，一般规定分析的时间起点为 $t=0_+$，这与换路后动态电路模型是一致的。由此求得响应的时间域为 $t\geqslant 0_+$。当换路时电路的状态(电容电压和/或电感电流)原始值($t=0_-$ 时刻的值)为零时，响应的时间域可延伸至 $t\geqslant 0_-$。当换路时电路的状态发生跃变，如果利用公式 $i_C=C\mathrm{d}u_C/\mathrm{d}t$ 或 $u_L=L\mathrm{d}i_L/\mathrm{d}t$ 求电容电流或电感电压，由于存在微分运算，此时电容电压 u_C 或电感电流 i_L 解的时间域必须包括 $t=0_-$ 时刻点。一种常见的解决办法是先求出 $t\geqslant 0_+$ 的电容电压 u_C 或电感电流 i_L，然后再将 $t=0_-$ 时刻点的值补充到解中。

能否通过电路分析直接求出电路响应的全时域解？下面对这一问题进行讨论。为便于问题的说明，下面的讨论中所涉及的电路换路是通过开关的开断而产生的，且电路的状态均在换路中发生跃变。

8.4.1　动态电路全时域模型

为求解动态电路的全时域响应，首先应建立动态电路的全时域模型。如图 8-9(a)所示，换路开关在 $t=0$ 时刻闭合，假设开关闭合前其两端电压为 $u_{\mathrm{Sw}}(0_-)$，则开关在整个时间域可用电压为 $u_{\mathrm{Sw}}(0_-)[1-\varepsilon(t)]$ 的电压源等效，如图 8-9(b)所示。类似地，如图 8-10(a)所示，换路开关在 $t=0$ 时刻断开，假设开关断开前流经开关的电流为 $i_{\mathrm{Sw}}(0_-)$，则开关在整个时间域可用电流为 $i_{\mathrm{Sw}}(0_-)[1-\varepsilon(t)]$ 的电流源等效，如图 8-10(b)所示。由此可见，对于通过开关的开断而产生换路的电路，只需建立开关的全时域模型，那么就可以建立整个动态电路的全时域模型了。

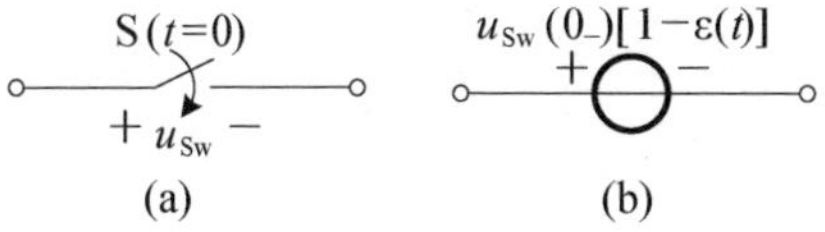

图 8-9　开关换路形式一

(a) 换路开关；(b) 等效电路

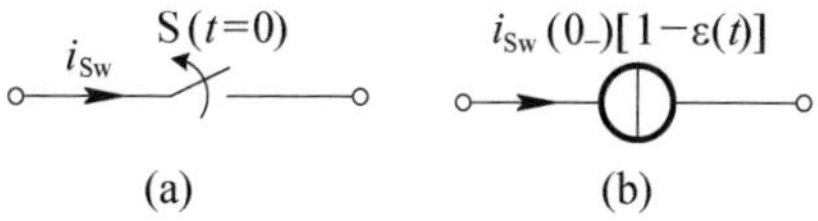

图 8-10　开关换路形式二

(a) 换路开关；(b) 等效电路

如图 8-11(a)所示为一具有换路的电路，显然在 $t\leqslant 0_-$ 时流经开关的电流为 10 A。根据图 8-10 可得到该电路的全时域模型如图 8-11(b)所示。

得到全时域模型后，就可针对该模型求解电路变量的响应了。显然，所得到的响应的时间域为整个时间范围。求解全时域响应的方法可采用列写时域微分方程再求解微分方程，即所谓时域分析法。当然，也可采用变换域的分析方法。

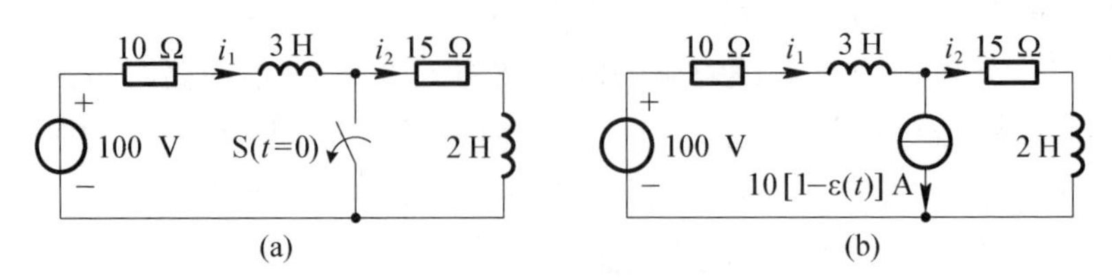

图 8-11 换路电路

(a) 原电路；(b) 全时域模型

由于拉普拉斯变换分析法采用的是 $t \geqslant 0_+$ 的电路模型，因此对全时域响应的求解不合适，此时可采用傅里叶变换分析法[7]。

8.4.2 全时域响应的时域解法

下面以图 8-11(a)为例讨论全时域响应的时域解法。对图 8-11(b)，可列写如下电路方程

$$\begin{cases} 100 = 10i_1 + 3\dfrac{\mathrm{d}i_1}{\mathrm{d}t} + 15i_2 + 2\dfrac{\mathrm{d}i_2}{\mathrm{d}t} & \text{(KVL)} \\ i_1 = i_2 + 10[1 - \varepsilon(t)] & \text{(KCL)} \end{cases} \tag{8-36}$$

由式(8-36)消去 i_2，得

$$\frac{\mathrm{d}i_1}{\mathrm{d}t} + 5i_1 = 50 - 30\varepsilon(t) - 4\delta(t) \tag{8-37}$$

对上述微分方程的求解可用线性叠加法。方程 $\mathrm{d}i_1/\mathrm{d}t + 5i_1 = 50$ 的解为

$$i_1^{(1)} = 10\ \mathrm{A} \tag{8-38}$$

方程 $\mathrm{d}i_1/\mathrm{d}t + 5i_1 = -30\varepsilon(t)$ 的解为

$$i_1^{(2)} = -(6 - 6\mathrm{e}^{-5t})\varepsilon(t)\ \mathrm{A} \tag{8-39}$$

方程 $\mathrm{d}i_1/\mathrm{d}t + 5i_1 = -4\delta(t)$ 的解为

$$i_1^{(3)} = -4\mathrm{e}^{-5t}\varepsilon(t)\ \mathrm{A} \tag{8-40}$$

因此 i_1 的解为

$$i_1 = i_1^{(1)} + i_1^{(2)} + i_1^{(3)} = [10 - 6\varepsilon(t) + 2\mathrm{e}^{-5t}\varepsilon(t)]\ \mathrm{A} \tag{8-41}$$

由式(8-36)、式(8-37)可得到 i_2 的解为

$$i_2 = (4 + 2e^{-5t})\varepsilon(t)\ \text{A} \tag{8-42}$$

文献[1]已算得 i_1、i_2 在 $t \geqslant 0_+$ 时的解为

$$i_1 = i_2 = (4 + 2e^{-5t})\varepsilon(t)\ \text{A} \tag{8-43}$$

由于图 8-11(a)电路中 i_1 在 $t=0$ 时刻换路时发生跃变，且 $i_1(0_-)=10\ \text{A}$，因此 i_1 的全时域解式(8-41)和 i_1 在 $t \geqslant 0_+$ 时的解式(8-43)是不相同的；而 i_2 在 $t=0$ 时刻换路时虽然发生跃变，但 $i_2(0_-)=0$，因此 i_2 的全时域解式(8-42)和 i_2 在 $t \geqslant 0_+$ 时的解式(8-43)是相同的。

显然，此时如要计算图 8-11(a)电路中 3H 电感两端的电压，则应采用式(8-41)中 i_1，即

$$u_{3\text{H}} = 3\frac{\mathrm{d}i_1}{\mathrm{d}t} = [-4\delta(t) - 10e^{-5t}\varepsilon(t)]\ \text{V} \tag{8-44}$$

如果采用式(8-43)中 i_1 参与计算，将得到错误的结果。

8.4.3　全时域响应的频域解法

仍以图 8-11(a)为例讨论全时域响应的频域解法。作出图 8-11(b)电路的频域模型如图 8-12(a)所示，将其中的诺顿电路等效为戴维南电路，得到如图 8-12(b)所示的等效频域模型。由图 8-12(b)可得到如下电路方程

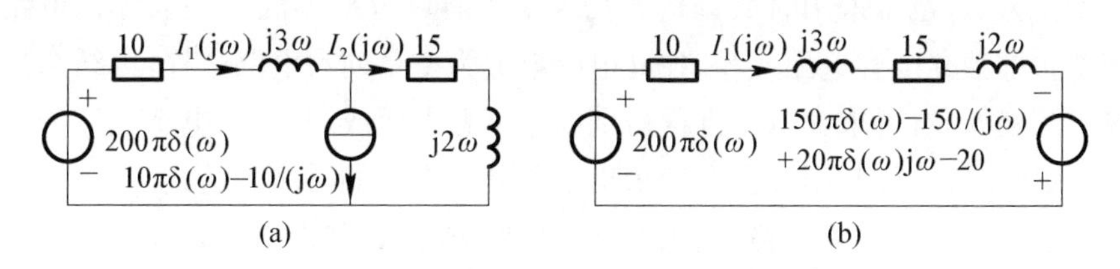

图 8-12　图 8-11(b)电路的频域模型

(a) 频域模型；(b) 等效频域模型

$$\begin{aligned} I_1(\mathrm{j}\omega) &= \frac{350\pi\delta(\omega) - 150/(\mathrm{j}\omega) + 20\pi\delta(\omega)\mathrm{j}\omega - 20}{25 + \mathrm{j}5\omega} \\ &= 14\pi\delta(\omega) - \frac{30 + \mathrm{j}4\omega}{\mathrm{j}\omega(5 + \mathrm{j}\omega)} - \frac{10\pi\delta(\omega)\mathrm{j}\omega}{5 + \mathrm{j}\omega} \end{aligned} \tag{8-45}$$

对式(8-45)求傅里叶逆变换,得到i_1的全时域解为

$$i_1(t)=\mathscr{F}^{-1}[I_1(j\omega)]=\mathscr{F}^{-1}[14\pi\delta(\omega)]-\mathscr{F}^{-1}\left[\frac{30+j4\omega}{j\omega(5+j\omega)}\right]-\mathscr{F}^{-1}\left[\frac{10\pi\delta(\omega)j\omega}{5+j\omega}\right]$$
$$=\{7-[-3+(6-2e^{-5t})\varepsilon(t)]+0\}\text{ A}=[10-6\varepsilon(t)+2e^{-5t}\varepsilon(t)]\text{ A} \tag{8-46}$$

可见所求得的结果与式(8-41)完全一致。

类似地,可求得i_2的全时域解,此处不再赘述。

8.4.4 结语

在现行的电路理论文献中对动态电路全响应的分析都是以换路结束的时刻为时间域的分析起点(一般为$t=0_+$时刻),因此电路变量响应解的时间域为$t\geqslant 0_+$。上面通过建立动态电路的全时域模型,采用时域分析法和傅里叶变换法求得电路响应的全时域解,为对电路进行进一步分析(如求电容电流、电感电压等)打下了基础。通过上面的分析,可以加深对电路响应的理解。

8.5 含全耦合电感电路的求解

动态电路的求解是电路理论中的重要内容。分析动态电路既可以应用拉普拉斯变换方法,也可采用时域分析方法。采用时域分析方法时一般先以电路的状态变量即独立电容电压或/和独立电感电流为变量列写电路方程,再结合换路定律得到初始条件,求解电路方程得到独立电容电压或/和独立电感电流的时域表达式,然后进一步利用置换定理求出电路其他变量的时域表达式。

对于含全耦合电感电路,如果要列写电路方程,其状态变量是什么?是否就是流经耦合电感的电流?其初始条件是什么?下面通过电路实例对这些问题作分析。

8.5.1 一个实例

图8-13(a)为一个含全耦合电感的电路,已知$i_1(0_-)=i_2(0_-)=0$ A。图8-13(b)为该电路的s域模型。首先采用拉普拉斯变换方法来求电路中的i_1。

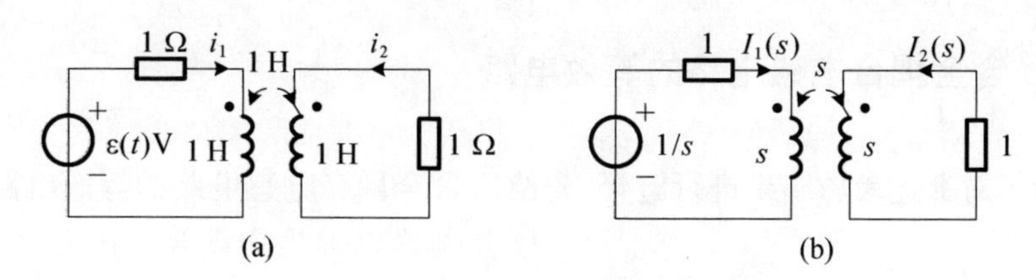

图 8-13　一个含全耦合电感的电路

(a) 时域；(b) s 域

采用网孔法列写图 8-13(b)电路的电路方程，可以得到

$$\begin{cases}(1+s)I_1(s)+sI_2(s)=1/s \\ sI_1(s)+(1+s)I_2(s)=0\end{cases} \tag{8-47}$$

由上式求得

$$I_1(s)=\frac{1+s}{s(2s+1)} \tag{8-48}$$

对上式求拉普拉斯逆变换，得到时域解为

$$i_1=\left(1-\frac{1}{2}e^{-\frac{1}{2}t}\right)\varepsilon(t)\ \text{A} \tag{8-49}$$

由式(8-49)可以看出，$i_1(0_+)=0.5$ A，说明电流 i_1 在换路时有跃变！如果简单地认为耦合电感的原边是一个电感，它又与电阻串联，就会得出电感电流连续，即 $i_1(0_+)=i_1(0_-)=0$ A 的结论，从而与式(8-49)的结论矛盾。事实上，由图 8-13(a)电路可列写出 $t\geqslant 0_+$ 时的时域电路方程为

$$\begin{cases}1\times i_1+1\times \mathrm{d}i_1/\mathrm{d}t+1\times \mathrm{d}i_2/\mathrm{d}t=1 \\ 1\times \mathrm{d}i_1/\mathrm{d}t+1\times \mathrm{d}i_2/\mathrm{d}t+1\times i_2=0\end{cases} \tag{8-50}$$

由上式消去 i_2 得

$$2\frac{\mathrm{d}i_1}{\mathrm{d}t}+i_1=1 \tag{8-51}$$

如果以 $i_1(0_+)=i_1(0_-)=0$ A 作为初始条件，得出

$$i_1=(1-e^{-\frac{1}{2}t})\varepsilon(t)\ \text{A} \tag{8-52}$$

显然，式(8-52)与式(8-49)是矛盾的。

8.5.2 含全耦合电感电路的等效电路

为了对上述矛盾结果进行解释,先给出含全耦合电感电路的等效电路。全耦合电感也称为全耦合变压器,它可用一个电感与一个理想变压器的连接来等效,如图 8-14 所示。

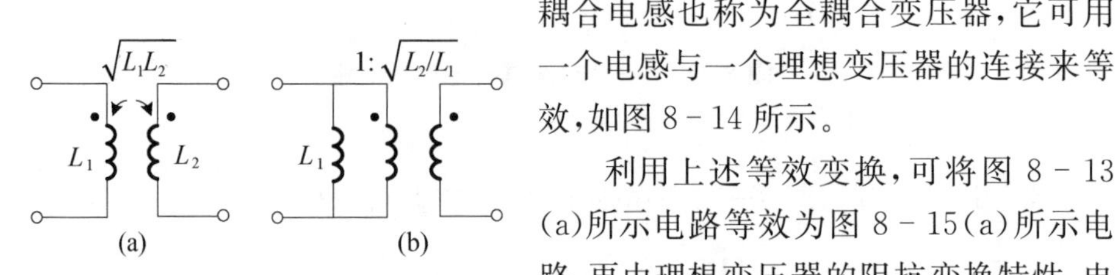

图 8-14 全耦合电感的等效

(a) 全耦合电感;(b) 等效电路

利用上述等效变换,可将图 8-13(a)所示电路等效为图 8-15(a)所示电路,再由理想变压器的阻抗变换特性,电路可进一步等效为图 8-15(b)所示电路。由图 8-15(b)所示电路可清楚地看出,电流 i_1 并不是状态变量,它完全可能发生跃变!分析图 8-15(b)所示电路,如果以电感电流 i_L 为变量列写电路方程,则可得到

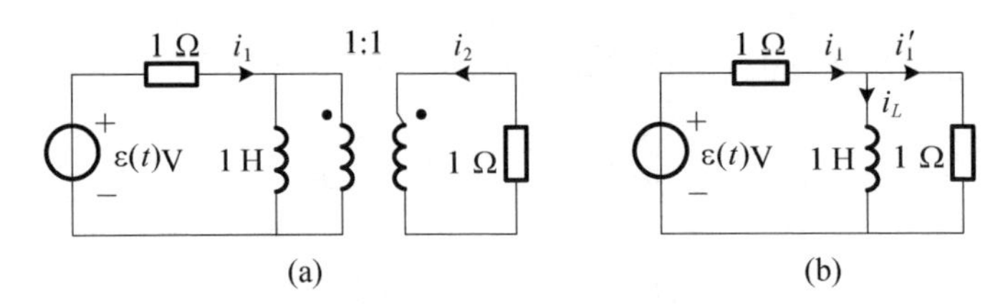

图 8-15 实例电路的等效

(a) 等效电路 1;(b) 等效电路 2

$$2\frac{\mathrm{d}i_L}{\mathrm{d}t}+i_L=1 \tag{8-53}$$

由初始条件 $i_L(0_+)=i_L(0_-)=0$ A,解得

$$i_L=(1-\mathrm{e}^{-\frac{1}{2}t})\,\varepsilon(t)\ \mathrm{A} \tag{8-54}$$

而

$$i'_1=\left(\frac{\mathrm{d}i_L/\mathrm{d}t}{1}\right)\mathrm{A}=\frac{1}{2}\mathrm{e}^{-\frac{1}{2}t}\varepsilon(t)\ \mathrm{A} \tag{8-55}$$

因此

$$i_1=i_L+i'_1=\left(1-\frac{1}{2}\mathrm{e}^{-\frac{1}{2}t}\right)\varepsilon(t)\ \mathrm{A} \tag{8-56}$$

与式(8-49)完全一致。

也可用三要素法求解 i_1，得到与式(8-56)一致的结果。

8.5.3 进一步讨论

(1) 全耦合电感是一类特殊的耦合电感元件，通过磁通链守恒原理不能求出全耦合电感电流的初始值。事实上，对耦合电感，其磁通链守恒原理可表示为

$$\begin{bmatrix} L_1 & M \\ M & L_2 \end{bmatrix} \begin{bmatrix} i_1(0_+) \\ i_2(0_+) \end{bmatrix} = \begin{bmatrix} L_1 & M \\ M & L_2 \end{bmatrix} \begin{bmatrix} i_1(0_-) \\ i_2(0_-) \end{bmatrix} \tag{8-57}$$

对于全耦合电感，有 $M=\sqrt{L_1L_2}$，因此式(8-57)中的系数矩阵是奇异的，无法求出初始电流的值。

(2) 对于非全耦合电感，假设两个线圈的漏电感分别为 L_{s1}、L_{s2}，则有

$$M=\sqrt{(L_1-L_{s1})(L_2-L_{s2})} \tag{8-58}$$

图8-16(a)所示电感可等效为图8-16(b)所示的由漏电感和全耦合电感组成的等效电路[1]。这样一来，如果图8-13(a)电路中的全耦合电感改为非全耦合电感，则由于漏电感的存在，电流 i_1 将不发生跃变。事实上，由于 $M<\sqrt{L_1L_2}$，式(8-57)中的系数矩阵是非奇异的，因此耦合电感电流在 $t=0_+$ 时刻的值与 $t=0_-$ 时刻的值相同，电流不发生跃变。

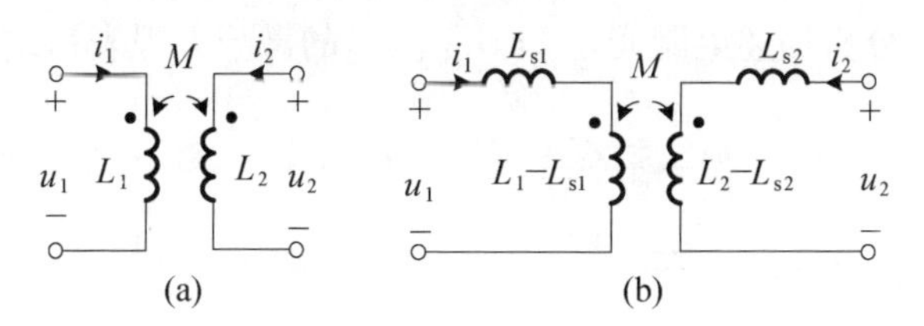

图8-16　非全耦合电感的等效

(a) 非全耦合电感；(b) 等效电路

8.5.4 结语

从上面讨论可知，对含全耦合电感电路，流入二端口元件耦合电感的电流有可能发生跃变，该电流不是电路的状态变量。由于拉普拉斯变换方法可以计及 $t=0_-$ 时刻电路变量的值，非常适合求含全耦合电感电路的全响应；若采用时域分析

方法，由于 $t=0_+$ 时刻流入耦合电感电流的初始值未知，以流入耦合电感的电流为变量列写电路方程在求解时存在一定的困难，此时可采用其等效电路来求解。

8.6 关于动态电路阶数的讨论

动态电路可以用微分方程加以描述。根据描述电路的微分方程的阶数，可以将电路分为一阶电路、二阶电路等。现行电路教材几乎均以此来定义动态电路的阶数，如“用一阶常微分方程描述的电路称为一阶电路”[8, 9]、“如果电路的输入-输出方程是一阶微分方程，则称该电路为一阶电路。如果电路的输入-输出方程是 n 阶微分方程，则称该电路为 n 阶电路”[5]。一个动态电路往往存在多个电压变量和电流变量，当描述所有这些电压变量和电流变量的微分方程的阶数都相同时，上述定义是准确的，但是也有一些特别的电路，其电路变量的微分方程的阶数并不相同，这样上述定义则无法准确地描述动态电路的阶数。下面对这一问题加以讨论。

不失一般性，这里仅以线性非时变动态电路为例加以讨论。

8.6.1 实例分析

考虑如图 8 - 17 所示的电路，假设 $R_1=R_2=1\,\Omega$，$R_3=4\,\Omega$，$C_1=C_2=1\,\text{F}$，$L=1\,\text{H}$。下面分析描述电路变量 i、u_{C1}、u_{C2} 的微分方程表达式。

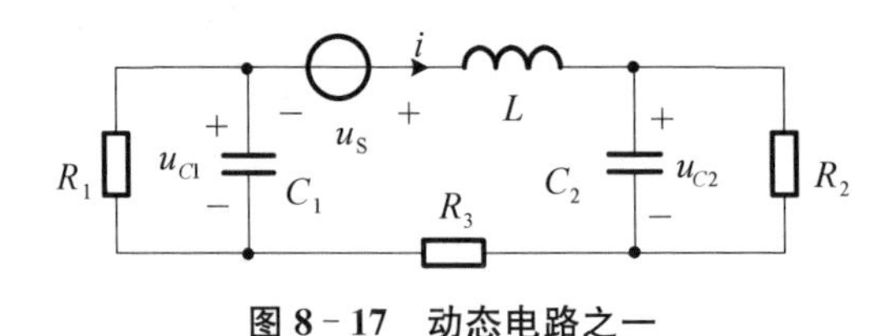

图 8 - 17 动态电路之一

列写电路的 KCL 方程

$$i+\frac{u_{C1}}{R_1}+C_1\frac{\mathrm{d}u_{C1}}{\mathrm{d}t}=0 \tag{8-59}$$

$$i-\frac{u_{C2}}{R_2}-C_2\frac{\mathrm{d}u_{C2}}{\mathrm{d}t}=0 \tag{8-60}$$

及 KVL 方程

$$-u_{C1}+L\frac{\mathrm{d}i}{\mathrm{d}t}+u_{C2}+R_3 i=u_S \tag{8-61}$$

将元件参数值代入式(8-59)～式(8-61)并整理得

$$\mathrm{d}u_{C1}/\mathrm{d}t=-i-u_{C1} \tag{8-62}$$

$$\mathrm{d}u_{C2}/\mathrm{d}t=i-u_{C2} \tag{8-63}$$

$$-u_{C1}+u_{C2}+\mathrm{d}i/\mathrm{d}t+4i=u_S \tag{8-64}$$

对式(8-64)两边微分，并将式(8-62)、式(8-63)代入，整理后可得

$$u_{C1}-u_{C2}+\mathrm{d}^2 i/\mathrm{d}t^2+4\mathrm{d}i/\mathrm{d}t+2i=\mathrm{d}u_S/\mathrm{d}t \tag{8-65}$$

将式(8-64)、式(8-65)相加，得到描述电流变量 i 的微分方程为

$$\mathrm{d}^2 i/\mathrm{d}t^2+5\mathrm{d}i/\mathrm{d}t+6i=\mathrm{d}u_S/\mathrm{d}t+u_S \tag{8-66}$$

将式(8-62)中的电流 i 代入式(8-66)，得到描述电压变量 u_{C1} 的微分方程为

$$\mathrm{d}^3 u_{C1}/\mathrm{d}t^3+6\mathrm{d}^2 u_{C1}/\mathrm{d}t^2+11\mathrm{d}u_{C1}/\mathrm{d}t+6u_{C1}=-\mathrm{d}u_S/\mathrm{d}t-u_S \tag{8-67}$$

类似地，可得到描述电压变量 u_{C2} 的微分方程为

$$\mathrm{d}^3 u_{C2}/\mathrm{d}t^3+6\mathrm{d}^2 u_{C2}/\mathrm{d}t^2+11\mathrm{d}u_{C2}/\mathrm{d}t+6u_{C2}=\mathrm{d}u_S/\mathrm{d}t+u_S \tag{8-68}$$

由式(8-66)～式(8-68)可以看出，描述电流变量 i 的微分方程的阶数为 2，而描述电压变量 u_{C1}、u_{C2} 的微分方程的阶数为 3，两者并不相等。而观察图 8-17所示电路，可知该电路包含三个独立的动态元件，说明该电路是一个三阶电路。

8.6.2　动态电路阶数的确定

由上面讨论可知，电路变量的阶数和电路的阶数并不完全相同。对动态电路的阶数的判定，一般可采用如下方法：

(1) 通过观察电路，确定电路中独立动态元件的个数，它也是电路的阶数。这是一种常用的方法，适用于大多数电路。

(2) 以电路变量的阶数的最大值作为电路的阶数。上一节的分析就采用了

这种方法。

(3) 用零输入电路确定电路的阶数[5]。电路的阶数与电路的激励大小无关,因此可以将电路的激励置零,然后再确定电路的阶数。

(4) 电路的阶数等于电路的非零固有频率数[8]。因此,求出电路的非零固有频率数,也就得到了电路的阶数。

下面就后两种方法进行讨论。

图 8－18 所示为包含两个电容的电路,其中图 8－18(a)电路的激励为电压源,初看此电路,似乎两个电容独立,但将电压源置零后发现,两个电阻、两个电容为并联关系,因此该电路为一阶电路。图 8－18(b)电路的激励为电流源,如果将电流源置零,则 R_1、C_1 和 R_2、C_2 构成两个独立的回路,该电路是二阶电路。如果两个回路的时间常数相等,即 $R_1C_1=R_2C_2$ 时,该电路退化为一阶电路。

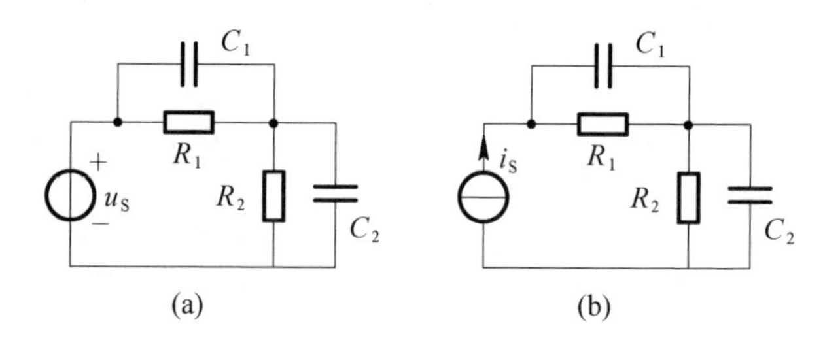

图 8－18　动态电路之二

(a) 电压源激励;(b) 电流源激励

图 8－19 所示为一含受控源的电路,该电路中没有画出激励。由图 8－19 所示电路可画出 s 域模型(这里从略),有网孔方程

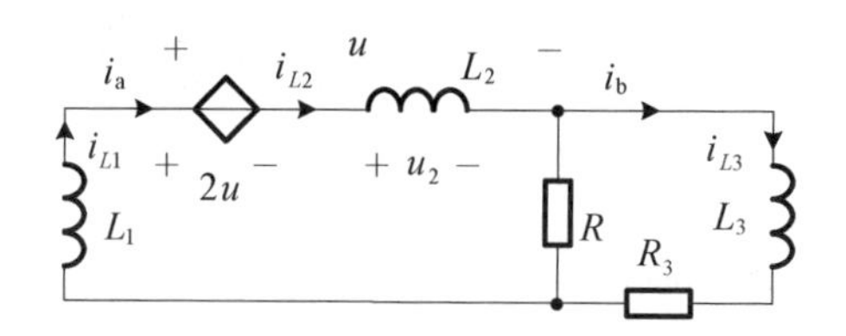

图 8－19　动态电路之三

$$\begin{bmatrix} s(L_1+L_2)+R & -R \\ -R & sL_3+R+R_3 \end{bmatrix}\begin{bmatrix} I_a(s) \\ I_b(s) \end{bmatrix}=\begin{bmatrix} L_1 i_{L1}(0_-)+L_2 i_{L2}(0_-)-2U(s) \\ L_3 i_{L3}(0_-) \end{bmatrix} \tag{8-69}$$

其中 $i_{L1}(0_-)=i_{L2}(0_-)$，且 $u=2u+u_2$ 或 $u=-u_2=-L_2\dfrac{\mathrm{d}i_{L2}}{\mathrm{d}t}$，所以

$$U(s)=-L_2[sI_{L2}(s)-i_{L2}(0_-)]=-sL_2I_\mathrm{a}(s)+L_2i_{L2}(0_-) \quad (8-70)$$

将式(8-70)代入式(8-69)，经整理得

$$\begin{bmatrix} s(L_1-L_2)+R & -R \\ -R & sL_3+R+R_3 \end{bmatrix}\begin{bmatrix} I_\mathrm{a}(s) \\ I_\mathrm{b}(s) \end{bmatrix}=\begin{bmatrix} (L_1-L_2)i_{L1}(0_-) \\ L_3i_{L3}(0_-) \end{bmatrix} \quad (8-71)$$

由上式解得

$$\begin{cases} I_\mathrm{a}(s)=\dfrac{(L_1-L_2)(sL_3+R+R_3)i_{L1}(0_-)+L_3Ri_{L3}(0_-)}{(L_1-L_2)L_3s^2+[RL_3+(R+R_3)(L_1-L_2)]s+RR_3} \\ I_\mathrm{b}(s)=\dfrac{L_3[(L_1-L_2)s+R]i_{L3}(0_-)+(L_1-L_2)Ri_{L1}(0_-)}{(L_1-L_2)L_3s^2+[RL_3+(R+R_3)(L_1-L_2)]s+RR_3} \end{cases} \quad (8-72)$$

由式(8-72)可见，如果 $L_1\neq L_2$，则电路有两个固有频率，说明图 8-19 电路是一个二阶电路；如果 $L_1=L_2$，则只有一个固有频率，此时 $I_\mathrm{a}(s)=I_\mathrm{b}(s)$，于是 $i_{L1}=i_{L2}=i_{L3}$，三个电感电流只有一个是独立的，说明图 8-19 电路是一个一阶电路。

8.6.3　进一步讨论

电路的特性决定电路的拓扑约束和元件约束。因此，动态电路的阶数也决定于电路的拓扑约束和元件约束。在确定电路的阶数时，还应注意以下几个方面：

(1) 零固有频率对电路阶数的影响。当电路存在零固有频率时，则该电路的零输入响应中就包含常数项[3]。因此，电路的零固有频率不影响电路的阶数。例如，对于如图 8-20 所示的电路，从输入端口看进去的网络函数(阻抗)为

$$Z_\mathrm{in}(s)=\frac{1}{C_1s}+\frac{R}{RC_2s+1} \quad (8-73)$$

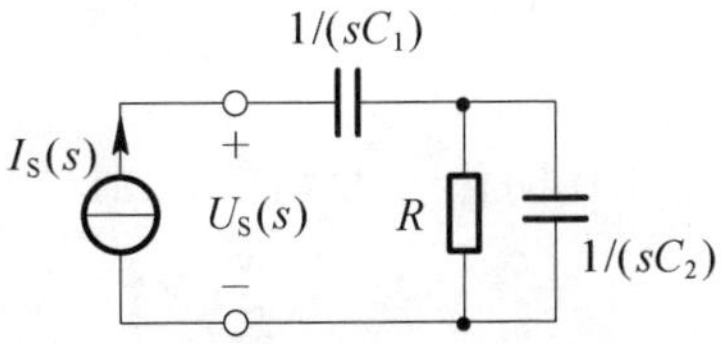

图 8-20　动态电路之四

显然该电路存在一个零固有频率和一个非零固有频率 $s=-1/(RC_2)$，而该电路为一阶电路，说明电路的零固有频率不影响电路的阶数。

(2) 电路的阶数与激励的关系。电路的激励包括电压源和电流源，作为电路元件，它们也会对电路起到拓扑约束（激励的接入方式）和元件约束（激励的电压电流关系）作用。从图 8-18 电路的分析可以看出，尽管电路的阶数与激励的大小无关，但与激励的形式（是电压源还是电流源）有关。

8.6.4 结语

上面通过电路实例讨论了电路的阶数确定方法，尽管现行电路理论文献对电路的阶数给出大致相同的定义，但这些定义具有一定的不确定性。事实上，只有当电路中的所有电路变量的微分方程的阶数都相同时，这些定义才是适用的。

8.7 关于电容电压和电感电流跃变的讨论

由电容、电感元件的电压-电流关系可知，如果冲激电流流过电容，则电容电压是可以跃变的；如果冲激电压出现于电感的两端，则电感电流也是可以跃变的。对于一个动态电路，在什么样的情况下会出现电容电压和电感电流的跃变呢？一般的观点认为：有两种情况可能会出现冲激电流、冲激电压，其一，外施电源本身就是冲激电源；另一，当电路中存在纯电容和(或无)电压源构成的回路或存在纯电感和(或无)电流源构成的割集，但外施电源并非冲激电源时[5]。这是一种普遍的观点。除去上述两种情况，是否存在其他引起电容电压和电感电流跃变的电路？问题的答案是肯定的。

8.7.1 电路实例

图 8-21(a)为一个含全耦合电感的电路，已知 $i_1(0_-)=i_2(0_-)=0$ A。图 8-21(b)为该电路的 s 域模型。采用拉普拉斯变换方法来求电路中的 i_1、i_2。

采用网孔法列写图 8-21(b)电路的电路方程，可以得到

$$\begin{cases}(1+s)I_1(s)+sI_2(s)=1/s \\ sI_1(s)+(1+s)I_2(s)=0\end{cases} \tag{8-74}$$

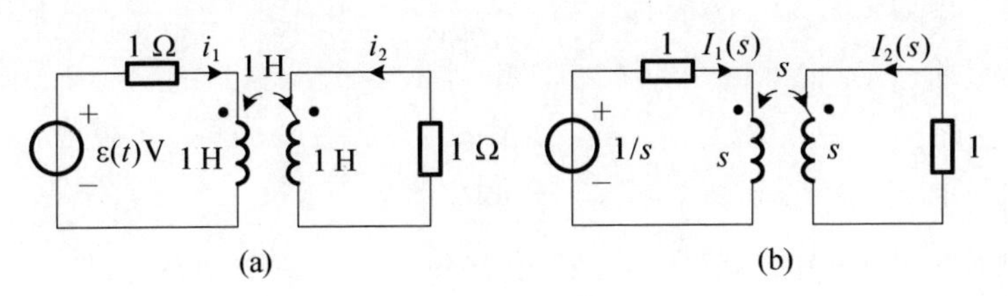

图 8-21　一个含全耦合电感的电路

(a) 时域；(b) s 域

由上式求得

$$\begin{cases} I_1(s)=\dfrac{s+1}{s(2s+1)} \\ I_2(s)=-\dfrac{1}{2s+1} \end{cases} \tag{8-75}$$

对上式求拉普拉斯逆变换，得到时域解为

$$\begin{cases} i_1=\left(1-\dfrac{1}{2}\mathrm{e}^{-\frac{1}{2}t}\right)\varepsilon(t)\ \mathrm{A} \\ i_2=-\dfrac{1}{2}\mathrm{e}^{-\frac{1}{2}t}\varepsilon(t)\ \mathrm{A} \end{cases} \tag{8-76}$$

由式(8-76)可以看出，$i_1(0_+)=0.5\ \mathrm{A}$，$i_2(0_+)=-0.5\ \mathrm{A}$，说明电流 i_1、i_2 在换路时都有跃变！如果简单地认为耦合电感的原边是一个电感，它又与电阻串联，就会得出电感电流连续，即 $i_1(0_+)=i_1(0_-)=0\ \mathrm{A}$ 的结论，从而与式(8-76)的结论矛盾。

图 8-21(a)电路中，既不存在冲激电源，也不存在纯电感和(或无)电流源构成的割集，这说明一般认为可能会出现冲激电流、冲激电压的两种情况并未包括全部。

图 8-22 是另一种出现电感电流跃变的电路例子。这里假设 $u_C(0_-)=10\ \mathrm{V}$，$i_L(0_-)=0\ \mathrm{A}$。初看电路，可能认为电路包含 RLC 串联支路，电路不可能出现电容电压和电感电流的跃变。事实并非如此。下面采用时域方法加以分析。

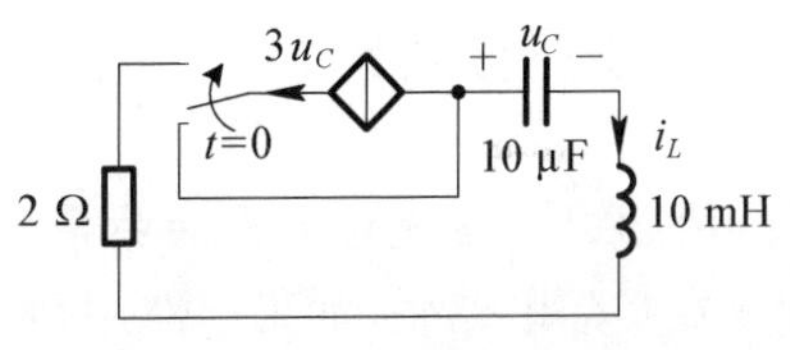

图 8-22　含串联 *RLC* 的电路

列写 $t\geqslant 0_+$ 时的电路方程为

$$\begin{cases} \dfrac{\mathrm{d}u_C}{\mathrm{d}t}+3\times 10^5 u_C=0 \\ i_L=10^{-5}\dfrac{\mathrm{d}u_C}{\mathrm{d}t} \end{cases} \tag{8-77}$$

由式(8-77)可知，尽管图 8-22 电路包含 LC 两个动态元件，但其电路方程却是一阶的，因此图 8-22 电路是一个退化了的一阶电路。

由初始条件 $u_C(0_-)=10$ V 和式(8-77)中的第一式即可解得电容电压为

$$u_C=10\mathrm{e}^{-3\times 10^5 t}\varepsilon(t)\ \mathrm{V} \tag{8-78}$$

进一步，得到

$$i_L=-30\mathrm{e}^{-3\times 10^5 t}\varepsilon(t)\ \mathrm{A} \tag{8-79}$$

由式(8-79)可知，$i_L(0_+)=-30\ \mathrm{A}\neq i_L(0_-)=0\ \mathrm{A}$，这说明电路中电感电流发生了跃变，即电感两端出现了冲激电压。图 8-22 电路也可采用拉氏变换分析，结果相同。

值得指出的是，图 8-22 电路中尽管包含 LC 两个动态元件，但电路中仅出现冲激电压，而不出现冲激电流，这是由电路拓扑结构所决定的。对于图 8-22 电路，如果回路中电感两端出现冲激电压，由于受控电流源两端的电压为任意值，因此并不违反 KVL。

如图 8-23 所示，该电路是图 8-22 电路的对偶电路，通过分析不难发现，电路中存在冲激电流而不存在冲激电压。这里不再赘述。

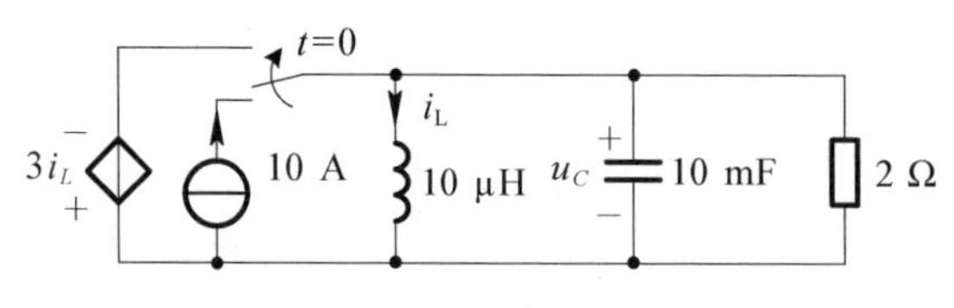

图 8-23　图 8-22 电路的对偶电路

8.7.2　进一步讨论

8.7.2.1　与换路定律的关系

在实际电路中，如果电路中包含电容或电感元件，则这两种元件不消耗能量，只是存储能量并与外电路交换能量。当电路换路时，电容或电感从外电路吸取能量或向外电路释放能量都必须经过一个时间过程才能完成。否则，这就意味着电容、电感所存储的能量发生跃变，那么能量交换的速率（即功率）将为无穷大，这在实际情况下是不可能的[10]。

假设电容 C 两端的电压为 u_C，流经电感 L 的电流为 i_L，则电容存储的能量为 $\frac{1}{2}Cu_C^2$，电感存储的能力 $\frac{1}{2}Li_L^2$。它们吸收的功率分别为 $Cu_C\frac{\mathrm{d}u_C}{\mathrm{d}t}$ 和 $Li_L\frac{\mathrm{d}u_C}{\mathrm{d}t}$。假设换路发生在 $t=0$ 时刻，由于能量不能发生跃变（亦即功率为有限值），因此，在换路瞬间，电容两端的电压和电感中的电流应该保持不变，而不能发生跃变，即

$$\begin{cases}u_C(0_+)=u_C(0_-)\\ i_L(0_+)=i_L(0_-)\end{cases} \tag{8-80}$$

式(8-80)所表达的内容亦称为换路定律。

显然，电容电压和电感电流的跃变是违反换路定律的，这也说明，应用换路定律是有条件的，即必须保证电路在换路瞬间电容电流、电感电压为有限值。

既然有换路定律成立，为何又有违反换路定律的电容电压和电感电流跃变呢？这里认为应该处理好两者之间的关系：针对实际电路，换路定律成立，它是一个普适的定律；而电路模型是对实际电路的理想化、抽象化，在电路模型中允许违反换路定律的情况存在。从这一点而言，换路定律和电容电压、电感电流的跃变提供了一个廓清（实际）电路和电路模型之间区别与联系的生动而具体的例子。

8.7.2.2　对电路分析的作用

电容电压和电感电流的跃变是电路理论中的一个客观存在，利用它能帮助人们更好更方便地分析实际的电路。下面举例加以说明。

图 8-24(a)为电工电子技术中经常遇到的补偿分压器，其中电容 C_2 为输出端的等效电容，C_1 为有意加入的补偿电容[1]。现在要求补偿电容 C_1 取何值为合适？

图 8-24(a)电路是一个二阶电路，分析较为复杂。考虑到直流电源的内阻 R_S 一般较小，可将图 8-24(a)电路简化为图 8-24(b)电路。相比图 8-24(a)电路，对图 8-24(b)电路进行分析要简单得多，运用三要素法，不难得出[1]

$$u_2(t)=\frac{R_2U_S}{R_1+R_2}-\left(\frac{R_2U_S}{R_1+R_2}-\frac{C_1U_S}{C_1+C_2}\right)\mathrm{e}^{-\frac{t}{\tau}},\ t\geqslant 0 \tag{8-81}$$

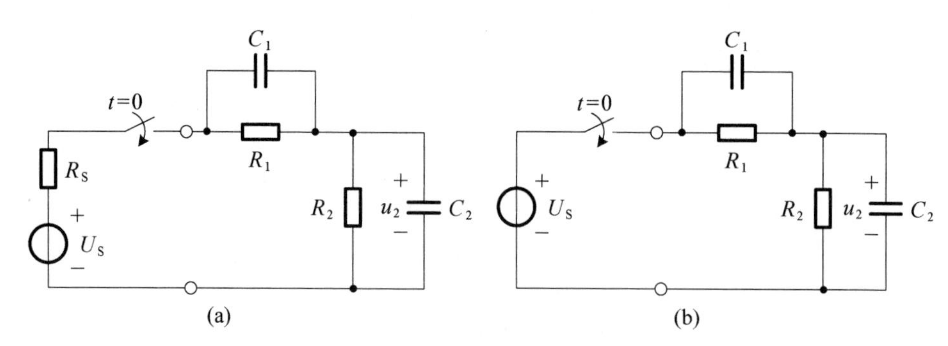

图 8-24　补偿分压器电路

(a) 补偿分压器;(b) 简化电路

式中,$\tau=\dfrac{R_1R_2}{R_1+R_2}(C_1+C_2)$。由式(8-81)可以看出,补偿电容 C_1 应满足 $\dfrac{R_2U_S}{R_1+R_2}=\dfrac{C_1U_S}{C_1+C_2}$,亦即 $R_1C_1=R_2C_2$。当调节 C_1 使之满足 $R_1C_1=R_2C_2$,则分压器表现如同一个纯电阻分压器。

值得注意的是,由于图 8-24(b)电路中存在纯电容和电压源构成的回路,因此电容中出现了冲激电流。而在图 8-24(a)电路中则不存在冲激电流。出现这种矛盾情况是由于图 8-24(b)电路过于理想化的缘故。尽管如此,利用图 8-24(b)电路进行分析,计算简便,而且也能较好地近似反映实际情况。

8.7.3　结语

(1) 上面通过举例说明,电容电压和电感电流的跃变可以在多种情况下发生,而不仅限于一般教科书所指出的两种情形。值得注意的是,采用时域法分析动态电路时,分析的起点是 $t=0_+$ 时刻,此时应注意电容电压和电感电流的跃变问题;而采用拉氏变换分析动态电路时,分析的起点是 $t=0_-$ 时刻,分析过程避开了电容电压和电感电流的跃变问题。因此,采用拉氏变换分析动态电路更有优势。

(2) 对实际电路而言,换路定律成立。电容电压和电感电流的跃变是对实际电路理想化建模所出现的情况。在教学中应正确认识两者之间的关系。

(3) 正确理解电容电压和电感电流的跃变,有助于简化电路的分析。

参考文献

[1] 李瀚荪.简明电路分析基础[M].北京：高等教育出版社，2002.

[2] 段哲民，范世贵.信号与系统[M].西安：西北工业大学出版社，1997.

[3] Edward W K, Bonnie S H. Fundamentals of signals and systems using the web and Matlab[M]. 北京：科学出版社，2002.

[4] 苏中义，陈洪亮，李丹.基本电路理论[M].上海：上海科技文献出版社，2002.

[5] 陈洪亮，张峰，田社平.电路基础[M].2 版.北京：高等教育出版社，2015.

[6] 张美玉.电路题解 400 例及学习考研辅导[M].北京：机械工业出版社，2003.

[7] Nilsson J W, Riedel S A. Electric circuits [M]. 7ed. New York: Prentice Hall, 2005.

[8] 狄苏尔 C A，葛守仁.电路基本理论[M].北京：人民教育出版社，1979.

[9] 于歆杰，朱桂萍，陆文娟.电路原理[M].北京：清华大学出版社，2007.

[10] 孙玉坤，陈晓平.电路原理[M].北京：机械工业出版社，2006.

第9章 正弦波振荡电路

振荡电路是一种不需要外接激励就能将直流能量转换成具有一定频率和幅值，并按一定波形输出交流能量的电路，按振荡波形可分为正弦波振荡电路和非正弦波振荡电路[1]。本章通过一些典型的常见正弦波振荡电路的分析，展示这类电路的分析方法和分析特点，以帮助读者加深对振荡电路的理解。

9.1 正弦波振荡电路的负阻分析方法

正弦波振荡电路是电子技术中的一种基本电路，它在测量、通信、无线电技术、自动控制和热加工等许多领域有着广泛的应用。正弦波振荡电路具有不同的实现形式，如 LC 振荡电路、RC 桥式振荡电路、RC 移相式振荡电路等。对正弦波振荡电路的分析方法也不尽相同，如基于反馈的原理或基于负阻的概念来推导电路的幅值、相位平衡条件，这些方法均能指导振荡电路的设计和应用，结论是殊途同归的。

负电阻是一种满足欧姆定律的有源元件[2]，它具有中和正电阻的作用。从能量的角度看，振荡电路之所以能够在没有外接激励的情况下输出振荡波形，是因为电路中的耗能元件（正电阻）所消耗的能量能够通过某种形式得到补充。换言之，如果电路中不存在等效的正电阻，亦即电路中耗能元件的等效值为零，则一旦电路输出振动波形，则这一波形能够得到持续的输出。下面从能量的角度，利用负阻的概念对一般正弦波振荡电路进行分析，从而说明这一分析方法的有效性和普遍性。

9.1.1 正弦波振荡电路的一般模型

如图 9－1 所示分别为 RLC 串联电路和 GCL 并联电路，如果电路中的参数分别满足电阻$R_N=-R$和电导$G_N=-G$，则这两个电路均等效为一个LC回路。此时如果LC回路存在(初始)能量，则回路中的电压、电流响应量均为正弦量。因此LC回路可构成一个正弦波振荡电路，且正弦波的振荡角频率满足$\omega=1/\sqrt{LC}$。

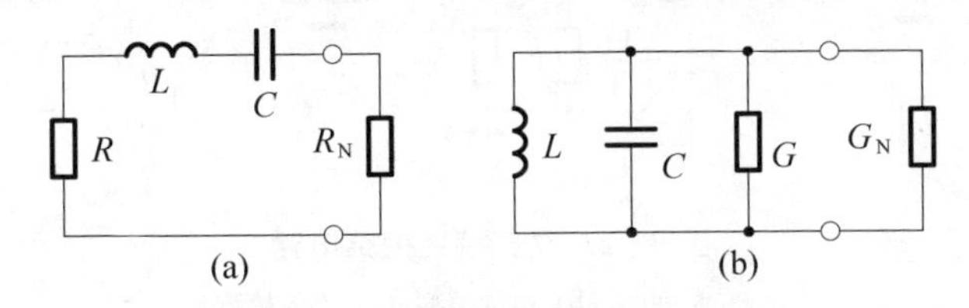

图9-1　正弦波振荡电路的基本模型

(a) 串联型；(b) 并联型

对图9-1所示的电路模型，具有如下结论：

(1) 电路等幅振荡的条件为$R_N=-R$或者$G_N=-G$，且振荡角频率为$\omega=1/\sqrt{LC}$。

(2) 电路增幅振荡的条件为$R_N+R<0$或者$G_N+G<0$，此为电路的起振条件。

(3) 当$R_N+R>0$或者$G_N+G>0$时，电路的响应为衰减振荡(欠阻尼)或无振荡(过阻尼、临界阻尼)形式。

(4) 当电路处于等幅振荡的情形时，LC回路的阻抗(或导纳)之和为零。这是因为此时有$1/(\omega C)=\omega L$，亦即$1/(j\omega C)+j\omega L=0$或者$1/(j\omega L)+j\omega C=0$。此结论可作为正弦波振荡电路的一般分析方法加以运用。

由此可得出基于上述模型分析一般正弦波振荡电路的方法为：

(1) 将正弦波振荡电路等效为上述串联模型或并联模型。

(2) 令回路阻抗(或导纳)为零，由此得到电路的振荡条件和正弦波振荡频率。

下面以文氏桥式振荡电路和电容三点式振荡电路为例加以说明。

9.1.2　应用实例

9.1.2.1　文氏桥式振荡电路

如图9-2(a)所示电路为文氏桥式振荡电路的原理图[3]。该电路不存在激励，但在元件参数满足一定条件的情况下，电路中仍能发生、输出正弦波电压、电流，下面推导这一条件。

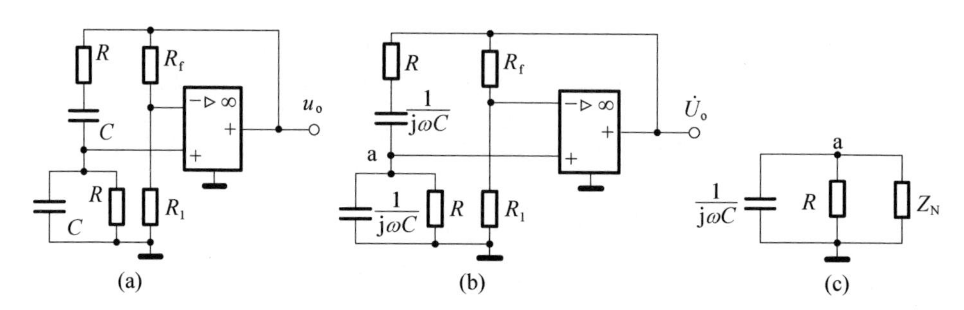

图 9-2 文氏桥式振荡电路

(a) 原理图;(b) 相量模型;(c) 等效模型

作出相量模型如图 9-2(b)所示。可以看出,RC 串联支路、R_1、R_f和运放构成一负阻抗电路,从 a 点和参考节点看去的等效负阻抗为

$$Z_N = -\frac{R_1}{R_f}\left(R + \frac{1}{j\omega C}\right) \tag{9-1}$$

这样,图 9-2(b)所示的相量模型可等效为图 9-2(c)所示的模型,因此电路的振荡条件为并联各支路的导纳之和为零,即

$$j\omega C + 1/R + 1/Z_N = 0 \tag{9-2}$$

将式(9-1)代入上式,得

$$j\omega C + \frac{1}{R} - \frac{R_f}{R_1}\frac{j\omega C}{1 + j\omega RC} = 0 \tag{9-3}$$

整理后得到

$$\frac{1}{R} - \omega^2 RC^2 + j\omega C\left(2 - \frac{R_f}{R_1}\right) = 0 \tag{9-4}$$

令上式的实部、虚部分别为零,即可得到电路的振荡条件和振荡频率为

$$\left.\begin{aligned} R_f &= 2R_1 \\ \omega &= 1/(RC) \end{aligned}\right\} \tag{9-5}$$

由式(9-1)可知,减小式(9-1)中 Z_N的实部绝对值,则电路的响应为增幅振荡波形,因此电路的起振条件为 $R_f > 2R_1$。

9.1.2.2 电容三点式振荡电路

如图 9-3(a)所示电路为电容三点式振荡电路的原理图[3],其中三极管的电路模型如图 9-3(b)所示。试求电路的振荡条件和振荡频率。

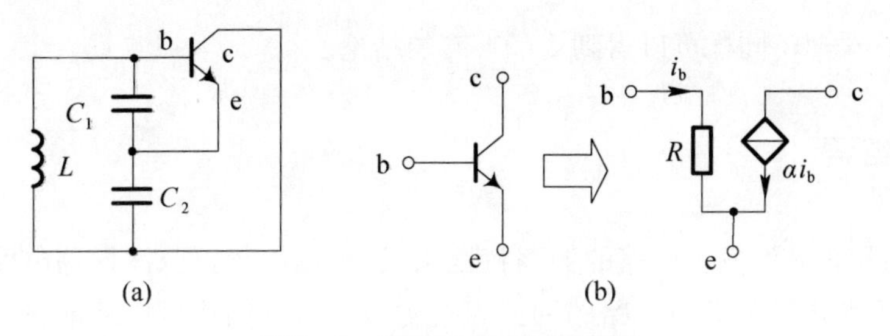

图 9－3　电容三点式振荡电路

(a) 原理图；(b) 三极管的电路模型

画出相量模型如图 9－4 所示。先求从电感 L 两端向右看去的等效阻抗。由图 9－4 可列写如下 KVL 方程

$$\left.\begin{aligned} \dot{U} &= R\dot{I}_b + \frac{1}{j\omega C_2}(\alpha\dot{I}_b + \dot{I}) \\ R\dot{I}_b &= \frac{1}{j\omega C_1}(\dot{I} - \dot{I}_b) \end{aligned}\right\} \quad (9-6)$$

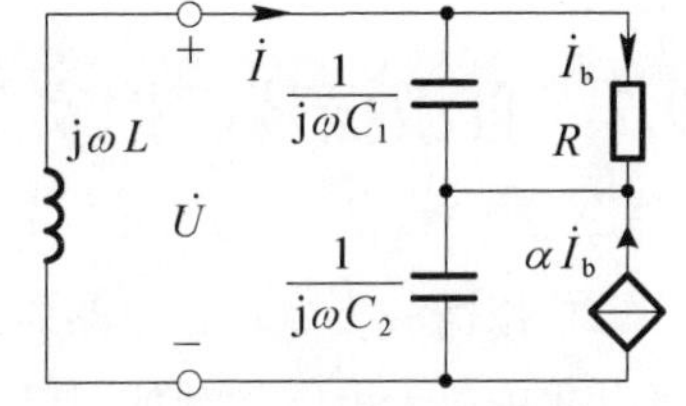

图 9－4　电容三点式振荡电路的相量模型

由上式可求得从电感 L 两端向右看去的等效阻抗 Z_{NL} 为

$$Z_{NL} = \frac{\dot{U}}{\dot{I}} = \frac{1+\alpha+j\omega R(C_1+C_2)}{-\omega^2 RC_1C_2 + j\omega C_2} \quad (9-7)$$

令 $j\omega L + Z_{NL} = 0$，整理后得到

$$1+\alpha-\omega^2 LC_2 + j[\omega R(C_1+C_2) - \omega^3 RLC_1C_2] = 0 \quad (9-8)$$

令上式的实部、虚部分别为零，即可得到电路的振荡条件和振荡频率为

$$\left.\begin{aligned} \alpha &= \frac{C_2}{C_1} \\ \omega &= \sqrt{\frac{C_1+C_2}{LC_1C_2}} \end{aligned}\right\} \quad (9-9)$$

将式(9－9)中的 ω 值代入式(9－7)，可知，当 $\alpha > C_2/C_1$ 时，Z_{NL} 的实部为负，因此电路的起振条件即为 $\alpha > C_2/C_1$。

也可先求出从 C_1、C_2 或者 R 两端看出去的等效阻抗，然后再进行分析。比如，从 R 两端看出去的等效阻抗为

$$Z_{NR} = \frac{j[\omega L - (1+\alpha)/(\omega C_2)]}{1 + C_1/C_2 - \omega^2 LC_1} \quad (9-10)$$

令 $R+Z_{NL}=0$，同样可以得到式(9-9)的结论。

9.1.3 结语

上面从正弦波发生电路的振荡特性出发，得出一般正弦波振荡电路的振荡条件，即振荡电路的等效回路的回路阻抗为零。这一结论可以从能量的角度得到合理的解释，也就是当电路中的等效负电阻与电路中的正电阻完全抵消时，电路的振荡得以维持。通过对文氏桥式振荡电路、电容三点式振荡电路的分析，验证了这一方法的正确性。

9.2 自激振荡虚拟实验电路设计及其仿真

负反馈放大电路是电路应用的重要形式。在放大电路的设计中，引入负反馈可以改善放大电路的性能，其性能的改善取决于反馈深度，反馈越深，放大电路的性能越优良。然而反馈过深，有时放大电路就不能稳定地工作，而产生自激振荡[4]。因此，在实际应用中，如果电路设计不合理，则往往会产生有害的自激振荡。

负反馈放大电路自激振荡的教学也一直是模拟电路教学的难点。为了取得良好的教学效果，实际教学时除了对自激振荡现象进行理论分析、推导之外，还应通过制作实际实验电路或者通过电路仿真，来再现自激振荡产生及消除过程。采用电路仿真不仅可以方便对负反馈放大电路各种工作情况进行动态仿真研究，而且很容易获得对电路进行各种分析的结果，既简单又直观，可达到事半功倍的效果。文献[5]给出了一个由两个跨导级、一个电压缓冲器组成的三极点运放模型，用于自激振荡现象及其消除的理论分析。该模型是一线性模型，没有限幅环节，因此无法进行自激振荡波形的输出演示。文献[6]给出了一种由四运放构成的开环电路，尽管可进行仿真演示，但其中电阻参数高达 99.99 MHz，与实际应用相差较大。该电路的第一级放大器输入电阻较小(kΩ 级)，这使得仿真结果的精度偏低。

下面讨论产生自激振荡负反馈放大电路的仿真例子，通过理论分析并借助 Multisim 仿真，可简单而直观地演示自激振荡现象。

9.2.1 负反馈放大电路设计

对负反馈放大电路，假设开环放大电路的频率特性函数为 $A(\mathrm{j}f)$，反馈网络

的频率特性函数为 $F(\mathrm{j}f)$，则其产生自激振荡后的平衡条件为[4]

$$\begin{cases}|A(\mathrm{j}f)F(\mathrm{j}f)|=1\\ \angle A(\mathrm{j}f)+\angle F(\mathrm{j}f)=(2n+1)\pi \quad (n\ \text{为整数})\end{cases} \tag{9-11}$$

起振条件为

$$|A(\mathrm{j}f)F(\mathrm{j}f)|>1 \tag{9-12}$$

一般来说，负反馈放大电路的环路增益必须至少包含三个转折频率，才可能产生自激振荡。为此，设定开环放大电路由两级单极点放大电路串联而成，反馈网络由单极点网络构成，如图 9-5 所示。为简化设计，整个电路由运放 OP07CD 以及外围分立元件组成。

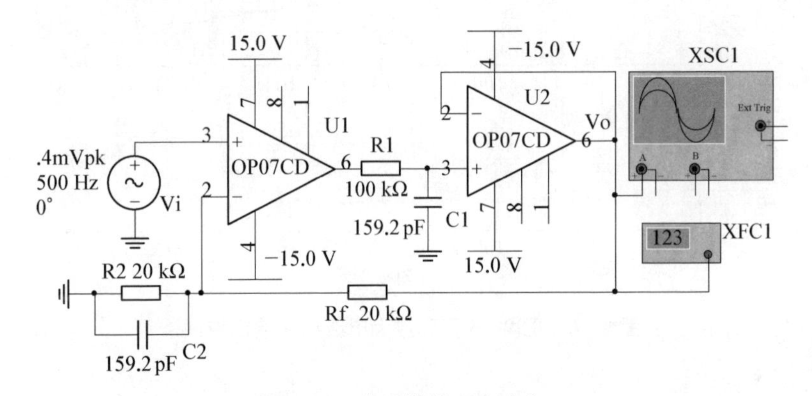

图 9-5 负反馈放大电路之一

由 OP07CD 的性能参数可知，其开环增益为 4×10^5，单位增益带宽为 0.6 MHz，因此图 9-5 所示电路环路增益的频率特性函数为

$$A(\mathrm{j}f)F(\mathrm{j}f)=\frac{4\times10^5}{1+\mathrm{j}\dfrac{f}{6\times10^5/(4\times10^5)}}\times\frac{1}{1+\mathrm{j}\dfrac{f}{1/(2\pi R_1C_1)}}\times\frac{R_2/(R_2+R_f)}{1+\mathrm{j}\dfrac{f}{1/(2\pi R_2 /\!/ R_fC_2)}} \tag{9-13}$$

代入图 9-5 电路中的参数，得到

$$A(\mathrm{j}f)F(\mathrm{j}f)=\frac{2\times10^5}{(1+\mathrm{j}f/1.5)(1+\mathrm{j}f/10^4)(1+\mathrm{j}f/10^5)} \tag{9-14}$$

由上式可算得 $f_{\angle[A(jf)F(jf)]=180^\circ} \approx 31.6\ \text{kHz}$。显然，$f_{\angle[A(jf)F(jf)]=180^\circ}$ 即为自激振荡的频率。此频率对应的环路增益为 2.7 倍。

值得指出的是，上述分析假设运放 U_2 为理想运放。

也可采用 Multisim 的交流分析功能得到环路增益的频率特性，将图 9－5 中 U_1 的 2 端与反馈网络断开，将 2 端接地，以断开点为输出测量点，得到环路增益的频率特性如图 9－13 所示。由图 9－6 可大致确定 $f_{\angle[A(jf)F(jf)]=180^\circ}$ 约为 23 kHz，此频率所对应的环路增益约为 3 倍。此结果与由式(9－13)计算得到的结果大致接近。

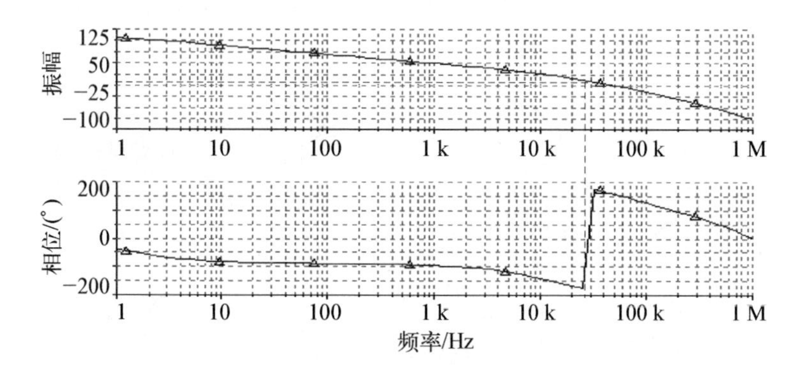

图 9－6　图 9－5 开环放大电路频率响应特性

9.2.2　自激振荡的观察

按图 9－5 连线可以观察自激振荡现象。输出波形由示波器 XSC1 测量，自激振荡频率由频率计 XFC1 测量。当电路元件参数满足式(9－12)时，应可观察到自激振荡波形输出。部分参数取值及仿真结果如表 9－1 所示。由表 9－1 可知，仿真结果与实际分析基本一致。图 9－7(b)、(d)、(f)分别给出了对应时域波形的傅里叶分析结果，从中可以更清晰地看出时域波形中的信号频率成分和自激振荡频率成分。

表 9－1　反馈网络电阻取值及仿真结果

	输入信号 V_i 幅值及频率	R_f	R_2	是否满足式(9－12)	电压 V_o 波形	自激振荡频率
1	2 V、500 Hz	20 kΩ	20 kΩ	满足	图 9－7(a)	22.8 kHz
2	0.2 V、500 Hz	100 kΩ	20 kΩ	满足	图 9－7(c)	22.2 kHz
3	0.2 V、1 kHz	200 kΩ	20 kΩ	不满足	图 9－7(e)	无

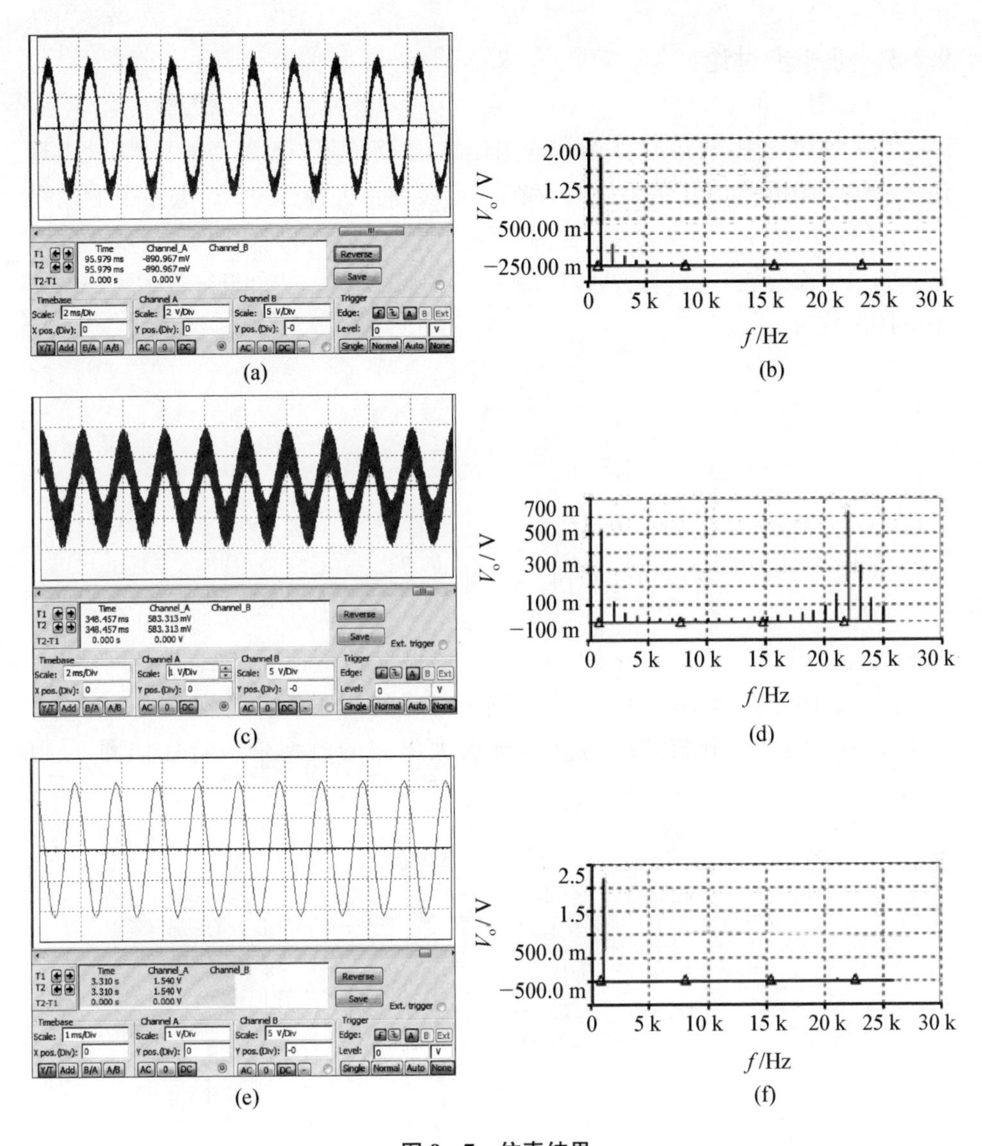

图 9 - 7　仿真结果

(a) 仿真结果 1；(b) 仿真结果 1 的傅里叶分析；(c) 仿真结果 2；
(d) 仿真结果 2 的傅里叶分析；(e) 仿真结果 3；(f) 仿真结果 3 的傅里叶分析

由式(9 - 12)可知，负反馈深度越深，则自激振荡越容易起振，且自激振荡波形幅值越大，甚至产生非线性失真，此时测得的自激振荡的频率不稳定。随着负反馈系数的减小，则自激振荡波形的幅值也减小，其振荡频率也变得稳定。进一步减小负反馈系数，使其不满足起振条件，则不产生自激振荡。

9.2.3 进一步讨论

在上述讨论中，将运放 U_2 看作理想运放，忽略了其固有的实际特性，使得理论分析结果与电路仿真结果之间存在一定误差。去掉图 9-5 电路中的电容 C_2，由 U_2 及 R_3、R_4 构成放大倍数为 2 的同相放大器，得到如图 9-8 所示的电路。如果考虑运放 U_2 的特性，则由图 9-8 中元件参数，可知开环放大电路的频率特性函数为

$$A(\mathrm{j}f)=\frac{4\times10^5}{1+\mathrm{j}\dfrac{f}{1.5}}\times\frac{1}{1+\mathrm{j}\dfrac{f}{10^4}}\times\frac{2}{1+\mathrm{j}\dfrac{f}{6\times10^5\div2}}$$

$$=\frac{8\times10^5}{\left(1+\mathrm{j}\dfrac{f}{1.5}\right)\left(1+\mathrm{j}\dfrac{f}{10^4}\right)\left(1+\mathrm{j}\dfrac{f}{3\times10^5}\right)}\tag{9-15}$$

由上式可算得 $f_{\angle A(\mathrm{j}f)=180^\circ}\approx54.7$ kHz。如果反馈网络采用纯电阻网络，则 $f_{\angle A(\mathrm{j}f)=180^\circ}$ 即为自激振荡的频率。此频率对应的开环放大倍数为 3.9 倍。采用 Multisim 的交流分析功能得到开环放大电路的频率响应特性如图 9-9 所示。

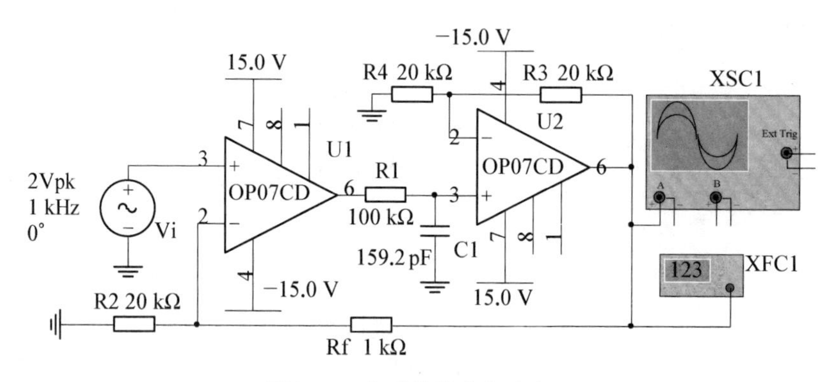

图 9-8　负反馈放大电路之二

对图 9-8 所示电路，不难验证其满足自激振荡起振条件。利用 Multisim 观察电路的输出，如图 9-10 所示，测得自激振荡信号的频率为 53.3 kHz，与分析结果十分接近。

由式(9-12)还可进一步得出为保证产生自激振荡，反馈网络电阻应满足的

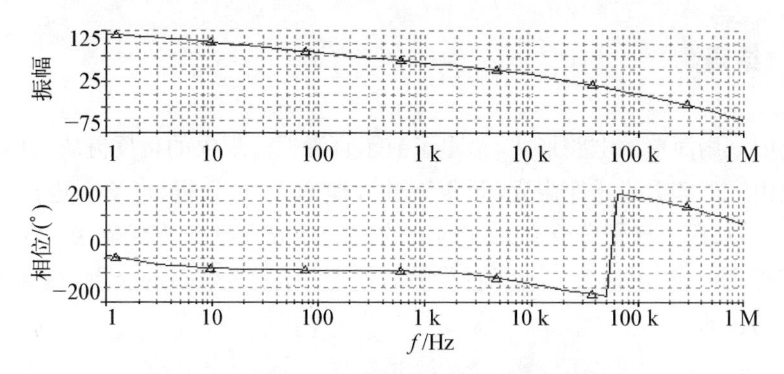

图 9 - 9　图 9 - 8 开环放大电路的频率响应特性

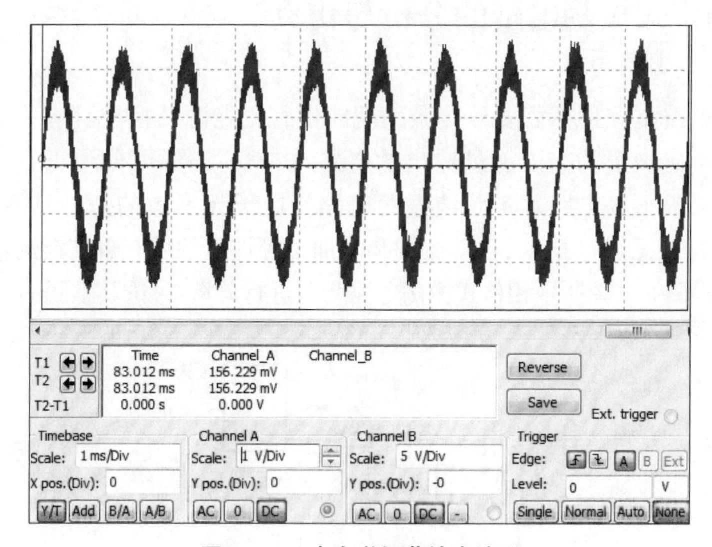

图 9 - 10　含自激振荡输出波形

条件。由图 9 - 8，反馈系数为

$$F(\mathrm{j}f)=\frac{R_2}{R_\mathrm{f}+R_2} \tag{9-16}$$

为了能够观察自激振荡现象，由式(9 - 12)可求出反馈系数 $F(\mathrm{j}f)$应满足

$$|A(\mathrm{j}f_{\angle A(\mathrm{j}f)=180^\circ})F(\mathrm{j}f_{\angle A(\mathrm{j}f)=180^\circ})|>1 \tag{9-17}$$

取 $|A(\mathrm{j}f_{\angle A(\mathrm{j}f)=180^\circ})|=3.9$，则有

$$\frac{R_2}{R_\mathrm{f}+R_2}>\frac{1}{3.9}\quad 或\quad R_\mathrm{f}<2.9R_2 \tag{9-18}$$

9.2.4 结语

上面采用简单的电路形式，给出了演示自激振荡现象的负反馈放大电路，该电路仅由运放和 RC 元件构成，既便于进行理论推导、分析，也便于进行仿真演示，避免了采用三极管等分立元件构成的负反馈放大电路的复杂性。在上述电路的基础之上，还可通过修改元件参数，改变开环放大电路的极点，达到消除自激振荡的目的。

9.3 相移式振荡电路的分析与仿真

振荡电路是一种不需要外接激励就能使直流能源转换成具有一定频率和幅度以及一定波形的交流能量输出的电路，按振荡波形可分为正弦波振荡电路和非正弦波振荡电路。正弦波振荡电路是电子技术中的一种基本电路，它在测量、通信、无线电技术、自动控制和热加工等许多领域有着广泛的应用。

下面以图 9－11 所示相移式振荡电路为例进行分析，讨论其不同的分析方法。

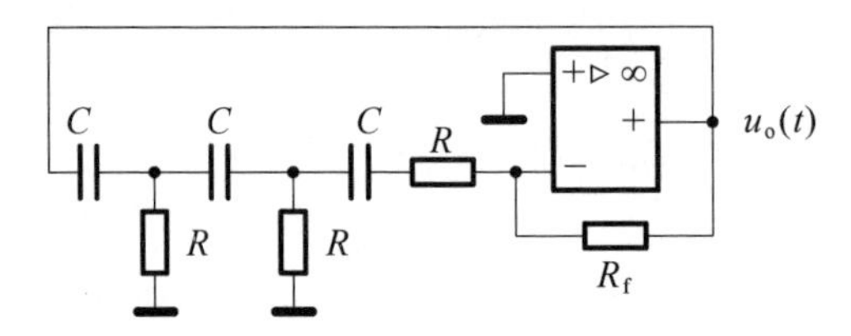

图 9－11　相移式振荡电路的原型

9.3.1 电路正弦振荡条件分析

可以从不同的角度来分析电路维持正弦振荡的条件。这里从电路方程的解、电路的固有频率、电路的反馈特性、电路的 LC 回路等效等四个方面加以分析。

9.3.1.1　根据电路方程存在正弦稳态解进行分析

如果电路能够维持正弦振荡，则电路所对应的方程存在正弦稳态解[3]。作出图 9－11 电路的相量模型如图 9－12 所示。注意到 $U_3(\mathrm{j}\omega)=0$，则可列写如下

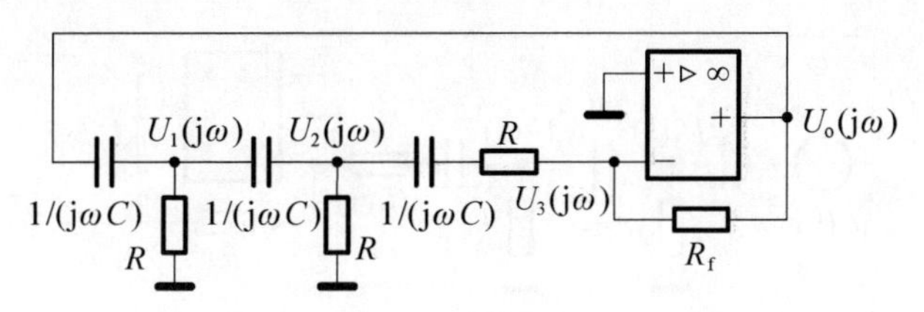

图9-12 相移式振荡电路的相量模型

节点方程

$$\begin{cases}(j\omega C+1/R+j\omega C)U_1(j\omega)-j\omega CU_2(j\omega)-j\omega CU_o(j\omega)=0\\ -j\omega CU_1(j\omega)+\{j\omega C+1/R+1/[R+1/(j\omega C)]\}U_2(j\omega)=0\\ -1/[R+1/(j\omega C)]U_2(j\omega)-(1/R_f)U_o(j\omega)=0\end{cases} \tag{9-19}$$

上述方程组有解的条件是方程组的系数行列式为零,即

$$\begin{vmatrix} j\omega C+1/R+j\omega C & -j\omega C & -j\omega C \\ -j\omega C & j\omega C+1/R+1/[R+1/(j\omega C)] & 0 \\ 0 & -1/[R+1/(j\omega C)] & -1/R_f \end{vmatrix}=0 \tag{9-20}$$

由式(9-20)得

$$\frac{6R^2C^2\omega^2-1+j[(R^3C^3+R^2R_fC^3)\omega^3-5RC\omega]}{jR^3R_fC\omega+R^2R_f}=0 \tag{9-21}$$

令上式中分子的实部和虚部分别为零,即可得到

$$\begin{cases}\omega=\dfrac{1}{\sqrt{6}RC}\\ R_f=29R\end{cases} \tag{9-22}$$

上式即为电路维持正弦振荡波形的条件,且为唯一的非零可行解。

9.3.1.2 根据电路固有频率为纯虚数进行分析

如果电路存在一个纯虚数的固有频率,则电路的响应中必存在正弦振荡响应[7]。画出图9-11电路的 s 域模型如图9-13所示。为分析方便起见,假设仅有一个电容的初始电压值不为零。注意到 $U_3(s)=0$,则可列写如下节点方程

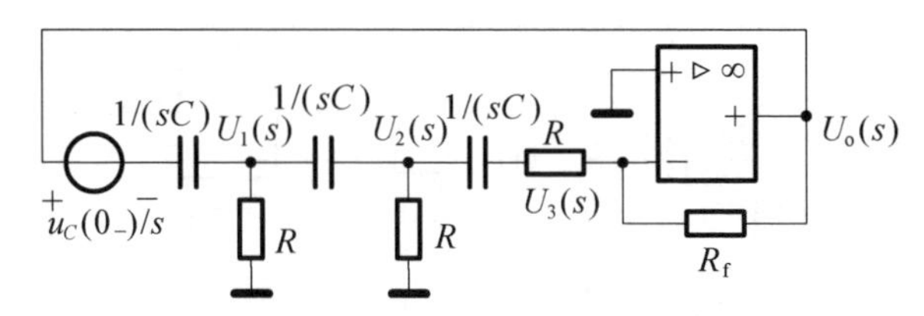

图 9-13 相移式振荡电路的 s 域模型

$$\begin{cases}(sC+1/R+sC)U_1(s)-sCU_2(s)-sCU_o(s)=-Cu_C(0_-)\\ -sCU_1(s)+\{sC+1/R+1/[R+1/(sC)]\}U_2(s)=0\\ -1/[R+1/(sC)]U_2(s)-(1/R_f)U_o(s)=0\end{cases} \tag{9-23}$$

求解上述方程组，可解 $U_o(s)$ 为

$$U_o(s)=-\frac{R^2R_fC^3u_C(0_-)s^2}{(R^3C^3+R^2R_fC^3)s^3+6R^2C^2s^2+5RCs+1} \tag{9-24}$$

假设 $s=j\omega$ 是 $U_o(s)$ 的一个固有频率(极点)，则有

$$1-6R^2C^2\omega^2+j[5RC\omega-(R^3C^3+R^2R_fC^3)\omega^3]=0 \tag{9-25}$$

令上式左边的实部和虚部分别为零，即可得到与式(9-22)相同的电路正弦振荡条件。

由式(9-24)还可以得出如下结论，当 $R_f>29R$ 时，$U_o(s)$ 的固有频率位于 s 平面的右半平面，亦即其响应为指数增长的振荡波形。因此，电路的起振条件为 $R_f>29R$。

9.3.1.3 根据环路增益等于 1 的条件进行分析

根据反馈原理，如果电路的环路增益为 1，则电路能够维持正弦振荡响应[1]。如图 9-14 所示，将电路环路断开，其中 R_i 为从断开点向右看去的等效阻抗，显然 $R_i=R$。从断开点施加电压 $U_i(s)$，则环路增益为 $U_f(s)/U_i(s)$。对上述电路可列写如下电路方程

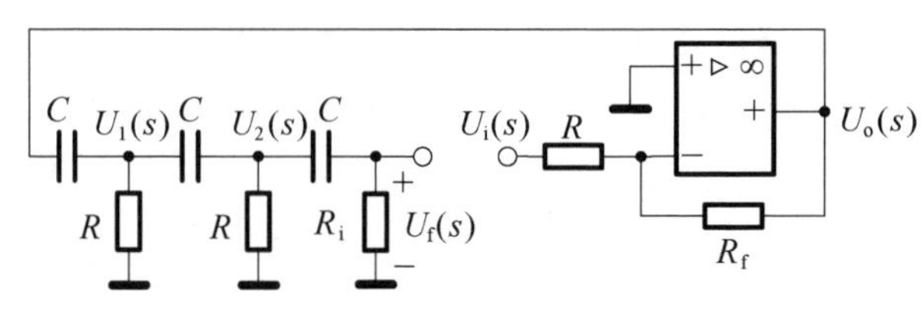

图 9-14 求环路增益

$$\begin{cases} U_o(s) = -R_f/RU_i(s) \\ (sC+1/R+sC)U_1(s) - sCU_2(s) - sCU_o(s) = 0 \\ -sCU_1(s) + (sC+1/R+sC)U_2(s) - sCU_f(s) = 0 \\ -sCU_2(s) + (1/R+sC)U_f(s) = 0 \end{cases} \tag{9-26}$$

由上述方程组消去 $U_1(s)$、$U_2(s)$、$U_o(s)$，可求得环路增益为

$$\frac{U_f(s)}{U_i(s)} = -\frac{R^2R_fC^3s^3}{R^3C^3s^3+6R^2C^2s^2+5RCs+1} \tag{9-27}$$

令 $s=j\omega$，则由电路振荡条件 $U_f(j\omega)/U_i(j\omega)=1$ 可得

$$1-6R^2C^2\omega^2+j[5RC\omega-(R^3C^3+R^2R_fC^3)\omega^3]=0 \tag{9-28}$$

令上式中的实部和虚部分别为零，同样可得到电路正弦振荡条件式(9-22)。

不难验证，当 $R_f>29R$ 时，有 $|U_f(j\omega)/U_i(j\omega)|>1$。因此，电路的起振条件为 $R_f>29R$。

9.3.1.4　根据等效 LC 回路进行分析

对于 LC 回路，如果回路中存在正弦振荡响应，由于电路中不含消耗能量的电阻，因此该正弦振荡能够得以维持。为此，先求从图 9-11 电路左边电容两端看出去的等效阻抗。采用外加电源的方法求解，相量模型如图 9-15(a)所示。列写电路的节点方程

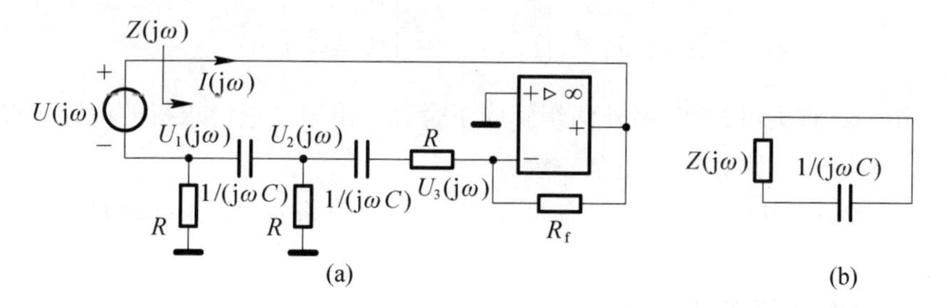

图 9-15　求解从图 9-11 电路左边电容两端看出去的等效阻抗

(a) 相量模型；(b) 相量模型的等效

$$\begin{cases} (j\omega C+1/R)U_1(j\omega) - j\omega CU_2(j\omega) = -I(j\omega) \\ -j\omega CU_1(j\omega) + \{j\omega C+1/R+1/[R+1/(j\omega C)]\}U_2(j\omega) = 0 \\ -1/[R+1/(j\omega C)]U_2(j\omega) - (1/R_f)[U(j\omega)+U_1(j\omega)] = 0 \end{cases} \tag{9-29}$$

由上述方程可求得

$$Z(\mathrm{j}\omega)=\frac{U(\mathrm{j}\omega)}{I(\mathrm{j}\omega)}=\frac{R(1-R^2C^2\omega^2-RR_\mathrm{f}C^2\omega^2+\mathrm{j}3\omega RC)}{(1+\mathrm{j}\omega RC)(1+\mathrm{j}3\omega RC)}$$
$$=\frac{[3R^4C^4(R+R_\mathrm{f})\omega^4+R^2C^2(8R-R_\mathrm{f})\omega^2+R]+\mathrm{j}[R^3C^3(4R_\mathrm{f}-5R)\omega^3-R^2C\omega]}{(1+\omega^2R^2C^2)(1+9\omega^2R^2C^2)}$$
$$=R_\mathrm{e}+\mathrm{j}\omega L_\mathrm{e} \tag{9-30}$$

如图 9-15(b)所示，电路维持正弦振荡的条件为 $R_\mathrm{e}=0$，亦即

$$3R^4C^4(R+R_\mathrm{f})\omega^4+R^2C^2(8R-R_\mathrm{f})\omega^2+R=0 \tag{9-31}$$

而振荡频率满足

$$\omega^2=\frac{1}{L_\mathrm{e}C}=\frac{(1+\omega^2R^2C^2)(1+9\omega^2R^2C^2)}{R^3C^4(4R_\mathrm{f}-5R)\omega^2-R^2C^2} \tag{9-32}$$

为联立求解上述式(9-31)、式(9-32)，令 $x=R^2C^2\omega^2$，$k=R_\mathrm{f}/R$，则上述方程可简化为

$$\begin{cases}3(1+k)x^2+(8-k)x+1=0\\(4k-5)x^2-x=(1+x)(1+9x)\end{cases} \tag{9-33}$$

利用 Matlab 软件编程解得上述方程组的解为

$$\begin{cases}x_1=1/6\\k_1=29\end{cases},\begin{cases}x_2=-1\\k_2=1\end{cases},\begin{cases}x_3=-1\\k_3=-1/9\end{cases} \tag{9-34}$$

显然，第一组解为可行解，另外两组解应予舍弃。由第一组解求得的电路正弦振荡条件与式(9-22)相同且完全一致。

不难验证，当 $R_\mathrm{f}>29R$ 时，有 $R_\mathrm{e}<0$。因此，电路的起振条件为 $R_\mathrm{f}>29_\mathrm{R}$。

9.3.2 电路仿真实例

采用 Multisim 软件可对相移式振荡电路的振荡特性进行观察。仿真电路如图 9-16 所示。当二极管不接入电路时，可知 $R_\mathrm{f}=R_4+R_5=40\ \mathrm{k\Omega}>29R=29\ \mathrm{k\Omega}$，满足起振条件。此时电路中运放 AD711 的输出电压波形如图 9-17(a)所示。可以看出，电压输出幅值增大到一定程度时，会受到电源电压限制而导致饱和失真。为此，可在 R_4 两端并联两个反接的二极管，当电压输出达到一定幅度后，会使二极管导通，从而维持 $R_\mathrm{f}=29R$ 的条件并使电路输出正弦波形，如

图 9 - 17(b)所示。利用虚拟频率计测得正弦振荡的频率为 646.3 Hz，与理论计算结果 647.7 Hz 非常吻合。

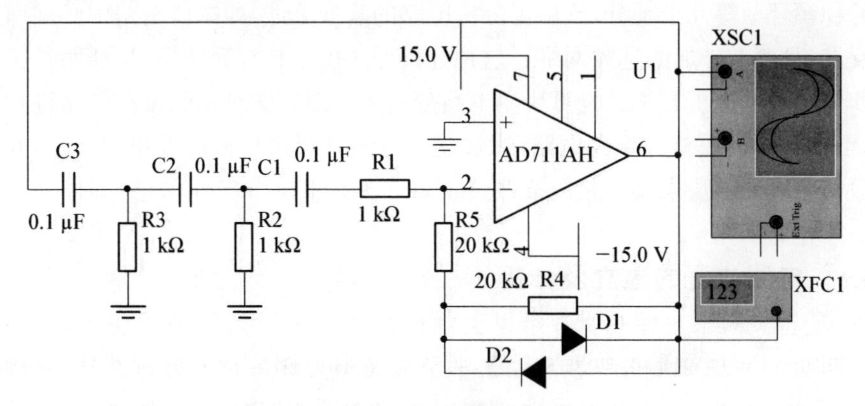

图 9 - 16　仿真电路

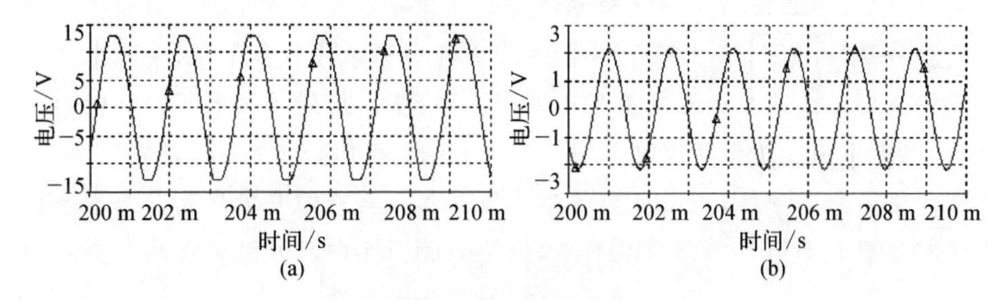

图 9 - 17　电压输出波形

(a) 未限幅时的输出；(b) 二极管限幅后的输出

9.3.3　结语

在电路理论中，对正弦振荡电路有一整套常见的分析方法，其中最为典型的是基于电路反馈原理而展开的。上面以相移式振荡电路为例，对分析方法进行小结，所得结果完全相同，相互印证，拓展了分析的思路。当然，除上述讨论的分析外，还可从时域对相移式振荡电路加以分析，但分析过程较为复杂[8]。

9.4　文氏桥式振荡电路特性及数值分析

正弦振荡电路是一类具有广泛应用价值的电路。可以采用反馈的概念来分析正弦振荡电路的特性，即将正弦波振荡电路分成放大电路、形成正反馈并满足相位平衡条件的反馈网络、具有频率选择特性的选频网络以及能够稳定输出波形的稳幅环节等几个部分，然后再分析电路的起振条件，即振荡电路中必须引入正反馈，且要有外加的选频网络。这种分析方法由于具有简便性，被证明是工程中非常实用的分析方法。也可采用电路分析的一般方法对正弦振荡电路进行分析，下面针对文氏桥式振荡电路，通过建立电路方程来分析该电路的特性，并采用数值仿真的方法来模拟起振条件。

9.4.1　电路方程的建立及分析

图 9-18 为文氏桥式振荡电路，首先建立其电路方程并分析其基本特性。

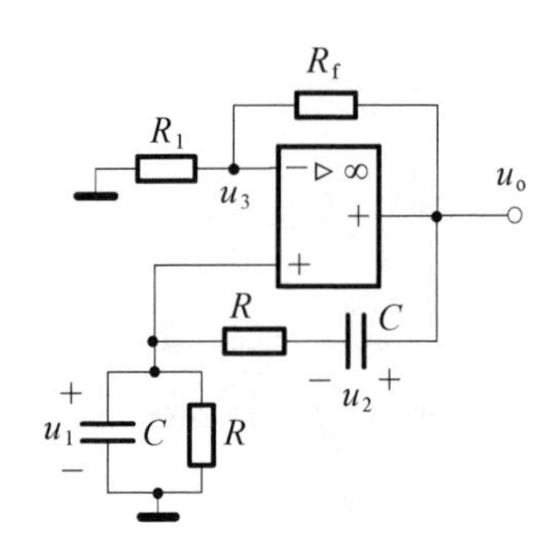

图 9-18　文氏桥式振荡电路（不含非线性稳幅环节）

由理想运算放大器的“虚断”特性，对反向输入端，有

$$u_3=\frac{R_1}{R_1+R_f}u_o=u_o/k \qquad (9-35)$$

式中，$k=1+\frac{R_f}{R_1}$，为振荡电路的开环放大倍数。对同向输入端，由 KVL 有

$$u_1+u_2+RC\frac{\mathrm{d}u_2}{\mathrm{d}t}=u_o \qquad (9-36)$$

由 KCL，并利用理想运算放大器的“虚断”特性，有

$$C\frac{\mathrm{d}u_2}{\mathrm{d}t}=C\frac{\mathrm{d}u_1}{\mathrm{d}t}+\frac{u_1}{R} \qquad (9-37)$$

由理想运算放大器的“虚短”特性可知，$u_1=u_3$，由式(9-36)和式(9-37)可得图 9-18 所示文氏桥式振荡电路状态方程为

$$\begin{cases}\frac{\mathrm{d}u_1}{\mathrm{d}t}=\frac{1}{RC}[(k-2)u_1-u_2]\\ \frac{\mathrm{d}u_2}{\mathrm{d}t}=\frac{1}{RC}[(k-1)u_1-u_2]\end{cases} \qquad (9-38)$$

由式(9-35)可得输出方程为

$$u_o = k u_1 \tag{9-39}$$

由式(9-38)和式(9-39)消去u_1、u_2，得到以输出电压u_o为变量的电路方程为

$$\frac{RC}{k}\frac{\mathrm{d}^2 u_o}{\mathrm{d}t^2} + \left(\frac{3}{k} - 1\right)\frac{\mathrm{d}u_o}{\mathrm{d}t} + \frac{1}{kRC}u_o = 0 \tag{9-40}$$

分析式(9-40)，可以看出电路的响应u_o为正弦波的条件为$k=3$，相应的振荡频率为

$$\omega_0 = \frac{1}{RC} \tag{9-41}$$

必须注意，当$k=3$时输出的正弦波不是稳定的。由于外界干扰常常使得元件参数发生变化。如果由于R_1、R_f发生变化使得$k<3$，式(9-40)的特征根位于复数平面的左半平面，电路输出衰减的振荡波形；同样，如果$k>3$，式(9-40)的特征根位于复数平面的右半平面，电路输出发散的振荡波形。此时电路还须采取稳定措施使输出的正弦波的幅值得到稳定。

9.4.2 数值分析

为了稳定输出电压的幅值，一般应在电路中加入非线性环节。非线性环节的作用必须保证开环放大倍数稳定在$k=3$，即当$k<3$时，应加大R_f或减小R_1，而当$k>3$时，应减小R_f或加大R_1。在实际中一般R_f选用负温度系数的热敏电阻或R_1选用正温度系数的热敏电阻，如图9-19所示(R_f为负温度系数的热敏电阻)。

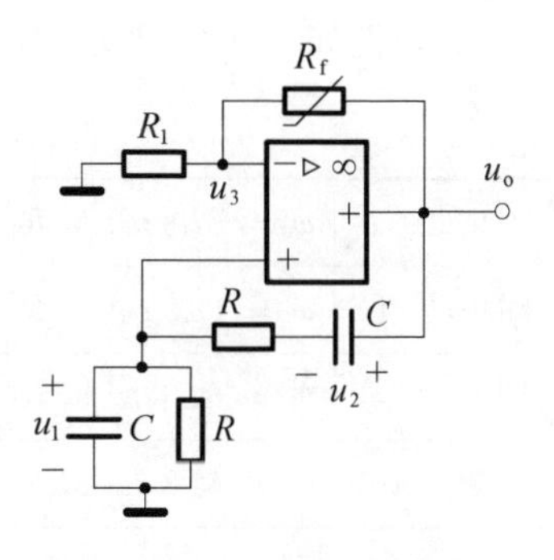

图9-19　文氏桥式振荡电路（包含非线性稳幅环节）

为便于数值分析，取非线性电阻R_f具有如下函数形式

$$R_f = k_1 R_1 - k_2 \mid u_o - u_1 \mid \tag{9-42}$$

式中，k_1、k_2为调节参数，均大于0，其中k_2的大小决定了电阻R_f的非线性程度。从式(9-42)可以看出，当电路输出衰减的正弦振荡波形时($k<3$)，此时流经R_f的电流减小，$|u_1-u_o|$减小，从而R_f增大，k也随之增大；当电路输出发散的正弦振荡波形时($k>3$)，此时流经R_f的电流增大，$|u_1-u_o|$增大，从而R_f减小，k也随之减小。可见，如果选取合适的参数k_1、k_2，R_f可保证电路输出稳定的振荡波形，k与k_1、k_2、R_f之间的关系为

$$k=1+k_1-\frac{k_2\mid u_o-u_1\mid}{R_1} \tag{9-43}$$

由式(9－38)、式(9－39)及式(9－43)可得出图 9－19 所示电路的状态方程为

$$\begin{cases}\dfrac{du_1}{dt}=\omega_0\left[\left(k_1-\dfrac{k_2\mid u_o-u_1\mid}{R_1}-1\right)u_1-u_2\right]\\\dfrac{du_2}{dt}=\omega_0\left[\left(k_1-\dfrac{k_2\mid u_o-u_1\mid}{R_1}\right)u_1-u_2\right]\end{cases} \tag{9-44}$$

输出方程为

$$u_o=\left(k_1-\frac{k_2\mid u_o-u_1\mid}{R_1}+1\right)u_1 \tag{9-45}$$

可以利用数值计算方法如龙格-库塔法[9]求解上述状态方程和输出方程，并采用 Matlab 编程进行计算。图 9－20 分别给出了取不同参数值时的计算结果。有关参数取值如表 9－2 所示，其中电容的初始电压由电路接通电源时随机获得。

表 9－2　参数取值

图 9－20(a)	$\omega_0=62.8$ rad/s, $R_1=1$ kΩ, $k_1=3$, $k_2=20$, $u_1(0)=0$ V, $u_2(0)=0.1$ V
图 9－20(b)	$\omega_0=62.8$ rad/s, $R_1=1$ kΩ, $k_1=2.1$, $k_2=2$, $u_1(0)=0.1$ V, $u_2(0)=0.1$ V
图 9－20(c)	$\omega_0=62.8$ rad/s, $R_1=1$ kΩ, $k_1=2$, $k_2=0$, $u_1(0)=0$ V, $u_2(0)=2$ V
图 9－20(d)	$\omega_0=62.8$ rad/s, $R_1=1$ kΩ, $k_1=2$, $k_2=20$, $u_1(0)=0$ V, $u_2(0)=1$ V

从计算结果可知，当 k_1 较大时，开环放大倍数较大，电路易于起振，如图 9－20(a)所示；当 k_1 较小时，开环放大倍数较小，电路要经过一定时间后才进入稳定振荡，如图 9－20(b)所示；当 $k_1=2$、$k_2=0$ 时，$k=3$，属于临界起振情况，也可以输出稳定的振荡波形，其幅值取决于初始条件，即 $u_1(0)$、$u_2(0)$的大小，如图 9－20(c)所示；图 9－20(d)中 $k_1=2$、$k_2=20$，由于 R_f 的非线性，使得开环放大倍数小于 3，电路在电容初始电压的作用下输出衰减的振荡波形。

9.4.3　结语

上面通过列写文氏桥式振荡电路的电路方程，分析了该电路的振荡特性，得

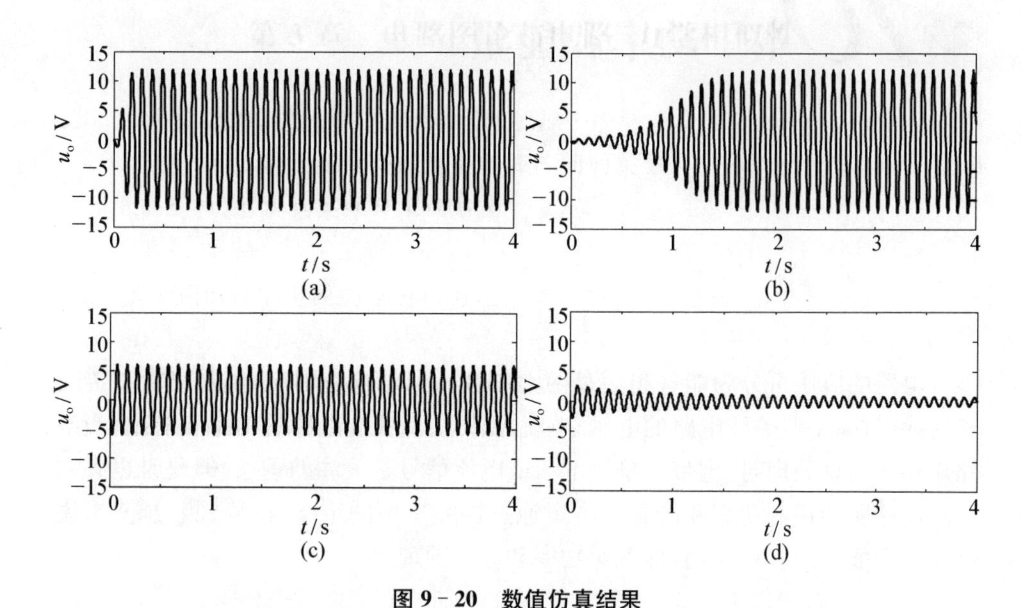

图 9－20　数值仿真结果

(a) 快速起振情况；(b) 慢速起振情况；(c) 临界起振情况；(d) 不能输出稳定振荡波形情况

到了与现有对该电路分析一致的结果，可以加深对二阶动态电路响应特性和正弦振荡电路特性的理解。

参考文献

[1] Sedra A S, Smith K C. Microelectronic circuits [M]. London: Oxford University Press, 2004.

[2] 丁晨华，田社平. 用 Multisim 实现负电阻的仿真和分析[J]. 实验室研究与探索，2008，27(02)：63－66.

[3] 李瀚荪. 简明电路分析基础[M]. 北京：高等教育出版社，2002.

[4] 童诗白，华成英. 模拟电子技术基础[M]. 北京：高等教育出版社，2001.

[5] Franco S. 基于运算放大器和模拟集成电路的电路设计[M]. 西安：西安交通大学出版社，2004.

[6] 吴贞焕，钟庆宾，张新莲. 负反馈放大电路稳定性动态仿真研究[J]. 实验室研究与探索，2011，30(07)：34－36.

[7] 陈洪亮，张峰，田社平. 电路基础[M]. 2 版. 北京：高等教育出版社，2015.

[8] 张立. *RC* 相移振荡器频率与起振条件微分方程法分析[J]. 电气电子教学学报，2011，33(01)：37－39.

[9] 李庆扬，王能超，易大义. 数值分析[M]. 武汉：华中理工大学出版社，1986.

第10章 功率和能量

电路的应用可分为能量和信息两大领域。当电路应用于电能的产生、传输和转换时，除了要关注电路的电压、电流之外，更应关注电路的功率和能量；当电路应用于信息处理时，携带信息的电压或电流信号是关注的重点，但此时也必须关注电路所消耗的功率和能量。本章通过探究功率的定义、传输、测量等，来说明功率和能量的各种应用，加深对功率和能量的理解。

10.1 电容充电电路的能量效率分析

RC 电路和 *RLC* 串联电路的时域响应特性是电路理论中非常重要的内容，这两种电路也是非常有应用价值的电路，电容充电电路就是其典型的应用之一[1,2]。充电电路在实际应用时，除了要关心充电电压值之外，电路的能量效率也是必须考虑的因素。效率低时，既浪费能量，又给散热和系统集成带来困难。*RC* 电路在直流电压作用下的零状态响应，即充电过程，无论 R、C 为何值，其能量效率最大为 50%[3-5]。如果改变对 *RC* 电路的充电过程，能否提高其能量效率？如何提高？如果采用 *RLC* 串联电路，其充电的能量效率有什么特点？下面就这些问题进行分析。为方便起见，在下面的讨论中 R、L、C 的参数均取正值。

10.1.1 采用指数型电压源对 *RC* 电路充电

关于 *RC* 充电电路能量效率提高的问题，文献[2]给出了非常深入的分析：采用分段方式充电或采用直线型电压源充电，可以将能量效率提高到大于50%，这里不再讨论。这里提出采用指数型电压源对 *RC* 电路进行充电，并分析这种情况下电路的能量效率。

如图 10 - 1 所示，取 $u_S(t)=(1-e^{-t/a})U\varepsilon(t)$，其中 a 为电源电压变化的时间常数。显然，该电压源电压呈指数增长，且 $\lim_{t\to\infty} u_S(t)=U$，因此，充电结束后，电容两端的电压为 U。下面分两种情况加以讨论。

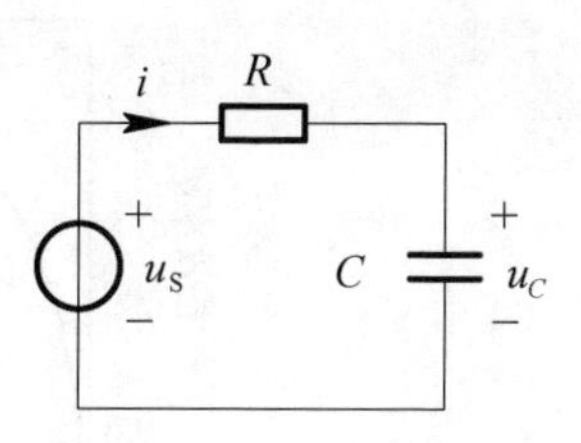

图 10 - 1　*RC* 充电电路

(1) 当 $a\neq\tau$ 时，采用电路分析的一般方法(如时域法、s 域法等)，不难得到

$$i(t)=\frac{UC}{a-\tau}(e^{-t/a}-e^{-t/\tau})\varepsilon(t) \tag{10-1}$$

$$u_C(t)=\left[U+\frac{U}{a-\tau}(RC\,e^{-t/\tau}-a\,e^{-t/a})\right]\varepsilon(t) \tag{10-2}$$

充电结束后，$\lim_{t\to\infty} u_C(t)=U$，因此电容的储能为 $w_C=CU^2/2$，而电压源发出的能量为

$$\begin{aligned} w&=\int_0^\infty u_S(t)i(t)\mathrm{d}t=\int_0^\infty \frac{CU^2}{a-\tau}(e^{-t/a}-e^{-t/\tau})(1-e^{-t/a})\mathrm{d}t \\ &=\frac{(a^2+a\tau-2\tau^2)CU^2}{2(a^2-\tau^2)} \end{aligned} \tag{10-3}$$

电压源对电容的充电效率为

$$\eta=\frac{w_C}{w}=\frac{a^2-\tau^2}{a^2+a\tau-2\tau^2} \tag{10-4}$$

令比例系数 $k=a/\tau$，则有

$$\eta=\frac{w_C}{w}=\frac{k^2-1}{k^2+k-2} \tag{10-5}$$

图 10 - 2 给出 η 随比例系数 k 变化的关系曲线，从图中可以看出，随着 k 的增大，η 也增大，并逐步逼近 100%。事实上，当 $k=0$ 时，$a=0$，$u_S(t)=U\varepsilon(t)$，此时充电效率为 50%；当 $k\to\infty$时，$\eta\to1$，此时充电效率为 100%。参照文献[1]中的参数：$R=5\,\Omega$，$C=0.02\,\mathrm{F}$，$U=200\,\mathrm{V}$，则时间常数 $\tau=0.1\,\mathrm{s}$。取 $k=10$，则 $a=10\tau=1\,\mathrm{s}$，此时充电效率达到 91.7%。如果取充电时间为 $4a=4\,\mathrm{s}$，则电容的电压为 $u_C(4)=200\times\left[1+\frac{1}{9}(0.1\times e^{-40}-e^{-4})\right]\mathrm{V}=199.6\,\mathrm{V}$。

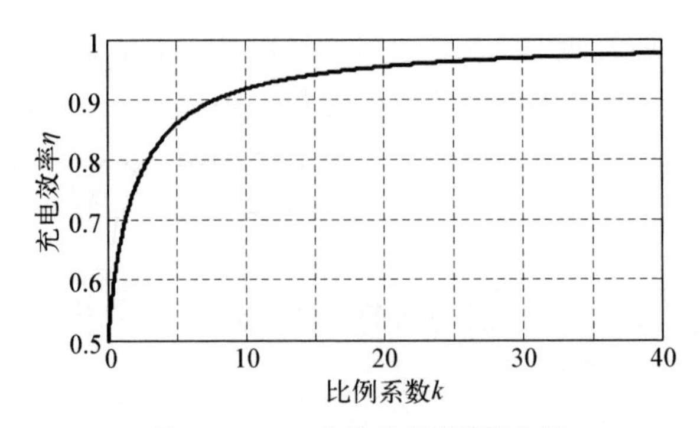

图 10-2 *RC* 电路的充电效率曲线

(2) 当 $a=\tau$ 时，通过分析，同样可以得到

$$i(t)=\frac{UCt}{\tau^2}\mathrm{e}^{-t/\tau}\varepsilon(t) \tag{10-6}$$

$$u_C(t)=U[1-(1+t/\tau)\mathrm{e}^{-t/\tau}]\varepsilon(t) \tag{10-7}$$

同样，$\lim\limits_{t\to\infty}u_C(t)=U$，因此电容的储能为 $w_C=CU^2/2$，而电压源发出的能量为

$$w=\int_0^{\infty}u_S(t)i(t)\mathrm{d}t=\int_0^{\infty}\frac{CU^2}{\tau^2}t\,\mathrm{e}^{-t/\tau}(1-\mathrm{e}^{-t/\tau})\mathrm{d}t=\frac{3}{4}CU^2 \tag{10-8}$$

电压源对电容的充电效率为

$$\eta=\frac{w_C}{w}=\frac{2}{3}\approx 66.7\% \tag{10-9}$$

10.1.2 *RLC* 充电电路的能量效率

如图 10-3 所示 *RLC* 串联电路是典型的二阶电路，其响应特性根据元件参数的不同可分为过阻尼、临界阻尼、欠阻尼等情况。这里仅以过阻尼、欠阻尼情况加以讨论。

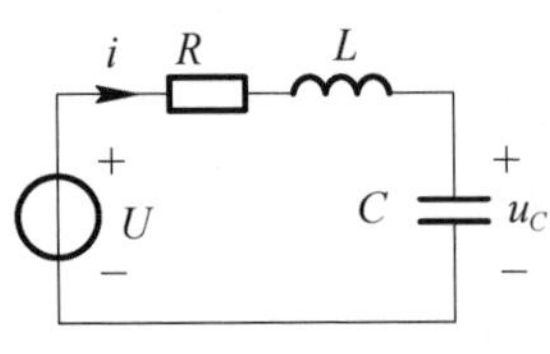

图 10-3 *RLC* 充电电路

假设电路的固有频率(即特征根)为 s_1 和 s_2，则有

$$s_{1,2}=-\frac{R}{2L}\pm\sqrt{\left(\frac{R}{2L}\right)^2-\frac{1}{LC}} \tag{10-10}$$

在过阻尼、欠阻尼情况下，电容电压的响应为[3]

$$u_C(t)=\left[\frac{1}{s_1-s_2}(s_2 e^{s_1 t}-s_1 e^{s_2 t})+1\right]U\varepsilon(t) \tag{10-11}$$

1) 过阻尼情况

当 $R>2\sqrt{L/C}$ 时，固有频率 s_1 和 s_2 是两个不相等的负实数，由式(10-11)可得回路电流为

$$i(t)=C\frac{\mathrm{d}u_C(t)}{\mathrm{d}t}=\frac{CUs_1s_2}{s_1-s_2}(e^{s_1 t}-e^{s_2 t})\varepsilon(t) \tag{10-12}$$

充电结束后，$\lim\limits_{t\to\infty}u_C(t)=U$，$\lim\limits_{t\to\infty}i(t)=0$，因此电容的储能为 $w_C=CU^2/2$，电感的储能为 0。电源发出的能量为

$$w=\int_0^{\infty}u_S(t)i(t)\mathrm{d}t=\int_0^{\infty}\frac{CU^2s_1s_2}{s_1-s_2}(e^{s_1 t}-e^{s_2 t})\mathrm{d}t=CU^2 \tag{10-13}$$

因此，电压源对电容的充电效率为 50%。

2) 欠阻尼情况

当 $R<2\sqrt{L/C}$ 时，固有频率 s_1 和 s_2 是一对共轭复数，令 $\alpha=R/(2L)$，$\omega_0=1/\sqrt{LC}$，$\omega_d=\sqrt{\omega_0^2-\alpha^2}$，由式(10-11)可得电容电压为[3]

$$u_C(t)=\left\{1-\frac{\omega_0}{\omega_d}e^{-\alpha t}\cos\left[\omega_d t-\arctan\left(\frac{\alpha}{\omega_d}\right)\right]\right\}U\varepsilon(t) \tag{10-14}$$

回路电流为

$$i(t)=C\frac{\mathrm{d}u_C(t)}{\mathrm{d}t}=\left(\frac{U}{\omega_d L}e^{-\alpha t}\sin\omega_d t\right)\varepsilon(t) \tag{10-15}$$

类似地，充电结束后电容的储能为 $w_C=CU^2/2$，电感的储能为 0。电源发出的能量为

$$w=\int_0^{\infty}u_S(t)i(t)\mathrm{d}t=\int_0^{\infty}\frac{U^2}{\omega_d L}e^{-\alpha t}\sin\omega_d t\,\mathrm{d}t=CU^2 \tag{10-16}$$

因此，电压源对电容的充电效率也为 50%。

对临界阻尼情况，经过计算可知，电压源对电容的充电效率也为 50%。不再赘述。

由上面分析可得到如下结论：对直流电压源激励的 RLC 电路，在零状态下

电路达到稳态时的能量效率为 50%。

10.1.3 *RLC* 充电电路能量效率的提高

由式(10-14)可知，在欠阻尼情况下 *RLC* 电路的电容电压响应存在“上冲”，即超过激励电源的电压值。因此可以考虑当电容电压达到规定的电压值就结束充电过程。下面以电容电压达到最大响应值时即完成充电的情况为例加以讨论。

由式(10-15)可知，当 $t=\pi/\omega_d$、$2\pi/\omega_d$、$3\pi/\omega_d\cdots$ 时，电容电压取极大值，最大值发生在 $t=\pi/\omega_d$ 时刻，此时有

$$u_{C\max}=u_C(\pi/\omega_d)=\left(1+\frac{\omega_0}{\omega_d}e^{-\alpha\pi/\omega_d}\right)U \tag{10-17}$$

此时电容的储能为

$$w_C=\frac{CU_{C\max}^2}{2}=\frac{1}{2}\left(1+\frac{\omega_0}{\omega_d}e^{-\alpha\pi/\omega_d}\right)^2 CU^2 \tag{10-18}$$

电源发出的能量为

$$w=\int_0^{\pi/\omega_d}u_S(t)i(t)dt=\int_0^{\pi/\omega_d}\frac{U^2}{\omega_d L}e^{-\alpha t}\sin\omega_d t\,dt=CU^2(1+e^{-\alpha\pi/\omega_d}) \tag{10-19}$$

电压源对电容的充电效率为

$$\eta=\frac{w_C}{w}=\frac{[1+(\omega_0/\omega_d)e^{-\alpha\pi/\omega_d}]^2}{2(1+e^{-\alpha\pi/\omega_d})} \tag{10-20}$$

令比例系数 $k=\alpha/\omega_d$，则 $\omega_0^2=\alpha^2+\omega_d^2=(1+k^2)\omega_d^2$，式(10-20)可表示为

$$\eta=\frac{w_C}{w}=\frac{[1+\sqrt{1+k^2}\,e^{-k\pi}]^2}{2(1+e^{-k\pi})} \tag{10-21}$$

图 10-4 给出了充电效率 η 随比例系数 k 的变化曲线。由图 10-4 可以看出，比例系数 k 越小，则充电效率越高，当 $k\to 0$ 时，$\eta\to 100\%$。

由比例系数 k 的表达式，还可以得到 k 与元件参数之间的关系为

$$k=\sqrt{\frac{R^2C}{4L-R^2C}} \tag{10-22}$$

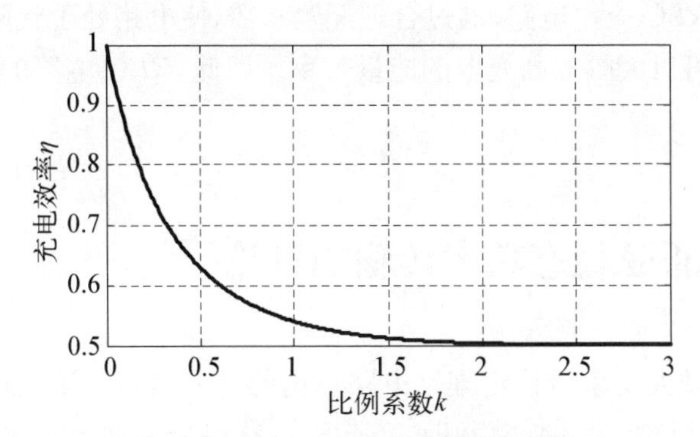

图 10－4　*RLC* 电路的充电效率曲线

此外，由式(10－17)可知，如果要求对电容的充电电压为U_C，则电源电压应取

$$U=U_C/\left(1+\frac{\omega_0}{\omega_d}e^{-\alpha\pi/\omega_d}\right)=U_C/(1+\sqrt{1+k^2}e^{-k\pi}) \qquad (10-23)$$

例 10－1　如图10－5所示为一实用的*RLC*电容充电电路，假设D为理想二极管，现要求电容的充电电压为500 V。试求电路的充电效率。

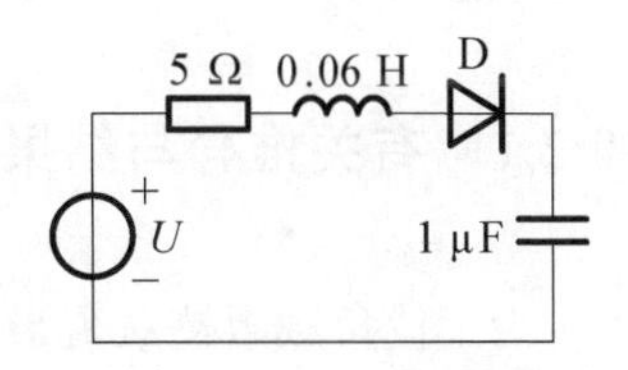

图 10－5　实用的 *RLC* 电容充电电路

由式(10－22)可得$k=0.041$，由式(10－23)可得充电电源电压为$U=266$ V，由式(10－21)可得电路的充电效率为$\eta=94\%$。由式(10－15)还可以求出最大充电电流为

$$i_{max}=i\left(\frac{\pi}{2\omega_d}\right)=\frac{U}{\omega_d L}e^{-\alpha\pi/(2\omega_d)}=1.0\ \text{A} \qquad (10-24)$$

10.1.4　结语

比较*RC*和*RLC*这两种充电电路，可以看出：

(1) 对于*RC*充电电路，采用直流电源从零状态开始充电，其能量效率不超过50%。如果要提高能量效率，可采用特殊充电电压源，如阶梯变化型、直线型、指数型电压源，当然，还可以采用恒流源充电方式。

(2) 对于*RLC*充电电路，采用直流电源从零状态开始充电到稳态，其能量效率不论取何种参数均为50%。

(3) 对于 RLC 充电电路，通过合理配置参数，使电路处于欠阻尼情况，利用电路的“上冲”可以大幅提高充电的能量效率。因此，RLC 电路的充电性能要优于 RC 电路。

10.2 关于正弦稳态功率传输的讨论

正弦稳态最大功率传输定理是电路理论的重要内容。该定理指出，当负载阻抗与电源内阻抗互为共轭复数时，负载阻抗获得最大功率。此时负载阻抗和电源内阻抗为最大功率匹配或共轭匹配[5]。在实际电路中，往往电源内电阻和负载阻抗是给定的，此时要使负载阻抗获得最大功率，一种解决办法是在电源和负载之间接入理想变压器，利用理想变压器的阻抗变换性质，使负载阻抗和电源内阻抗实现模匹配[6]。当然，由于理想变压器仅变换阻抗的模而不改变阻抗的辐角，因此模匹配时负载阻抗获得的功率一般要小于共轭匹配时的功率。

在给定电源内阻抗和负载阻抗的情况下，能否通过电路设计实现负载阻抗获得最大功率呢？下面对这一问题作一探讨。

10.2.1 有关推导与结果

为了使负载阻抗获得最大功率，可采用如图 10-6 所示的电路形式，即在电源和负载之间接入一个二端口网络 N，以达到实现阻抗变换的目的。图 10-6 中，$Z_L = R_L + jX_L$ 为负载阻抗，$Z_S = R_S + jX_S$ 为电源内阻抗，均为给定；N 为某一合适的二端口网络，待求。

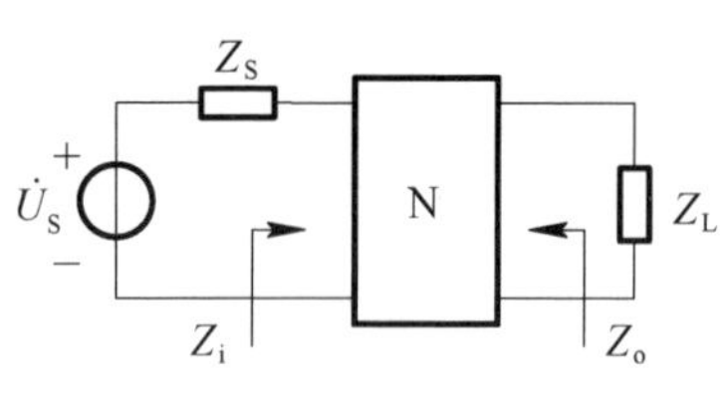

图 10-6 最大功率传输

由于动态元件不消耗平均功率，为使 Z_L 获得尽可能大的(平均)功率，可考虑 N 全部由无源动态元件组成。不失一般性，采用传输参数表示 N 的端口特性，则 N 的传输矩阵可表示为

$$\mathbf{A} = \begin{bmatrix} a_{11} & ja_{12} \\ ja_{21} & a_{22} \end{bmatrix} \tag{10-25}$$

式中，矩阵元素 a_{ij} $(i, j = 1, 2)$ 为实数。短路驱动点阻抗 ja_{12} 和开路反向转移导纳 ja_{21} 为纯虚数，这是因为 N 仅由动态元件组成。

如果电源输出最大功率，由于动态元件不消耗平均功率，则该最大功率全部由负载吸收。由最大功率传输定理，电源输出最大功率的条件为从输入端向右端看去的输入阻抗与电源内阻抗 Z_S 共轭，即

$$Z_i = Z_S^* \tag{10-26}$$

而输入阻抗 Z_i 为[7]

$$Z_i = \frac{a_{11}Z_L + ja_{12}}{ja_{21}Z_L + a_{22}} = \frac{a_{11}(R_L + jX_L) + ja_{12}}{ja_{21}(R_L + jX_L) + a_{22}} \tag{10-27}$$

由式(10-26)和式(10-27)得

$$\frac{a_{11}(R_L + jX_L) + ja_{12}}{ja_{21}(R_L + jX_L) + a_{22}} = R_S - jX_S \tag{10-28}$$

根据复数相等规则，得到

$$\begin{cases} a_{11}R_L + (R_SX_L - R_LX_S)a_{21} - R_Sa_{22} = 0 \\ a_{11}X_L + a_{12} - (R_SR_L + X_SX_L)a_{21} + X_Sa_{22} = 0 \end{cases} \tag{10-29}$$

上式即为最大功率传输时传输矩阵 **A** 应满足的条件。

由于电源发出的功率完全被负载吸收，因此式(10-29)也可由如下等式求出

$$Z_o = Z_L^* \tag{10-30}$$

上式表明从输出端向左端看去的输出阻抗与负载阻抗 Z_L 共轭时，负载阻抗获得最大功率。

由式(10-29)可知，对传输矩阵的四个元素只有两个约束条件，说明传输矩阵并不唯一。如果规定二端口网络仅由无源动态元件组成，且为对称网络，则由互易定理和二端口网络对称性可得

$$\begin{cases} a_{11}a_{22} - ja_{12}ja_{21} = a_{11}a_{22} + a_{12}a_{21} = 1 \\ a_{11} = a_{22} \end{cases} \tag{10-31}$$

联立式(10-29)和式(10-31)，解得

$$\begin{cases} a_{11} = a_{22} = \pm\dfrac{R_LX_S - R_SX_L}{\sqrt{R_SR_L[(X_L - X_S)^2 + (R_S - R_L)^2]}} \\ a_{12} = \pm\dfrac{R_S(R_L^2 + X_L^2) - R_L(R_S^2 + X_S^2)}{\sqrt{R_SR_L[(X_L - X_S)^2 + (R_S - R_L)^2]}} \\ a_{21} = \pm\dfrac{R_L - R_S}{\sqrt{R_SR_L[(X_L - X_S)^2 + (R_S - R_L)^2]}} \end{cases} \tag{10-32}$$

式(10-32)即为在给定电源内阻抗和负载阻抗的情况下求取传输矩阵 **A** 的公式。此时负载阻抗获得的最大功率为

$$P_{\text{Lmax}}=\frac{U_{\text{S}}^2}{4R_{\text{S}}} \tag{10-33}$$

10.2.2 应用实例

下面通过实例来对上述结论作进一步说明。

例 10-2 设对图 10-6 所示电路，电源内阻抗为 $Z_{\text{S}}=R+\text{j}X$，负载阻抗 $Z_{\text{L}}=R-\text{j}X$，试求传输矩阵 **A**。

解 将 Z_{S}和 Z_{L}的实部和虚部分别代入式(10-32)，求得 $a_{11}=a_{22}=\pm1$，$a_{12}=a_{21}=0$，即 $\mathbf{A}=\begin{bmatrix}1&0\\0&1\end{bmatrix}$ 或 $\mathbf{A}=\begin{bmatrix}-1&0\\0&-1\end{bmatrix}$。上述传输矩阵对应平行传输导线或交叉传输导线，说明 $Z_{\text{S}}=R+\text{j}X$ 与 $Z_{\text{L}}=R-\text{j}X$ 共轭，不必接入任何二端口电路即可保证负载阻抗获得最大功率。

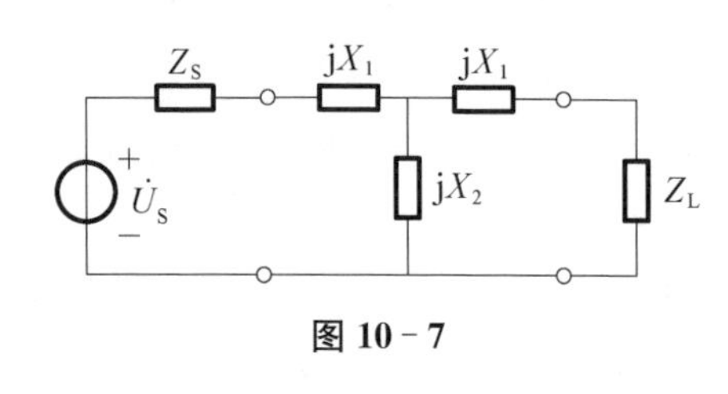

图 10-7

例 10-3 已知图 10-7 所示电路中 $\omega=10^3$ rad/s，为了使 $Z_{\text{L}}=(1+\text{j})\Omega$ 的负载阻抗与等效内阻抗为 $Z_{\text{S}}=(4+\text{j})\Omega$ 的电源实现共轭匹配，在负载与电源之间接入一个由 LC 构成的对称二端口网络，试确定 L、C 的大小。

解 将 $R_{\text{L}}=1$，$X_{\text{L}}=1$，$R_{\text{S}}=4$，$X_{\text{S}}=1$ 代入式(10-32)，求得传输矩阵为 $\mathbf{A}=\begin{bmatrix}0.5&\text{j}1.5\\\text{j}0.5&0.5\end{bmatrix}$ 或 $\mathbf{A}=\begin{bmatrix}-0.5&-\text{j}1.5\\-\text{j}0.5&-0.5\end{bmatrix}$。

又，不难求出图 10-7 中由 $\text{j}X_1$和 $\text{j}X_2$构成的二端口网络的传输矩阵为

$$\mathbf{A}=\begin{bmatrix}1+X_1/X_2 & -\text{j}(X_1^2/X_2+2X_1)\\ -\text{j}/X_2 & 1+X_1/X_2\end{bmatrix}$$

于是得到

$$X_1=-1,\ X_2=2 \quad \text{或} \quad X_1=1,\ X_2=-2$$

对应第一组解，二端口网络可采用图 10-8(a)所示的电路，其中

$$C_1=-\frac{1}{\omega X_1}=-\frac{1}{1\,000\times(-1)}\text{F}=1\times10^{-3}\ \text{F},$$

$$L_2=\frac{X_2}{\omega}=\frac{2}{1\,000}\text{H}=2\times10^{-3}\,\text{H}$$

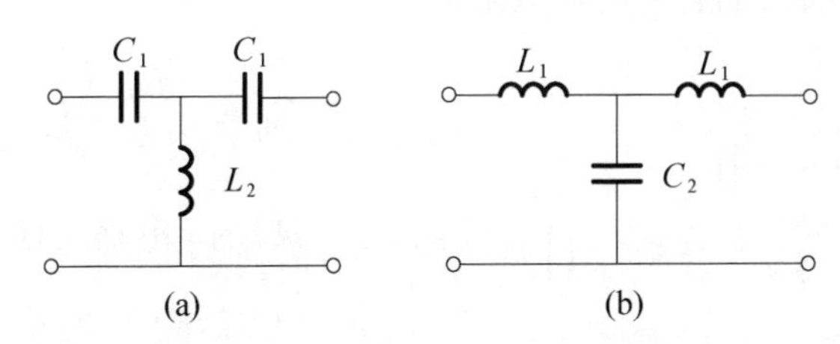

图 10-8　二端口网络的实现形式

对应第二组解，二端口网络可采用图 10-8(b)所示的电路，其中

$$L_1=\frac{X_1}{\omega}=\frac{1}{1\,000}\text{H}=1\times10^{-3}\ \text{H},$$

$$C_2=-\frac{1}{\omega X_2}=-\frac{1}{1\,000\times(-2)}\ \text{F}=5\times10^{-4}\ \text{F}$$

10.2.3　进一步讨论

(1) 上面推导了在电源和负载之间接入由动态元件构成的对称互易二端口网络实现负载功率最大的传输矩阵计算公式。由于二端口网络的端口特性可用6种参数矩阵表示，当得到传输矩阵后不难计算出其他参数矩阵。式(10-32)适合于计算电路结构未知的二端口网络的传输矩阵。当给定二端口网络的电路结构时，也可直接由式(10-26)或式(10-30)来计算电路参数。例如对例10-3，当满足

$$Z_S^*=\text{j}X_1+(\text{j}X_1+Z_L)\,/\!/\,\text{j}X_2$$

或

$$Z_L^*=\text{j}X_1+(\text{j}X_1+Z_S)\,/\!/\,\text{j}X_2$$

时，负载阻抗获得最大功率。根据上面两式计算得到的结果与例10-3的计算结果完全一致。

(2) 接入的二端口网络也可采用其他电路结构，如非对称的互易形式。下

面的实例中的二端口网络为非对称的互易形式。

例 10-4 已知图 10-9 所示电路中 $\omega=10^3$ rad/s，为使 $R_L=10\ \Omega$ 的负载与等效电阻为 $R_S=100\ \Omega$ 的电源实现共轭匹配，在负载与电源之间接入一个由 LC 构成的 Γ 形二端口网络，试确定 L、C 的大小。

解 从电源向右端看去的等效阻抗为

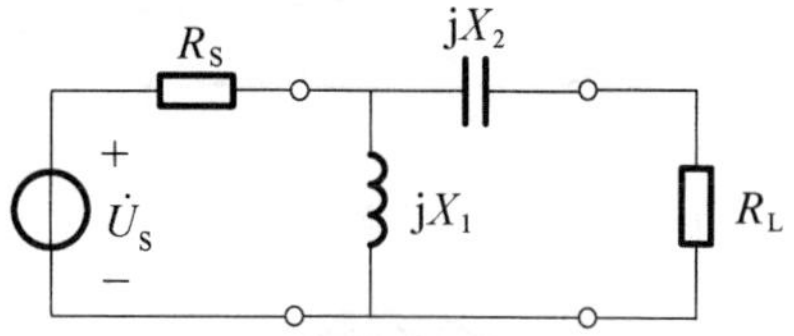

$$Z_L=\frac{(R_L+jX_2)jX_1}{R_L+jX_2+jX_1}$$

图 10-9

当 $Z_L=R_S$ 时，电路实现共轭匹配，于是

$$\frac{(R_L+jX_2)jX_1}{R_L+jX_2+jX_1}=R_S$$

得到

$$jR_LX_1-X_1X_2=R_LR_S+jR_SX_2+jR_SX_1$$

由上式得

$$\begin{cases}-X_1X_2=R_LR_S\\R_LX_1=R_SX_2+R_SX_1\end{cases}$$

解得

$$X_1=\pm R_S\sqrt{\frac{R_L}{R_S-R_L}}$$

由于 X_1 为电感，上述解取正值，代入数据得

$$X_1=100\sqrt{\frac{10}{100-10}}=33.3\ \Omega$$

又由 $X_1=\omega L$ 得到电感值为

$$L=\frac{X_1}{\omega}=\frac{33.3}{1\,000}\ \text{H}=3.33\times10^{-2}\ \text{H}$$

将 X_1 代入 $-X_1X_2=R_LR_S$，解得 X_2 为

$$X_2=-\frac{R_LR_S}{X_1}=-\frac{10\times100}{33.3}\ \Omega=-30\ \Omega$$

又由 $X_2=-1/(\omega C)$ 得到电容值为

$$C=-\frac{1}{\omega X_2}=-\frac{1}{1\,000\times(-30)}\ \text{F}=3.33\times10^{-5}\ \text{F}$$

本例题亦可以先求出从负载 R_L 向左看去的等效电阻，当该等效电阻与 R_L

相等时，电路实现共轭匹配。两种解法结果相同。

(3) 进一步，还可采用非互易的二端口网络，此时网络中可包含受控源。例如在电源和负载之间接入含运算放大器的二端口网络，由于运算放大器本身可向电路提供功率，此时负载获得的功率可超过式(10－33)所示的最大功率。此外，二端口网络中还可包含电阻元件，但由于电阻要消耗平均功率，此时负载获得的最大功率要小于由式(10－33)计算得到的值。

10.2.4　结语

上面讨论了通过在电源和负载之间接入二端口网络以实现正弦稳态最大功率传输。当二端口网络仅由无源动态元件构成时，电源产生的功率将全部传输给负载；当二端口网络中包含电阻元件时，由于电阻要消耗平均功率，因此电源产生的功率不能全部传输给负载；当二端口网络中包含受控源时，负载获得的最大功率可大于由式(10－33)计算得到的值。上面主要讨论了在电源和负载之间接入由无源动态元件构成的对称互易二端口网络实现负载功率最大的传输矩阵计算公式，对采用非对称的互易二端口网络实现负载功率最大传输进行了举例说明。这些讨论有助于加深对正弦稳态最大功率传输及二端口网络等电路知识的理解。

10.3　关于无功功率定义的讨论

正弦稳态电路的功率是电路理论中的重要内容。在正弦稳态电路的分析中，涉及的功率概念多，包括瞬时功率、平均功率、有功功率、无功功率、表观功率、复功率等。有功功率和无功功率作为一组对应的功率概念，其在数学定义、物理含义的讲授上存在进一步廓清的地方。对有功功率，其数学定义就是平均功率的定义，即正弦瞬时功率的平均值，其物理含义指电路实际消耗的功率，也即电路中电阻元件消耗的功率。对无功功率，其数学定义则不是来源于某个量(如某个功率量)的平均值，而是基于被分析电路与外电路之间的能量往返交换的现象，将反映能量交换规模的电压、电流的有效值以及功率因数角的正弦值三者之积定义为无功功率，因此无功功率的大小反映了外电路(电源)参与能量往返的程度[5, 7, 8]。

不可否认，现行文献中关于无功功率的定义与解释确有其合理之处，但这种定义也常常引起疑惑。下面试图提出一种无功功率的定义方法，使无功功率的定义、物理解释与有功功率保持逻辑上的一致，同时也使无功功率与其他功率概念的联系变得清晰、明确。

10.3.1　利用旋转相量定义无功功率

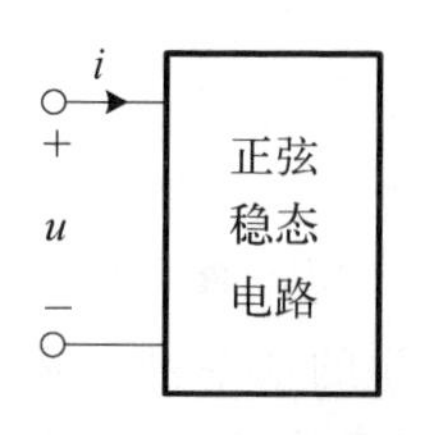

图 10 - 10　正弦稳态一端口电路

对于如图 10 - 10 所示正弦稳态一端口电路，设其端口电压和端口电流分别为

$$u(t)=U_{\mathrm{m}}\cos(\omega t+\varphi_u),\ i(t)=I_{\mathrm{m}}\cos(\omega t+\varphi_i) \tag{10-34}$$

定义旋转相量 $\tilde{i}(t)$ 为

$$\tilde{i}(t)=I_{\mathrm{m}}\mathrm{e}^{\mathrm{j}(\omega t+\varphi_i)}=I_{\mathrm{m}}\cos(\omega t+\varphi_i)+\mathrm{j}I_{\mathrm{m}}\sin(\omega t+\varphi_i) \tag{10-35}$$

由式(10 - 35)及图 10 - 11 可知，旋转相量 $\tilde{i}(t)$ 在复平面实轴上的投影就是电流 $i(t)$，称为电流的有功分量；在虚轴上的投影为与电流 $i(t)$ 振幅相同、相位正交的量，称为电流的无功分量，即

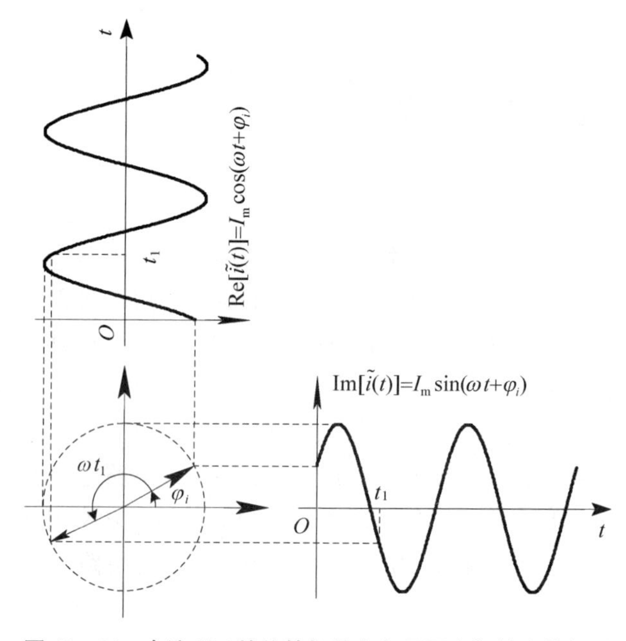

图 10 - 11　电流 $i(t)$ 的旋转相量在复平面坐标轴上的投影

$$i_P(t)=\mathrm{Re}[\tilde{i}(t)]=I_m\cos(\omega t+\varphi_i) \tag{10-36}$$

$$i_Q(t)=\mathrm{Im}[\tilde{i}(t)]=I_m\sin(\omega t+\varphi_i) \tag{10-37}$$

仿照复功率 $\widetilde{S}=\dot{U}I^*=P+\mathrm{j}Q$ 的定义，定义复数瞬时功率如下：

$$\begin{aligned}\tilde{s}(t)&=u(t)\tilde{i}^*(t)=u(t)I_m e^{-\mathrm{j}(\omega t+\varphi_i)}\\&=U_m\cos(\omega t+\varphi_u)I_m\cos(\omega t+\varphi_i)-\mathrm{j}U_m\cos(\omega t+\varphi_u)I_m\sin(\omega t+\varphi_i)\\&=p(t)+\mathrm{j}q(t)\end{aligned} \tag{10-38}$$

式中，$p(t)$称为瞬时有功功率分量，$q(t)$称为瞬时无功功率分量。对式(10-38)两边在一个周期内($T=2\pi/\omega$)取平均值，有

$$\begin{aligned}\frac{1}{T}\int_0^T\tilde{s}(t)\mathrm{d}t&=\frac{1}{T}\int_0^T[U_m\cos(\omega t+\varphi_u)I_m\cos(\omega t+\varphi_i)-\\&\qquad \mathrm{j}U_m\cos(\omega t+\varphi_u)I_m\sin(\omega t+\varphi_i)]\mathrm{d}t\\&=UI\cos(\varphi_u-\varphi_i)+\mathrm{j}UI\sin(\varphi_u-\varphi_i)=P+\mathrm{j}Q=\widetilde{S}\end{aligned} \tag{10-39}$$

式(10-39)是一个非常有趣的结果。可以由式(10-39)来引出无功功率的定义：对图 10-10 电路，定义一个旋转电流相量，进一步由式(10-38)定义一个复数瞬时功率，对式(10-38)在一个周期内取平均值即可定义出有功功率和无功功率这两个概念。

通过式(10-39)定义无功功率，不仅使得有功功率和无功功率的数学定义在逻辑上得到统一，即两者都定义为某一功率量(瞬时有功功率分量或瞬时无功功率分量)的平均值，而且式(10-39)的物理意义也能得到非常合理的解释：瞬时电流的有功分量 $i_P(t)$是旋转电流相量在复平面实轴上的投影，与瞬时电压(类似地，可以认为其为瞬时电压的有功分量)相乘得到的功率应看作有功功率的时域表达式；瞬时电流的无功分量 $i_Q(t)$是旋转电流相量在复平面虚轴上的投影，与瞬时电压正交，因此它与瞬时电压相乘得到的功率应看作无功功率的时域表达式。

10.3.2 电路元件的无功功率

上面讨论了正弦稳态一端口电路的无功功率的定义，下面研究这一定义在电路元件无功功率教学中的应用。不失一般性，假设元件两端的电压为 $u(t)=\sqrt{2}U\cos\omega t$，则有

对于电阻元件：

$$\begin{cases}u(t)=\sqrt{2}U\cos\omega t\\ i(t)=\sqrt{2}I\cos\omega t\\ \tilde{i}(t)=\sqrt{2}I\cos\omega t+\mathrm{j}\sqrt{2}I\sin\omega t\\ \tilde{s}(t)=p(t)+\mathrm{j}q(t)=\sqrt{2}UI\cos\omega t\cos\omega t-\mathrm{j}\sqrt{2}UI\cos\omega t\sin\omega t\\ \dfrac{1}{T}\displaystyle\int_0^T\tilde{s}(t)\mathrm{d}t=P+\mathrm{j}Q=UI+\mathrm{j}0\end{cases}\tag{10-40}$$

对于电容元件：

$$\begin{cases}u(t)=\sqrt{2}U\cos\omega t\\ i(t)=\sqrt{2}I\cos(\omega t+90^\circ)=-\sqrt{2}I\sin\omega t\\ \tilde{i}(t)=-\sqrt{2}I\sin\omega t+\mathrm{j}\sqrt{2}I\cos\omega t\\ \tilde{s}(t)=p(t)+\mathrm{j}q(t)=-\sqrt{2}UI\cos\omega t\sin\omega t-\mathrm{j}\sqrt{2}UI\cos\omega t\cos\omega t\\ \dfrac{1}{T}\displaystyle\int_0^T\tilde{s}(t)\mathrm{d}t=P+\mathrm{j}Q=0+\mathrm{j}(-UI)\end{cases}\tag{10-41}$$

对于电感元件：

$$\begin{cases}u(t)=\sqrt{2}U\cos\omega t\\ i(t)=\sqrt{2}I\cos(\omega t-90^\circ)=\sqrt{2}I\sin\omega t\\ \tilde{i}(t)=\sqrt{2}I\sin\omega t-\mathrm{j}\sqrt{2}I\cos\omega t\\ \tilde{s}(t)=p(t)+\mathrm{j}q(t)=\sqrt{2}UI\cos\omega t\sin\omega t+\mathrm{j}\sqrt{2}UI\cos\omega t\cos\omega t\\ \dfrac{1}{T}\displaystyle\int_0^T\tilde{s}(t)\mathrm{d}t=P+\mathrm{j}Q=0+\mathrm{j}(UI)\end{cases}\tag{10-42}$$

可以看出，采用这里的定义方法，所得到的电路元件的无功功率的大小和符号与现行定义完全一致。

10.3.3 讨论与结语

上面给出了一种基于旋转相量的无功功率定义方法。该方法的优势在于：

(1) 无功功率的定义在形式上与有功功率统一。这种统一体现在：① 在复平面，在时域，定义了瞬时有功分量和瞬时无功分量两个对应的功能，它们分别对应瞬时(电流)量在复平面实轴和虚轴上的投影；② 无功功率为瞬时无功分量在一个周期内的平均值，与有功功率为瞬时有功分量在一个周期内的平均值相对应；③ 复数瞬时功率的定义与复功率对应，复功率为复数瞬时功率在一个周期内的平均值。

(2) 新的定义方法与现行无功功率的定义方法没有冲突。从物理意义而言，有功功率刻画了耗能元件(电阻)消耗功率的平均值，无功功率则刻画了储能元件(电容、电感)吸收功率的平均值；有功功率是消耗掉的功率，而无功功率则是与外电路交换的功率。上面讨论的定义方法更能体现这一点。

(3) 现行无功功率的定义方法强调储能元件与外电路的能量交换，即强调能量的概念，忽视了功率的概念，其根本原因在于没有将无功功率与某个瞬时功率量(也是一个波动的量)的平均值对应起来，而这里提出的定义方法建立了瞬时无功功率分量的概念，其平均值即为无功功率，这样可以强调无功功率的“功率”含义。

10.4　对称三相电路无功功率的测量

三相电路功率及其测量是电路理论中三相电路部分的重要内容。对实际三相电路各种参数，可采用相应的电工测量仪表来进行测量，如用有功功率表可测量电路的有功功率，用无功功率表可测量电路的无功功率，用功率因数表可测量电路的功率因数。尽管如此，探讨用功率表测量三相电路的各种参数(如无功功率、功率因数等)对加深理解三相电路还是具有很好的作用，因此在许多电路理论文献中都有关于用功率表测量三相电路无功功率和功率因数的内容[7, 9, 10]。在用功率表测量对称三相三线制电路无功功率时，功率表的接法与三相电路的相序密切相关，如果不注意相序，往往得不到正确的结果。下面对这一问题作进一步讨论，以供大家参考。

10.4.1　相序对测量无功功率的影响

图 10 - 12 为用两个功率表测量对称三相三线制电路无功功率的电路接法，假设电路为正序(A - B - C)，则功率表 W_1、W_2的读数分别为[7]

$$\begin{cases} P_1 = U_l I_l \cos(\varphi_Z - 30^\circ) \\ P_2 = U_l I_l \cos(\varphi_Z + 30^\circ) \end{cases} \tag{10-43}$$

式中,U_l、I_l分别为线电压、线电流的有效值;φ_Z为负载的阻抗角。

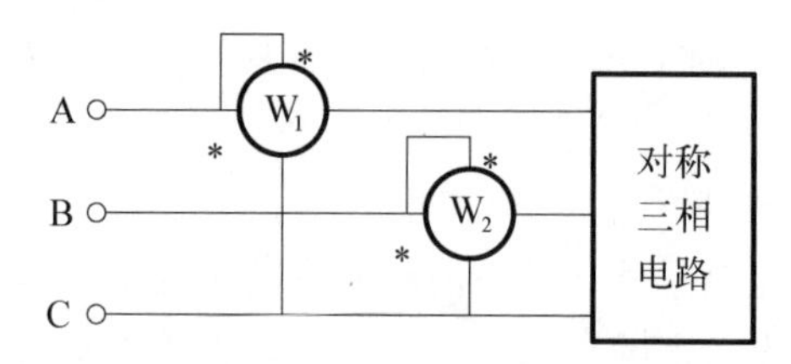

图 10-12 用两个功率表测量对称三相三线制电路无功功率

由于

$$P_1 - P_2 = U_l I_l \sin \varphi_Z \tag{10-44}$$

因此,对称三相负载的无功功率为

$$Q = \sqrt{3}(P_1 - P_2) \tag{10-45}$$

文献[7]并未特别指出式(10-45)与三相电路相序是否相关,这就可能产生式(10-45)是一个普适公式的错觉。事实上,式(10-45)只在对称三相电路为正序时才成立。如果三相电路为负序(A-C-B),不妨设A相电压的初相为零,则有线电压

$$\dot{U}_{AC} = U_l \angle 30^\circ,\ \dot{U}_{BC} = U_l \angle 90^\circ \tag{10-46}$$

和线电流

$$\dot{I}_A = I_l \angle -\varphi_Z,\ \dot{I}_B = I_l \angle(-\varphi_Z + 120^\circ) \tag{10-47}$$

由图10-12可知,功率表W_1的读数为

$$P_1 = \mathrm{Re}[\dot{U}_{AC} \dot{I}_A^*] = U_l I_l \cos(\varphi_Z + 30^\circ) \tag{10-48}$$

功率表W_2的读数为

$$P_2 = \mathrm{Re}[\dot{U}_{BC} \dot{I}_B^*] = U_l I_l \cos(\varphi_Z - 30^\circ) \tag{10-49}$$

可见,两功率表的读数正好与正序时的读数对调,因此,对称三相负载的无功功率为

$$Q = \sqrt{3}(P_2 - P_1) \tag{10-50}$$

由式(10－45)、式(10－50)可知，在用功率表测量对称三相电路的无功功率时，必须注意三相电路的相序。如果将图10－12的接线方式表示为“A－C－B”(功率表W_1测量A相电流和AC相间的线电压，功率表W_2测量A相电流和AB相间的线电压，功率表的同名端如图10－12所示)，那么，接线方式“A－C－B”、“B－A－C”、“C－B－A”在相序上是一致的，在采用这种接线方式的情况下，如果三相电路的相序为正序，则式(10－45)成立；如果相序为负序，则式(10－50)成立。

同样，功率表的接线方式“A－B－C”、“B－C－A”、“C－A－B”在相序上是一致的，如果三相电路的相序为正序，则式(10－50)成立；如果相序为负序，则式(10－45)成立。

图10－13为用一个功率表测量对称三相电路无功功率的电路接法。假设电路为正序(A－B－C)，则功率表W的读数为[7]

$$P=U_l I_l \sin\varphi_Z \tag{10-51}$$

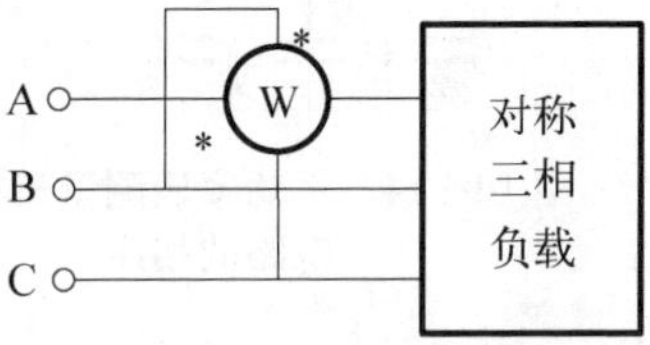

图10－13　用一个功率表测量对称三相电路的无功功率

因此三相电路的无功功率为

$$Q=\sqrt{3}U_l I_l \sin\varphi_Z=\sqrt{3}P \tag{10-52}$$

同样，式(10－52)只在对称三相电路为正序时才成立。如果三相电路为负序，由式(10－46)、式(10－47)的定义，得到功率表W的读数为

$$P=\mathrm{Re}[\dot{U}_{\mathrm{BC}}\ \dot{I}_{\mathrm{A}}^{*}]=\mathrm{Re}[U_l\angle 90^{\circ} I_l\angle\varphi_Z]=-U_l I_l \sin\varphi_Z \tag{10-53}$$

因此三相电路的无功功率为

$$Q=\sqrt{3}U_l I_l \sin\varphi_Z=-\sqrt{3}P \tag{10-54}$$

由式(10－52)、式(10－54)可知，在用图10－13所示方法测量对称三相电路的无功功率时，必须注意三相电路的相序。如果将图10－13的接线方式表示为“ABC”(功率表W测量A相电流和BC相间的线电压，功率表的同名端如图10－13所示)，那么，接线方式“A－B－C”、“B－C－A”、“C－A－B”在相序上是一致的，此时如果三相电路的相序为正序，则式(10－52)成立；如果相序为负序，则式(10－54)成立。

同样，功率表的接线方式“A－C－B”、“B－A－C”、“C－B－A”在相序上是一致的，如果三相电路的相序为正序，则式(10－54)成立；如果相序为负序，则式(10－52)成立。

10.4.2 用功率表测量三相电路的相序

由上面讨论可知，为了用功率表测量对称三相电路的无功功率，必须知道三相电路的相序。当相序未知时，能否用功率表来测量相序呢？答案是肯定的。图 10－14为用功率表测量三相电路相序的电路接法，图 10－14 中人为接入的三个电容构成对称三相负载，由电容的特性可知，该三相负载的无功功率为负值。因此，如果三相电路的相序为正序，则图 10－14 功率表的读数应为负值；反之，如果三相电路的相序为负序，则图 10－14 功率表的读数应为正值。

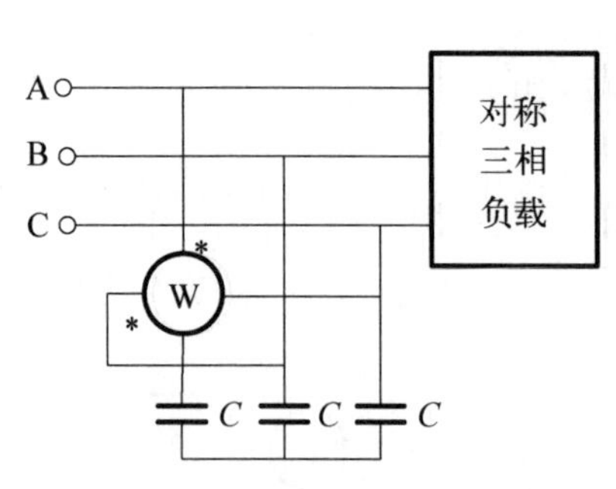

图 10－14 用功率表测量三相电路的相序

10.4.3 进一步讨论

由上面的分析还可衍生出测量对称三相电路平均功率的方法，该方法不同于典型的两功率表测量方法，其电路接法如图 10－15 所示。如果三相电路为正序，则功率表 W_1 的读数为

$$\begin{aligned} P_1 &= U_l I_l \cos(\varphi_Z - 30^\circ) \\ &= \frac{\sqrt{3}}{2} U_l I_l \cos\varphi_Z + \frac{1}{2} U_l I_l \sin\varphi_Z \\ &= \frac{1}{2} P + \frac{1}{2\sqrt{3}} Q \end{aligned} \tag{10-55}$$

式中，P、Q 分别为三相电路的平均功率和无功功率。

功率表 W_2 的读数为

$$P_2 = U_l I_l \sin\varphi_Z = \frac{1}{\sqrt{3}} Q \tag{10-56}$$

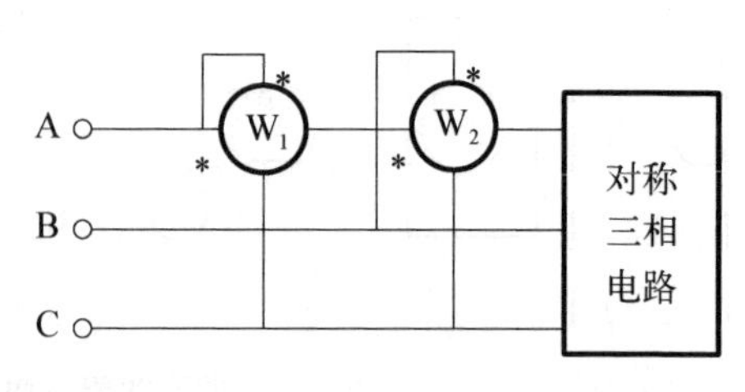

图 10－15 用两个功率表测量对称三相电路的平均功率

由式(10－55)、式(10－56)可得对称三相电路的功率为

$$P=2P_1-P_2 \tag{10-57}$$

如果三相电路为负序，则由式(10－48)、式(10－53)同样可推出对称三相电路的功率满足式(10－57)。这说明图 10－15 所示测量方法与相序无关。

另外，得到三相电路的平均功率和无功功率之后，不难算出三相电路的功率因数或功率因数角，不再赘述。

10.4.4 结语

上面讨论了对称三相电路无功功率测量的两种方法，指出这两种方法都与三相电路的相序及电路的接法有关；讨论了在未知三相电路相序的情况下用功率表测量相序的方法；给出了测量对称三相电路功率的方法，该方法有别于一般电路文献中所介绍的方法。

10.5 非正弦周期稳态电路最大功率传输

正弦稳态电路最大功率传输定理是电路理论的重要内容，它指出了电路在正弦激励下负载获取最大功率的条件。在电路实际应用中，常常也存在非正弦周期激励的情况。比如，在传感器应用电路中，传感器将包含各种正弦成分的非电量(如振动)转换为电量(如电压)，此时可将传感器看作包含非正弦周期激励的电源。在这种情况下，电路的负载在什么条件下获得最大功率就是一个需要加以解决的问题。由于现行电路理论文献较少涉及这一问题，下面对该问题加以讨论。

由于很难推导出非正弦周期激励下负载获取最大功率条件的解析表达式，为讨论的方便，下面通过具体例子来加以说明。不失一般性，这里仅以包含两个正弦激励的非正弦周期稳态电路为例加以讨论。

10.5.1 负载为电阻的情况

图 10－16 所示为一个负载为电阻的非正弦周期稳态电路，假设其激励为

$$u(t)=[10\sqrt{2}\cos t+5\sqrt{2}\cos 2t]\ \text{V} \tag{10-58}$$

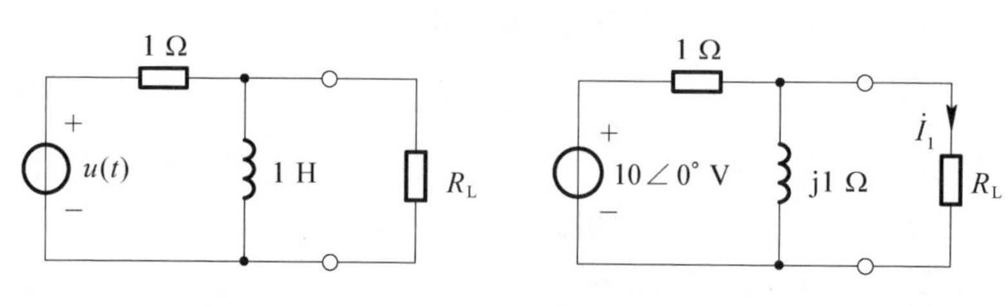

图 10-16　负载为电阻的非正弦周期稳态电路

图 10-17　当 $u_1(t)=10\sqrt{2}\cos t$ V 单独作用时图 10-16 电路的相量模型

为求负载电阻 R_L吸收的功率,利用叠加定理,当 $u_1(t)=10\sqrt{2}\cos t$ V 单独作用时,可得到相量模型如图 10-17 所示。由图 10-17 可求得流经 R_L的电流相量为

$$\dot{I}_1=\frac{10}{1+R_L-jR_L} \tag{10-59}$$

此时 R_L吸收的功率为

$$P_1=I_1^2R_L=\frac{100}{(1+R_L)^2+R_L^2}R_L \tag{10-60}$$

类似地,当 $u_2(t)=5\sqrt{2}\cos(2t)$ V 单独作用时,可得到 R_L吸收的功率为

$$P_2=\frac{100}{(2+2R_L)^2+R_L^2}R_L \tag{10-61}$$

因此,当 $u(t)$作用时,电路在稳态下 R_L吸收的功率为

$$P=P_1+P_2=\frac{100}{(1+R_L)^2+R_L^2}R_L+\frac{100}{(2+2R_L)^2+R_L^2}R_L \tag{10-62}$$

令 $dP/dR_L=0$,借助 Matlab 软件求解得到 $R_L=0.742\ \Omega$,此时,R_L吸收的功率达到最大。将 $R_L=0.742\ \Omega$ 代入式(10-62),可得 $P_{max}=26.54$ W。

10.5.2　负载为动态网络的情况

下面讨论负载为动态网络的情况。由于电源中包含电感元件,因此负载要获得更大的功率,则负载应为容性负载[11]。图 10-18 所示电路中负载为 RC 并联网络,其中 $u(t)$的表达式同式(10-58)。

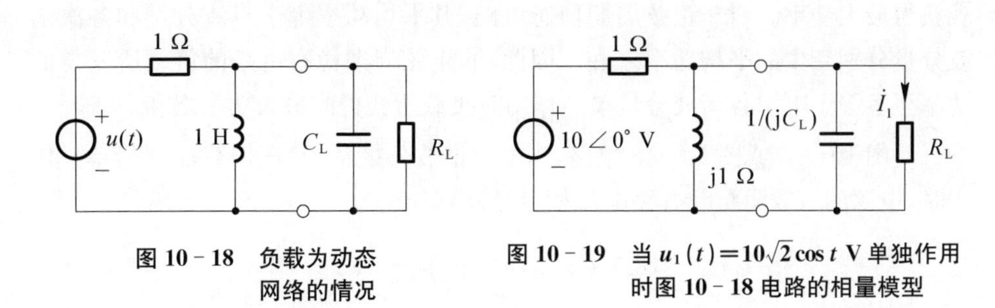

图 10-18　负载为动态网络的情况

图 10-19　当 $u_1(t)=10\sqrt{2}\cos t$ V 单独作用时图 10-18 电路的相量模型

同样，利用叠加定理，当 $u_1(t)=10\sqrt{2}\cos t$ V 单独作用时，可得到相量模型如图 10-19 所示。由图 10-19 可求得流经 R_L的电流相量为

$$\dot{I}_1=\frac{10}{1+R_L+\mathrm{j}(R_LC_L-R_L)} \tag{10-63}$$

此时 R_L吸收的功率为

$$P_1=I_1^2R_L=\frac{100}{(1+R_L)^2+(R_LC_L-R_L)^2}R_L \tag{10-64}$$

类似地，当 $u_2(t)=5\sqrt{2}\cos 2t$ V 单独作用时，可得到 R_L吸收的功率为

$$P_2=\frac{400}{(2+2R_L)^2+(4R_LC_L-R_L)^2}R_L \tag{10-65}$$

因此，当 $u(t)$作用时，电路在稳态下 R_L吸收的功率为

$$P=P_1+P_2=\frac{100}{(1+R_L)^2+(R_LC_L-R_L)^2}R_L+\frac{100}{(2+2R_L)^2+(4R_LC_L-R_L)^2}R_L \tag{10-66}$$

上式是关于二元变量 R_L、C_L的函数。令 $\mathrm{d}P/\mathrm{d}R_L=0$ 和 $\mathrm{d}P/\mathrm{d}C_L=0$，借助 Matlab 软件求解得到的方程组，可得到 $R_L=0.910\ 6\ \Omega$，$C_L=0.671\ 9$ H，此时，RC 网络吸收的功率达到最大。经计算得到 $P_{\max}=29.718$ W。可见，图 10-18 电路负载获得的功率要大于图 10-17 电路负载为电阻的情形。

10.5.3　负载获得最大功率的情况

由最大功率传输定理可知，当负载阻抗与电源等效阻抗互为共轭复数时，负载获得最大功率。对非正弦周期稳态电路,其平均功率等于直流分量和各次谐波分量分别产生的平均功率之和。因此,非正弦周期稳态电路的负载所获得的功率至多等于电源各谐波分量单独作用时负载所获得的最大功率之和。

对图 10-16 或图 10-18 电路,当电源谐波分量 $u_1(t)=10\sqrt{2}\cos t$ V 单独作用时,电源的等效阻抗及开路电压相量经计算分别为

$$Z_S(j1)=(0.5+j0.5)\ \Omega,\ \dot{U}_{OC1}=5\sqrt{2}\angle 45^\circ\ \text{V} \tag{10-67}$$

此时,当负载阻抗 $Z_L(j1)=Z_S^*(j1)=(0.5-j0.5)\ \Omega$ 时,获得最大功率

$$P_{1\max}=U_{OC1}^2/(4R_L)=25\ \text{W} \tag{10-68}$$

类似地,当电源谐波分量 $u_2(t)=5\sqrt{2}\cos 2t$ V 单独作用时,电源的等效阻抗及开路电压相量经计算分别为

$$Z_S(j2)=(0.8+j0.4)\Omega,\ \dot{U}_{OC2}=2\sqrt{5}\angle 26.6^\circ\ \text{V} \tag{10-69}$$

此时,当负载阻抗 $Z_L(j2)=Z_S^*(j2)=(0.8-j0.4)\ \Omega$ 时,获得最大功率

$$P_{2\max}=U_{OC2}^2/(4R_L)=6.25\ \text{W} \tag{10-70}$$

由上述分析可知,如果负载阻抗同时满足 $Z_L(j1)=(0.5-j0.5)\ \Omega$ 和 $Z_L(j2)=(0.8-j0.4)\ \Omega$,则负载将得到最大功率

$$P=P_{1\max}+P_{2\max}=31.25\ \text{W} \tag{10-71}$$

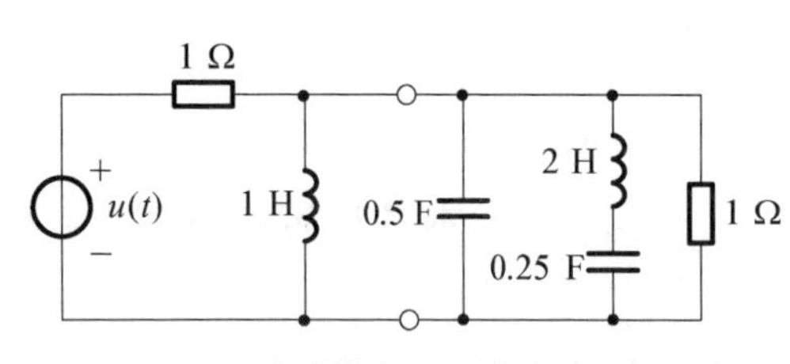

图 10-20 负载获得最大功率的电路之一

可以验证,图 10-20 所示电路[12]满足上述条件,因此负载将获得最大功率 31.25 W。

图 10-20 所示电路的负载必须经过仔细设计才能得到,这里不加讨论。下面讨论利用谐振电路来设计获得最大功率的负载。图 10-21 所示电路即为一种设计结果。当 $\omega=1$ rad/s 时,支路 ac 发生并联谐振,负载阻抗为

$$Z_L(j1)=0.5-j\frac{7}{6}+\frac{j0.5\times 1/(j0.5)}{j0.5+1/(j0.5)}=(0.5-j0.5)\ \Omega \tag{10-72}$$

而当 $\omega=2$ rad/s 时,支路 ad 发生并联谐振,负载阻抗为

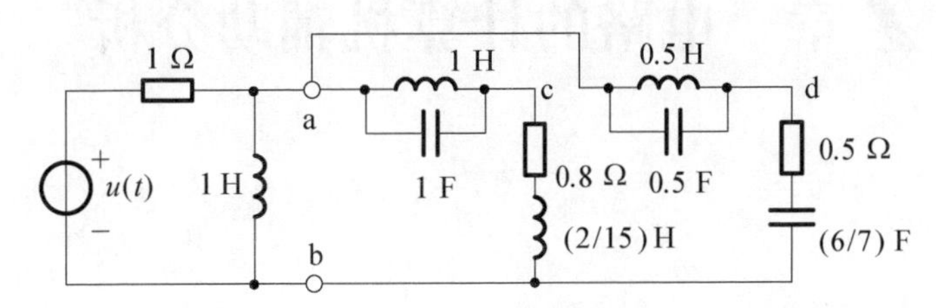

图 10-21　负载获得最大功率的电路之二

$$Z_{\mathrm{L}}(\mathrm{j}2)=0.8+\mathrm{j}\,\frac{4}{15}+\frac{\mathrm{j}2\times 1/(\mathrm{j}2)}{\mathrm{j}2+1/(\mathrm{j}2)}=(0.8-\mathrm{j}0.4)\ \Omega \qquad (10-73)$$

可见，负载阻抗在 $\omega=1$ rad/s 和 $\omega=2$ rad/s 时均满足最大功率传输条件，因此，图 10-21 所示电路同样能够获得最大功率 31.25 W。

10.5.4　结语

非正弦稳态周期电路的功率计算有其特殊性，即各谐波分量产生的功率并不影响其他谐波分量产生的功率，这简化了非正弦稳态周期电路最大功率传输问题的分析。本节通过例子讨论了非正弦稳态周期电路最大功率传输问题，限于篇幅，电源仅包含两个谐波分量。对于含有多个谐波分量电源激励的情况，可作类似分析。

参考文献

[1] 雷鸣达.电火花加工用脉冲电源[M].北京：机械工业出版社，1988.
[2] 陈希有，李冠林，刘凤春.*RC* 电路充电效率分析[J].电气电子教学学报，2012，34(02)：32-35.
[3] 陈洪亮，田社平，吴雪，等.电路分析基础[M].北京：清华大学出版社，2009.
[4] 陈希有.电路理论基础[M].北京：高等教育出版社，2004.
[5] 李瀚荪.简明电路分析基础[M].北京：高等教育出版社，2002.
[6] 吴锡龙.电路分析[M].北京：高等教育出版社，2004.
[7] 陈洪亮，张峰，田社平.电路基础[M].2 版.北京：高等教育出版社，2015.
[8] 于歆杰，朱桂萍，陆文娟.电路原理[M].北京：清华大学出版社，2007.
[9] 姚仲兴，姚维.电路分析原理(上册)[M].北京：机械工业出版社，2005.
[10] 孙玉坤，陈晓平.电路原理[M].北京：机械工业出版社，2006.
[11] 曹倩玉，刘子溪，范诗辰，等.多频率电源下的最大功率传输问题研究[J].实验技术与管理，2014，31(05)：58-60.
[12] 嵇英华.电路理论基础教程[M].北京：科学出版社，2008.

第11章 电路的计算机辅助分析

电路除了采用理论分析外，还可利用计算机进行辅助分析。随着计算机技术的发展，电路的计算机辅助分析也是电路分析的常用方法。本章着重讨论数学计算软件 Matlab 在电路分析中的应用，可以看到，利用 Matlab 的强大功能，可以极大简化电路分析的计算量，提高了分析效率。当然，也可采用专用的电路仿真软件对电路进行辅助分析，本章对 Multisim 软件在电路分析中的应用给出了实例。

11.1 Matlab 函数编程在电路分析中的应用

Matlab 作为一种大型的数学计算软件，已经成为辅助电路分析的最通用的软件之一。Matlab 的指令格式与教科书中的数学表达式非常相近，用 Matlab 编写程序犹如在便笺上列写公式和求解，因而称为“便笺式”的编程语言。另外，Matlab 还具有功能丰富和完备的数学函数库及工具箱，大量繁杂的数学运算和分析可通过调用 Matlab 函数直接求解，大大提高了编程效率，因而用 Matlab 编写程序，往往可以达到事半功倍的效果。基于上述原因，在电路教学中引入 Matlab 辅助分析和计算受到越来越广泛的重视[1-4]。

在电路的分析中除了涉及许多基本概念、基本原理和基本分析方法外，还涉及大量的各种计算，而这些计算有时是十分繁冗的。除了使用 Matlab 本身自带的函数进行编程解决电路计算问题外，还尝试将电路分析中频繁遇到的计算问题编写成函数，以提高电路分析的效率。

11.1.1 Matlab 函数编程规则

在 Matlab 中，程序主要是以 M 文件的形式保存的。M 文件是由 Matlab 语句（命令行）构成的 ASCII 码文本文件，它的语句应符合 Matlab 的语法规则，且

文件名必须以 .m 为扩展名，如 example.m。用户可以用任何文本编辑器来对 M 文件进行编辑。M 文件的作用是：当用户在命令窗口中键入已编辑并保存的 M 文件的文件名并按下回车键后，系统将搜索该文件，若该文件存在，系统将按 M 文件中的语句所规定的计算任务以解释方式逐一执行语句，从而实现用户要求的特定功能。M 文件又分为命令 M 文件（简称命令文件）和函数 M 文件（简称函数文件）两大类。

函数文件与命令文件的主要区别在于：函数文件一般都要带参数，都要有返回结果（也有一些函数文件不带参数和返回结果），而且函数文件要定义函数名；而命令文件没有参数和返回结果，也不在程序的开头定义函数名，通过生成和访问全局变量可以与外界和其他函数交换数据。命令文件的变量在文件执行结束后仍然会保存在内存中不丢失；而函数文件的变量均为局部变量，在函数运行期间有效，当函数运行完毕，它所定义的所有变量都会被清除。

函数文件的格式为：

```
function [output_argument] = fun_name(input_argument)
% function's help document for look for command
%  function's help about using
% other information
statement
……
statement
```

其中，output_argument 和 input_argument 分别为输出参量与输入参量；fun_name 为函数名（文件必须以 fun_name.m 为名保存），与变量的命名规则相同。

11.1.2　Matlab 函数编程在电路分析中的应用

Matlab 包含大量的函数和工具箱，它们中的一部分可直接应用于电路的分析与计算。根据电路的特点，编写完成相应电路分析任务的函数则可极大提高电路分析和计算的效率。下面举例加以说明。

11.1.2.1　相量表示法的互换

在稳态电路的相量分析中，常常涉及相量的直角坐标形式和极坐标形式的互换，采用函数的形式可以简化这种互换计算。

通过 Matlab 编程实现的相量表示形式互换的函数如下：

```
function pj = zz2pj(z)
```

```
%将复数 z 转化成极坐标形式
%pj: 复数的模 = |z|,幅角 = z 的幅角,单位为度
pj = [abs(z),angle(z) * 180/pi];

function z = pj2zz(A,angle)
%极坐标形式的复数 pj 转化为直角坐标形式的复数 zz
%A 为模,phase 为幅角,单位为度;z = x + j * y
phase_pj = angle * pi/180;
z = A * cos(phase_pj) + j * A * sin(phase_pj);
```

将上述函数文件分别保存为 zz2pj.m 和 pj2zz.m,其中函数 zz2pj()用于将直角坐标形式的相量转化为极坐标形式,pj2zz 用于将极坐标形式的相量转化为直角坐标形式。上述函数仅包含 1~2 行 Matlab 语句,非常简单,使用也十分方便。

例 11-1 已知 $u_1=10\sqrt{2}\cos(\omega t+30°)$ V, $u_2=20\sqrt{2}\sin(\omega t+60°)$ V,试计算 $u_3=u_1+u_2$ 的有效值相量。

解 求解程序如下:

```
U1 = pj2zz(10,30);        %计算 u1的直角坐标形式相量
U2 = pj2zz(20, - 30);     %计算 u2的直角坐标形式相量
U3 = U1 + U2;              %计算 u3的直角坐标形式相量
U3 = zz2pj(U3)            %将 u3的直角坐标形式相量转化为极坐标形式
```

程序运行结果为

```
U3 =
26.4575    - 10.8934
```

因此,u_3的有效值相量为 $\dot{U}_3=26.457\,5\angle-10.893\,4°$ V。

11.1.2.2 阻抗串、并联的计算

阻抗(包括电阻)的串、并联计算是电路分析中最常用到的计算之一。通过 Matlab 编程,可实现任意个阻抗的数值或符号计算。

计算若干阻抗串联的等效阻抗的函数 serz()如下:

```
function z = serz(varargin)
%计算阻抗的串联,串联阻抗的个数为任意
%输入参数: varargin——串联阻抗值列表,可为数值型,也可为符号型
%输出参数: z——串联等效阻抗
z = varargin{1};
```

```
for i = 2: nargin
    z = z + varargin{i};
end
```

在上述程序中，varargin、varargout 和 nargin 均为 Matlab 提供的保留变量，分别表示可变的输入变量列表、可变的输出变量列表以及输入变量的个数。

类似地，可编写计算若干阻抗并联的等效阻抗的函数 pllz()如下：

```
function z = pllz(varargin)
%计算阻抗的并联，并联阻抗的个数为任意
%输入参数：varargin——并联阻抗值列表，可为数值型，也可为符号型
%输出参数：z——并联等效阻抗
z = 1/varargin{1};
for i = 2: nargin
    z = z + 1/varargin{i};
end
  z = 1/z;
```

利用上述函数可简单方便地计算阻抗串、并联及混联电路的等效阻抗。

例 11-2[5]　图 11-1(a)所示为一无限电阻电路。其中所有电阻的阻值都为 R。试求电路的等效电阻 R_i。

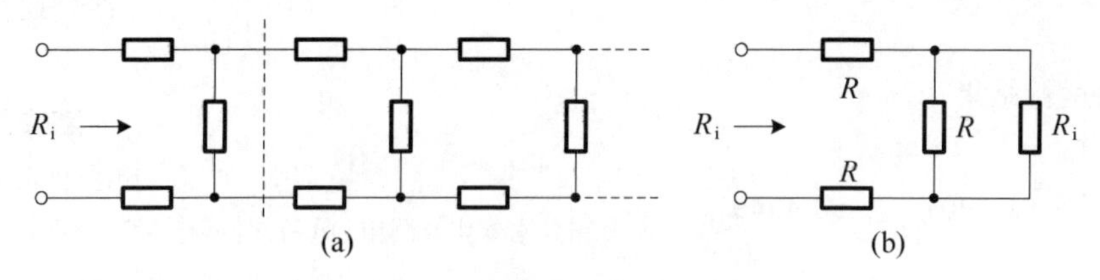

图 11-1　无限电阻电路及其等效

(a) 无限电阻电路；(b) 等效电路

解　图 11-1(a)电路可等效为图 11-1(b)电路，由图 11-1(b)电路可写成如下关系式：

$$R_i = R + R \mathbin{/\!/} R_i + R$$

由此可编写计算程序如下：

```
syms R Ri                           %定义符号变量
eq = Ri - serz(R,pllz(R,Ri),R);    %定义方程，该语句与 eq = Ri - (R +
                                      pllz(R,Ri) + R)等效
```

```
Ri = solve(eq,'Ri')                    % 利用函数 solve()求解等效电阻
```

程序运行结果为

```
Ri =
   (1 + 3^(1/2)) * R
   (1 - 3^(1/2)) * R
```

由于等效电阻应为正值,因此 $R_i = (1+\sqrt{3})R$。

例 11-3 如图 11-2 所示电路,试求电路中的各电流相量。

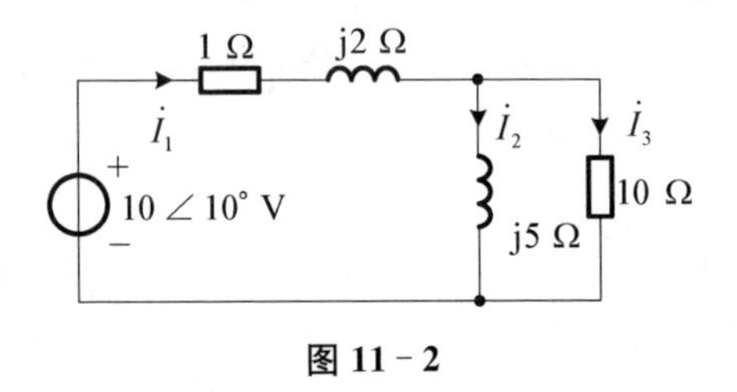

图 11-2

解 求解程序如下:

```
U = pj2zz(10,10);              % 将电源相量表示为直角坐标形式,便于计算
Z = serz(1,2i,pllz(5i,10));    % 求从电源向右看去的等效阻抗
I1 = U/Z; I2 = 10/(5i + 10) * I1; I3 = I1 - I2;         % 计算电流相量
I1 = zz2pj(I1), I2 = zz2pj(I2), I3 = zz2pj(I3) % 将电流相量转化为极
                                                 坐标形式
```

程序运行结果为

```
I1 =
    1.4907   -53.4349
I2 =
    1.3333   -80.0000
I3 =
    0.6667   10.0000
```

因此各电流相量分别为

$$\dot{I}_1 = 1.491\angle -53.43^\circ\ \text{A},\ \dot{I}_2 = 1.333\angle -80^\circ\ \text{A},\ \dot{I}_3 = 0.667\angle 10^\circ\ \text{A}$$

11.1.3 讨论与结语

上面仅列举了相量表示形式互换和阻抗串、并联的 Matlab 函数编程。在电

路分析中，大量的计算可由 Matlab 函数编程来完成，如 T 形电路和Π形电路的等效变换、二端口电路各参数间的转换、具有端接的二端口电路分析、傅里叶级数分析等。通过 Matlab 函数编程，可极大地提高电路分析的效率。为了达到 Matlab 辅助分析电路的最好效果，除了根据需要编写一些函数，还应充分利用 Matlab 本身自带的函数，只有两者结合，才能得到相得益彰的分析效果。

11.2　Matlab 符号计算在二端口网络分析中的应用

Matlab 是国际上公认最优秀的科技应用软件，具有高性能的数值计算和可视化功能。此外，Matlab 还具有其他高级语言所没有的符号计算功能。利用 Matlab 的符号工具箱，可以方便地完成公式、关系式的表达及其推导运算，还可以求解微积分、常微分方程(组) 等。二端口网络分析是电路分析的重要内容之一，其中涉及大量的公式推导与计算。下面以电路中的二端口网络为例，利用 Matlab 的符号计算功能，推导二端口网络各参数间的关系，分析具有端接的二端口网络，以此说明符号计算在电路分析中的应用。

11.2.1　Matlab 的符号计算功能

Matlab 拥有符号工具箱，具有强大的符号计算功能，可以完成几乎所有的符号运算任务。这些任务主要包括：符号表达式的运算，符号表达式的复合、化简，符号矩阵的运算，符号微积分、符号函数画图，符号代数方程求解，符号微分方程求解等。进行符号运算应首先定义符号对象，符号对象指常数、参数、变量、表达式等。符号对象的定义可通过 syms 或 sym 命令来实现。具体语法为

```
syms  var_list  var_type
sym('var', 'expression')
```

其中 var_list 为符号变量列表，中间用空格分隔。如果需要，还可以进一步定义符号变量的类型，如 real(实数)、positive(正实数)、unreal(复数)等。单个符号变量的定义可用 sym 命令实现。

Matlab 中的符号数学工具箱是建立在 Maple 基础上的，当进行 Matlab 符号运算时，它就请求 Maple 软件去计算并将结果返回给 Matlab。符号计算具有以下特点：① 运算以推理的方式进行，因此不受计算误差积累问题的困扰；② 符号计算，或给出完全正确的封闭解，或给出任意精度的数值解(当封闭解不

存在时)；③ 符号计算的指令调用比较简单，与分析计算的公式相近，容易掌握；④ 与数值计算相比，计算所需时间较长。

Matlab 中用于符号计算的函数非常丰富，可通过帮助文件了解其用法。下面举例加以说明。

例 11-4　已知 $f(s)=(s+3)^2(s^2+3s+2)/(s+2)$，试化简该表达式。

解　编写的程序为：

```
syms s; f = (s+3)^2 * (s^2+3 * s+2)/(s+1)
pretty(f)              % 将 f 显示为正常可读性的形式
f1 = simple(f)          % 将 f 简化为计算机认为最简的形式
f2 = expand(f1)        % 将 f1 展开为多项式
```

执行结果为：

```
f =
(s+3)^2 * (s^2+3 * s+2)/(s+2)
                          2    2
                    (s + 3)  (s   + 3 s + 2)
                    - - - - - - - - - - - - - - - - - - - -
                              s + 2
f1 =
(s+1) * (s+3)^2
f2 =
s^3+7 * s^2+15 * s+9
```

例 11-5　已知 $ax^2+bx+c=0$，试分别以 a、x 为变量求解该方程。

解　编写的程序为：

```
syms a b c x;
a = solve('a * x^2+b * x+c = 0','a')          % 以 a 为变量求解方程
x = solve('a * x^2+b * x+c = 0','x')          % 以 x 为变量求解方程
```

执行结果为：

```
a =
-(b * x+c)/x^2
x =
   1/2/a * (-b+(b^2-4 * a * c)^(1/2))
   1/2/a * (-b-(b^2-4 * a * c)^(1/2))
```

11.2.2　符号计算在二端口网络各参数关系推导中的应用

对图 11-3 所示的二端口网络的电压-电流关系，可用 6 种参数矩阵加以表达，这 6 种参数矩阵可以相互推出。下面以 **R** 矩阵为例加以说明。

二端口网络的端口上共有四个变量，即 u_1、u_2、i_1 和 i_2。它的电压-电流关系就是由存在于这四个变量之间的约束关系来描述的。用 r 参数描述这种关系的表达式为

图 11-3　二端口网络

$$\begin{cases} u_1 = r_{11} i_1 + r_{12} i_2 \\ u_2 = r_{21} i_1 + r_{22} i_2 \end{cases} \tag{11-1}$$

式(11-1)中的独立变量为 i_1、i_2，非独立变量为 u_1、u_2。如果要由式(11-1)推导出其他参数矩阵，则应分别以(u_1, u_2)、(i_1, u_2)、(u_1, i_2)、(u_2, $-i_2$)、(u_1, $-i_1$)为独立变量求解式(11-1)，可分别得到 $\boldsymbol{G}$、$\boldsymbol{H}$、$\hat{\boldsymbol{H}}$、$\boldsymbol{A}$、$\hat{\boldsymbol{A}}$ 矩阵，具体结果为[6]：

$$\boldsymbol{G} = \begin{bmatrix} \dfrac{r_{22}}{\Delta_r} & -\dfrac{r_{12}}{\Delta_r} \\ -\dfrac{r_{21}}{\Delta_r} & \dfrac{r_{11}}{\Delta_r} \end{bmatrix} \quad \boldsymbol{H} = \begin{bmatrix} \dfrac{\Delta_r}{r_{22}} & \dfrac{r_{12}}{r_{22}} \\ -\dfrac{r_{21}}{r_{22}} & \dfrac{1}{r_{22}} \end{bmatrix} \quad \hat{\boldsymbol{H}} = \begin{bmatrix} \dfrac{1}{r_{11}} & -\dfrac{r_{12}}{r_{11}} \\ \dfrac{r_{21}}{r_{11}} & \dfrac{\Delta_r}{r_{11}} \end{bmatrix}$$

$$\boldsymbol{A} = \begin{bmatrix} \dfrac{r_{11}}{r_{21}} & \dfrac{\Delta_r}{r_{21}} \\ \dfrac{1}{r_{21}} & \dfrac{r_{22}}{r_{21}} \end{bmatrix} \quad \hat{\boldsymbol{A}} = \begin{bmatrix} \dfrac{r_{22}}{r_{12}} & \dfrac{\Delta_r}{r_{12}} \\ \dfrac{1}{r_{12}} & \dfrac{r_{11}}{r_{12}} \end{bmatrix}$$

在推导 **G** 矩阵时，编程时首先声明符号对象，然后利用函数 solve()以 u_1、u_2 为独立变量求解式(11-1)，具体程序为

```
syms i1 i2 u1 u2 r11 r12 r21 r22;
[i1 i2] = solve('u1 = r11 * i1 + r12 * i2','u2 = r21 * i1 + r22 * i2','i1','i2')
```

执行上述程序得到如下的结果：

```
i1 =
(u1 * r22 - r12 * u2)/(r11 * r22 - r21 * r12)
```

```
i2 =
-1/(r11*r22-r21*r12)*(-r11*u2+r21*u1)
```

由 $\boldsymbol{G}$ 矩阵的定义，如果在上述结果中令 $u_1=1$、$u_2=0$，则可得到参数 g_{11} 的大小，这可方便地由函数 subs()来计算。g_{12}、g_{21}、g_{22} 可由类似的方法得到。相应的程序为：

```
G=[subs(i1,{u1,u2},{1,0}) subs(i1,{u1,u2},{0,1});... %...为续行符号
subs(i2,{u1,u2},{1,0}) subs(i2,{u1,u2},{0,1})]
```

计算结果为：

```
G =
[    r22/(r11*r22-r21*r12),    -r12/(r11*r22-r21*r12)]
[ -1/(r11*r22-r21*r12)*r21,  1/(r11*r22-r21*r12)*r11]
```

可对上述结果进一步化简，具体程序为：

```
G=subs(G,'r11*r22-r21*r12','delta_r');
G=simplify(G)
```

得到的最终结果为：

```
G =
[    r22/delta_r,    -r12/delta_r]
[ -1/delta_r*r21,  1/delta_r*r11]
```

如果将该结果写成常见的形式，可表示如下

$$\boldsymbol{G}=\begin{bmatrix}\dfrac{r_{22}}{\Delta_r} & -\dfrac{r_{12}}{\Delta_r}\\ -\dfrac{r_{21}}{\Delta_r} & \dfrac{r_{11}}{\Delta_r}\end{bmatrix} \tag{11-2}$$

该结果与手工推导完全一致。本节附录给出了由 $\boldsymbol{R}$ 矩阵推导 $\boldsymbol{H}$、$\hat{\boldsymbol{H}}$、$\boldsymbol{A}$、$\hat{\boldsymbol{A}}$ 矩阵的程序及计算结果。仿照上述编程，不难编写二端口网络各参数相互转换的程序。

11.2.3 符号计算在具有端接二端口网络分析中的应用

当二端口网络的输入端口和输出端口都接上一个二端电路时，称此二端口电路有了端接。典型的具有端接的二端口网络如图 11-4 所示。

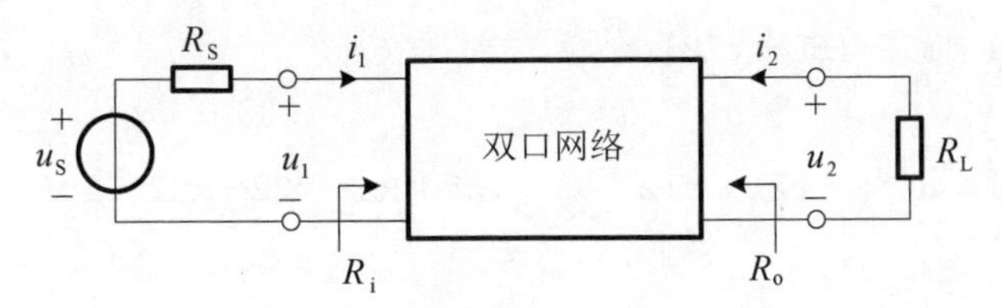

图 11 - 4　具有端接的二端口网络

如果采用 r 参数,则具有端接的二端口网络的电压-电流关系满足

$$\begin{cases} u_1 = r_{11} i_1 + r_{12} i_2 \\ u_2 = r_{21} i_1 + r_{22} i_2 \\ u_1 = u_S - R_S i_1 \\ u_2 = -R_L i_2 \end{cases} \tag{11 - 3}$$

由上述四个联立方程,可求解得到端口电压 u_1、u_2 和电流 i_1、i_2。进一步可求出下列参数:

(1) 驱动点(输入)电阻 $R_i = u_1 / i_1$。

(2) 开路电压 $u_{OC} = u_2 \Big|_{R_L = \infty}$。

(3) 二端口电路端口电压比 $A_u = u_2 / u_1$ 和电路转移电压比(电压增益) $H_u = u_2 / u_S$。

(4) 二端口电路端口电流比 $A_i = i_2 / i_1$ 和电路转移电流比(电流增益) $H_i = i_2 / i_S$。

采用 r 参数求取上述参数的程序如下:

```
syms i1 i2 u1 u2 Rs us RL r11 r12 r21 r22;
u_i = solve('u1 = r11 * i1 + r12 * i2','u2 = r21 * i1 + r22 * i2',...
'u1 = us - Rs * i1','u2 = - RL * i2','u1','i1','u2','i2');
Ri = u_i.u1/u_i.i1;
Ri = collect(Ri)
uoc = subs(u_i.u2,RL,inf)
Au = u_i.u2/u_i.u1
Hu = u_i.u2/us
Ai = u_i.i2/u_i.i1
Hi = u_i.i2 * Rs/us
```

程序运行结果为:

```
Ri =
```

```
r11 - r21 * r12/(RL + r22)
uoc =
Inf * r21 * us/( - r21 * r12 + Rs * Inf + Rs * r22 + r11 * Inf + r11 * r22)
Au =
RL * r21/( - r21 * r12 + r11 * RL + r11 * r22)
Hu =
RL * r21/( - r21 * r12 + Rs * RL + Rs * r22 + r11 * RL + r11 * r22)
Ai =
 - r21/(RL + r22)
Hi =
 - r21/( - r21 * r12 + Rs * RL + Rs * r22 + r11 * RL + r11 * r22) * Rs
```

注意到在 u_{OC} 的结果中包含 Inf(无穷大),Matlab 无法对该结果进一步化简,这是因为它的大小与 u_S、R_S、r 参数等的取值有关,Matlab 无法识别,但如果采用手工化简就可以得到正确结果。

上述程序中没有包含求输出电阻 R_o 的程序。输出电阻 R_o 可采用求输入电阻类似的方法求得,由于篇幅的关系,省略相关的程序。

11.2.4 结语

上面以二端口网络的分析为例,讨论了 Matlab 符号计算在电路分析中的应用。对于电路分析,一般公式及数学理论推导较多,将 Matlab 的符号计算引入其中,一方面可从繁重的手工计算中解脱出来,将更多的时间用于对基本概念和基本方法的思考;另一方面可以提高电路分析的效率。

附 由 $\boldsymbol{R}$ 矩阵推导 $\boldsymbol{H}$、$\hat{\boldsymbol{H}}$、$\boldsymbol{A}$、$\hat{\boldsymbol{A}}$ 矩阵的程序及计算结果

(1) 计算混合 I 型矩阵。

```
syms i1 i2 u1 u2 r11 r12 r21 r22;
u1i2 = solve('u1 = r11 * i1 + r12 * i2','u2 = r21 * i1 + r22 * i2','u1','i2');
H1 = [subs(u1i2.u1,{i1,u2},{1,0}) subs(u1i2.u1,{i1,u2},{0,1});...
subs(u1i2.i2,{i1,u2},{1,0}) subs(u1i2.i2,{i1,u2},{0,1})];
H1 = subs(H1,'r11 * r22 - r21 * r12','delta_r');
H1 = simplify(H1)
```

运行结果为:

```
H1 =
```

```
[ delta_r/r22,       r12/r22]
[     -r21/r22,        1/r22]
```

(2) 计算混合 II 型矩阵。

```
syms i1 i2 u1 u2 r11 r12 r21 r22;
i1u2 = solve('u1 = r11 * i1 + r12 * i2','u2 = r21 * i1 + r22 * i2','i1','u2');
H2 = [subs(i1u2.i1,{u1,i2},{1,0}) subs(i1u2.i1,{u1,i2},{0,1});...
subs(i1u2.u2,{u1,i2},{1,0}) subs(i1u2.u2,{u1,i2},{0,1})];
H2 = subs(H2,'r11 * r22 - r21 * r12','delta_r');
H2 = simplify(H2)
```

运行结果为：

```
H2 =
[          1/r11,      -1/r11 * r12]
[     1/r11 * r21, 1/r11 * delta_r]
```

(3) 计算传输 I 型矩阵。

```
syms i1 i2 u1 u2 r11 r12 r21 r22;
u1i1 = solve('u1 = r11 * i1 + r12 * i2','u2 = r21 * i1 + r22 * i2','u1','i1');
A1 = [subs(u1i1.u1,{u2,i2},{1,0}) subs(u1i1.u1,{u2,i2},{0,-1});...
subs(u1i1.i1,{u2,i2},{1,0}) subs(u1i1.i1,{u2,i2},{0,-1})];
A1 = subs(A1,'r11 * r22 - r21 * r12','delta_r');
A1 = simplify(A1)
```

运行结果为：

```
A1 =
[      r11/r21, delta_r/r21]
[        1/r21,     r22/r21]
```

(4) 计算传输 II 型矩阵。

```
syms i1 i2 u1 u2 r11 r12 r21 r22;
u2i2 = solve('u1 = r11 * i1 + r12 * i2','u2 = r21 * i1 + r22 * i2','u2','i2');
A2 = [subs(u2i2.u2,{u1,i1},{1,0}) subs(u2i2.u2,{u1,i1},{0,-1});...
subs(u2i2.i2,{u1,i1},{1,0}) subs(u2i2.i2,{u1,i1},{0,-1})];
A2 = subs(A2,'r11 * r22 - r21 * r12','delta_r');
A2 = simplify(A2)
```

运行结果为：

```
A2 =
```

```
[      1/r12 * r22, 1/r12 * delta_r]
[         1/r12,       1/r12 * r11]
```

11.3 Matlab 符号计算在傅里叶级数分析中的应用

在电气、电子及通讯等工程领域中，常会遇到由非正弦周期电源激励的电路，电路中的电压和电流是非正弦的[5, 6]。为了求解这类非正弦周期电源激励电路的响应，首先应对非正弦周期电源激励进行傅里叶级数分析（也称谐波分析），然后借助于相量分析法和叠加定理对电路进行分析，从而得到电路响应。

对一个周期为 T 的函数 $f(t)$，只要该函数满足狄里赫利条件，便可展开成一个收敛的傅里叶级数，即[5]

$$f(t)=A_0+\sum_{k=1}^{\infty}(a_k\cos k\omega t+b_k\sin k\omega t) \tag{11-4}$$

其中

$$A_0=\frac{1}{T}\int_0^T f(t)\mathrm{d}t \tag{11-5}$$

$$a_k=\frac{2}{T}\int_0^T f(t)\cos k\omega t\,\mathrm{d}t,\ k\ \text{为正整数} \tag{11-6}$$

$$b_k=\frac{2}{T}\int_0^T f(t)\sin k\omega t\,\mathrm{d}t,\ k\ \text{为正整数} \tag{11-7}$$

式(11-4)～式(11-7)是进行傅里叶级数分析的基本公式。尽管傅里叶级数分析的公式形式简单、含义明确，但对一些常见周期波形，应用上述公式求傅里叶级数时，常常面临较大的计算量。

随着计算机辅助分析在电路分析中的应用，可以采用 Matlab 编程来完成非正弦周期信号的傅里叶级数分析。下面试图就傅里叶级数分析的 Matlab 编程作一探讨。

11.3.1 基于 Matlab 编程的傅里叶级数分析

11.3.1.1 积分函数 int()介绍

傅里叶级数分析中主要的运算是积分运算。Matlab 提供了专门的符号积分函数 int()，其调用格式为：

R = int(S) 或 R = int(S, v) 或 R = int(S, a, b) 或 R = int(S, v, a, b)

其中，S 为符号积分函数；v 为积分变量，如不给出积分变量，则积分变量取 S 中的自变量；a、b 为积分的下、上限；R 为积分结果。前两种调用格式计算不定积分，后两种调用格式计算定积分。

例 11-6　试编程求定积分 $y=\int_{\sin t}^{1} 2x\,\mathrm{d}x$。

解　Matlab 编程如下：

```
syms x t   % 定义符号变量
y = int(2 * x,sin(t),1)   % 求积分结果
```

程序运行结果为：

```
y =
1 - sin(t)^2
```

即 $y=1-\sin^2 t$，与手工计算结果相同。

例 11-7　试编程求不定积分 $y=\int \frac{-2x^2-1}{(2x^2-3x+1)^2}\mathrm{d}x$。

解　Matlab 编程如下：

```
syms x    % 定义符号变量
y = int(( - 2 * x^2 - 1)/(2 * x^2 - 3 * x + 1)^2)
```

程序运行结果为：

```
y =
3/(x - 1) + 3/(2 * x - 1) + 8 * log(x - 1) - 8 * log(2 * x - 1)
```

即 $y=\frac{3}{x-1}+\frac{3}{2x-1}+8\ln(x-1)-8\ln(2x-1)+C$，其中 C 为积分常数。

由例 11-7 可见，即使对十分复杂的被积函数，int()也能得到正确解。

11.3.1.2　傅里叶级数分析

Matlab 没有提供直接计算傅里叶级数的函数，但可以借助函数 int()利用傅里叶级数展开公式编写相应的计算函数。为便于计算，利用周期性，将式(11-6)和式(11-7)改写为

$$a_k=\frac{2}{T}\int_a^{a+T} f(t)\cos k\omega t\,\mathrm{d}t \tag{11-8}$$

$$b_k=\frac{2}{T}\int_a^{a+T} f(t)\sin k\omega t\,\mathrm{d}t \tag{11-9}$$

式中 a 为任意常数。利用式(11－5)、式(11－8)和式(11－9)可编写计算傅里叶级数的函数 fouriers()如下：

```
function [A,B,F] = fouriers(f,t,T,a,b,k)
%用于计算周期波形的傅里叶级数
%输入参数: f——周期波形符号表达式
%          t——周期波形符号表达式中的自变量
%          T——周期
%          a——积分下限(起点)
%          b——积分上限(终点)
%          k——整数,如等于零,则输出 ak、bk 一般计算公式;否则输出
%             前 k 项系数和展开式
%输出参数: A——ak 的前 k 项值(k≠0)或一般计算公式(k = 0)
%          B——bk 的前 k 项值(k≠0)或一般计算公式(k = 0)
%          F——前 k 项展开式(k≠0)或空值(k = 0)
w = 2 * pi/T;    %计算频率
A = 1/T * int(f,t,a,b);    %计算 a0
B = [];
F = A;
if k == 0
   syms k integer;
   ak = 2/T * int(f * cos(k * w * t),t,a,b);        %计算 ak 的一般公式
   bk = 2/T * int(f * sin(k * w * t),t,a,b);        %计算 bk 的一般公式
   A = [A,ak];
   B = [B,bk];
   F = [];
else
   for i = 1: k
       ak = 2/T * int(f * cos(i * w * t),t,a,b);        %计算 ak 的大小
       bk = 2/T * int(f * sin(i * w * t),t,a,b);        %计算 bk 的大小
       A = [A,ak];
       B = [B,bk];
       F = F + ak * cos(i * w * t) + bk * sin(i * w * t);    %计算前 k 项傅
                                                              里叶级数展开式
```

```
    end
end
```

函数 fouriers()的输入、输出参数说明见该函数头部的注释,不再赘述。

11.3.2 应用举例

下面举例说明函数 fouriers()在傅里叶级数分析中的应用。

例 11-8　如图 11-5 所示为全波整流波形,试求该波形的傅里叶级数展开式。

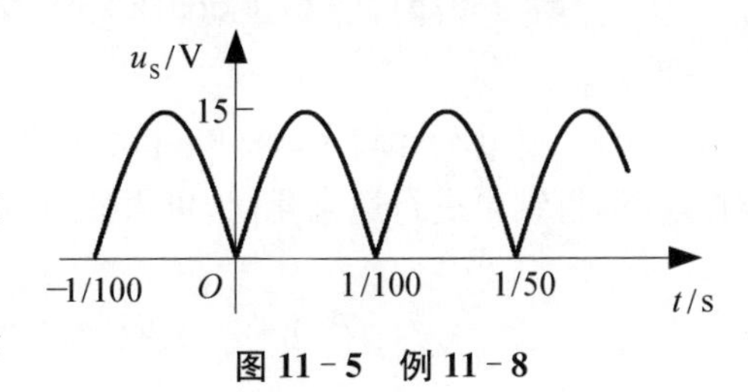

图 11-5　例 11-8

解　图 11-5 所示波形的一个周期的表达式为 $u_S=15\sin 100\pi t$ V($0\leqslant t<1/100$ s),采用函数 fouriers()求解时,可取 T=1/100,a=0,b=1/100,k=5(前 5 次谐波)。求解程序如下:

```
clear all; close all;        %清除工作空间、图形窗口
syms t;
uS = 15 * sin(100 * pi * t);
T = 1/100; a = 0; b = 1/100;
[A,B,F] = fouriers(uS,t,T,a,b,5);
F
```

程序运行结果如下:

```
F =
30/pi - 20/pi * cos(200 * pi * t) - 4/pi * cos(400 * pi * t) - 12/7/pi *
cos(600 * pi * t) - 20/21/pi * cos(800 * pi * t) - 20/33/pi * cos(1000 * pi *
t)
```

可见,波形的傅里叶级数展开式为

$$u_S=\frac{30}{\pi}-\frac{60}{\pi}\left(\frac{1}{3}\cos\omega t+\frac{1}{15}\cos 2\omega t+\frac{1}{35}\cos 3\omega t+\frac{1}{63}\cos 4\omega t+\frac{1}{99}\cos 5\omega t+\cdots\right) \tag{11-10}$$

取函数 fouriers()中的 k 参数为 k=0,则可求出傅里叶系数的一般表达式。继续编写程序如下:

```
[A,B,F] = fouriers(uS,t,T,a,b,0);
```

```
A,B
```

程序运行结果如下：

```
A =
[          30/pi, -60*cos(k*pi)^2/pi/(-1+4*k^2)]
B =
-60*sin(k*pi)*cos(k*pi)/pi/(-1+4*k^2)
```

对程序运行结果进行适当化简，可得傅里叶系数为

$$A_0=\frac{30}{\pi},\ a_k=\frac{60/\pi}{1-4k^2},\ b_k=0 \tag{11-11}$$

上述程序计算结果与手工计算结果完全一致。由于 Matlab 采用符号计算方式，因此得到的结果是精确的符号表达式结果。

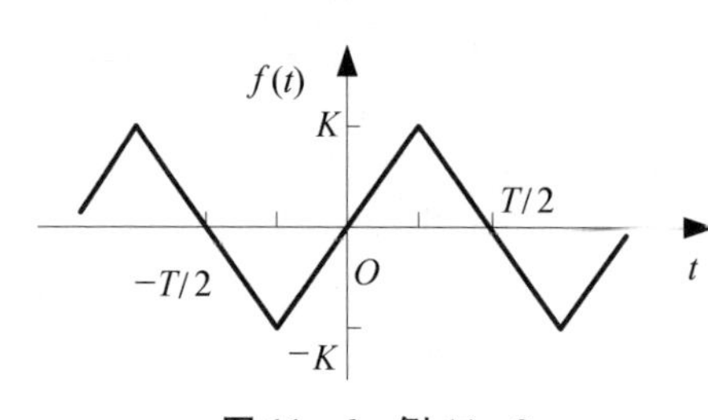

图 11-6 例 11-9

例 11-9 试求图 11-6 所示波形的傅里叶级数展开式的前 10 阶谐波表达式。

解 采用函数 fouriers( )求解。对图 11-6 所示波形，周期为 T，为便于计算，取 $a=-T/4$，$b=3T/4$，$k=10$（前 10 次谐波），$[a, b]$范围内的波形表达式可表示为

$$f(t)=\frac{4K}{T}t\left[\varepsilon\left(t+\frac{T}{4}\right)-\varepsilon\left(t-\frac{T}{4}\right)\right]+K\left(2-\frac{4}{T}t\right)\left[\varepsilon\left(t-\frac{T}{4}\right)-\varepsilon\left(t-\frac{3T}{4}\right)\right] \tag{11-12}$$

求解程序如下：

```
clear all; close all;
syms t
syms T K positive;
f=K*4/T*t*(heaviside(t+T/4)-heaviside(t-T/4))+...
K*(2-4/T*t)*(heaviside(t-T/4)-heaviside(t-3*T/4));
a=-T/4; b=3*T/4;
[A,B,F]=fouriers(f,t,T,a,b,10);
F
```

程序运行结果如下：

```
F =
8 * K/pi^2 * sin(2 * pi/T * t) - 8/9 * K/pi^2 * sin(6 * pi/T * t) + 8/25 *
K/pi^2 * sin(10 * pi/T * t) - 8/49 * K/pi^2 * sin(14 * pi/T * t) + 8/81 * K/pi^
2 * sin(18 * pi/T * t)
```

对程序运行结果进行适当整理，可得傅里叶级数展开式的前 10 阶谐波表达式为

$$f(t)=\frac{8K}{\pi^2}\left(\sin\omega t-\frac{1}{3^2}\sin 3\omega t+\frac{1}{5^2}\sin 5\omega t-\frac{1}{7^2}\sin 7\omega t+\frac{1}{9^2}\sin 9\omega t+\cdots\right) \tag{11-13}$$

式中，$\omega=2\pi/T$。由上式可归纳出傅里叶级数的一般表达式为

$$f(t)=\frac{8K}{\pi^2}\sum_{k=1}^{\infty}\left(\frac{(-1)^{k-1}}{(2k-1)^2}\sin k\omega t\right) \tag{11-14}$$

同样，取函数 fouriers()中的 k 参数为 $k=0$，则可求出傅里叶系数的一般表达式。继续编写程序如下：

```
[A,B,F] = fouriers(f,t,T,a,b,0);
A = simple(A)
B = simple(B)
```

程序运行结果如下：

```
A =
[ 0, - K * (2 * cos(3/2 * k * pi) - 2 * cos(1/2 * k * pi) + k * pi * sin
(1/2 * k * pi) + k * pi * sin(3/2 * k * pi))/k^2/pi^2]
B =
K * ( - 2 * sin(3/2 * k * pi) + 6 * sin(1/2 * k * pi) - cos(1/2 * k * pi) *
k * pi + cos(3/2 * k * pi) * k * pi)/k^2/pi^2
```

程序运行结果看似复杂，但进行适当化简，可得到

$$A_0=0,\ a_k=0 \tag{11-15}$$

$$\begin{aligned}b_k&=\frac{K}{\pi^2k^2}\left(-2\sin\frac{3k\pi}{2}+6\sin\frac{k\pi}{2}-\cos\frac{k\pi}{2}+\cos\frac{3k\pi}{2}\right)\\&=\frac{K}{\pi^2k^2}\left(-2\sin\frac{3k\pi}{2}+6\sin\frac{k\pi}{2}\right)=\begin{cases}(-1)^{(k-1)/2}\dfrac{8K}{\pi^2k^2} & ,k\text{ 为奇数}\\ 0 & ,k\text{ 为偶数}\end{cases}\end{aligned} \tag{11-16}$$

由式(11－15)、式(11－16)写出的傅里叶级数一般表达式和式(11－14)完全相同。

11.3.3　结语

上面讨论了Matlab符号计算在傅里叶级数分析中的应用，通过编写求傅里叶级数系数的函数，可以非常简便地求出非正弦周期信号的傅里叶级数展开系数。由于在傅里叶级数分析中，求积分运算的计算量较大，因此将Matlab的符号计算引入其中，一方面可从繁重的手工计算中解脱出来，将更多的时间用于对基本概念和基本方法的理解；另一方面也可以提高分析的效率。

11.4　基于频率响应法的 *RLC* 串联电路参数的测量

RLC 串联电路是电路理论中一个重要内容，为了设计满足电路响应要求的 *RLC* 串联电路，必须选择合适的元件参数，同样，对一个已经存在的 *RLC* 串联电路，测量电路中的 *RLC* 参数，也是在实际中常常碰到的问题。对 *RLC* 参数的测量可以采用 *RLC* 测量仪对每种元件进行单独的测量，但当 *RLC* 串联电路已经连接在电路中，则无法进行单独的元件参数测量，此时必须通过测量 *RLC* 串联电路的端口特性，间接地估计出各元件参数。

下面讨论基于频率响应法的 *RLC* 串联电路参数的测量方法。基于Multisim的仿真计算结果和基于实际测量的计算结果表明，这种方法具有简单、可行的特点，可以作为 *RLC* 串联电路参数的测量方法。

11.4.1　基于频率响应法的 *RLC* 参数测量原理

如图11－7所示为 *RLC* 串联电路，其中元件参数 R、L、C 未知。电路端口的频率特性为

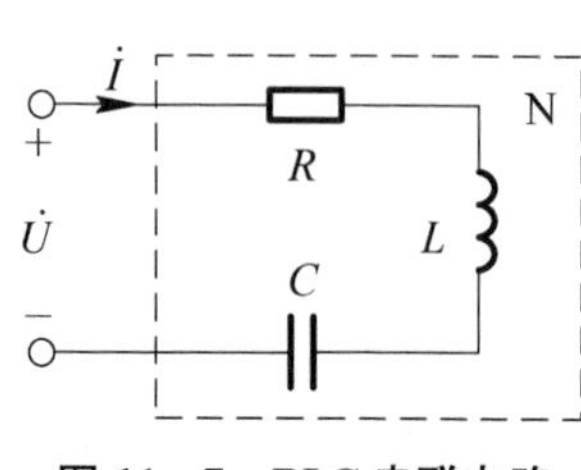

图11－7　*RLC* 串联电路

$$\frac{\dot{U}}{\dot{I}}=R+\mathrm{j}\left(\omega L-\frac{1}{\omega C}\right) \tag{11-17}$$

式中，$\dot{U}$、$\dot{I}$ 为端口电压、电流相量；ω 为激励角频率。由式(11－17)可得相应的幅值特性为

$$\left|\frac{\dot{U}}{\dot{I}}\right|=\sqrt{R^2+\left(\omega L-\frac{1}{\omega C}\right)^2} \tag{11-18}$$

由式(11-18)可知,当角频率 ω 取不同的值 ω_i ($i=1, 2, \cdots, n$) 时,有

$$\left|\frac{\dot{U}}{\dot{I}}\right|_{\omega=\omega_i}=\frac{U}{I}\bigg|_{\omega=\omega_i}=\sqrt{R^2+\left(\omega_i L-\frac{1}{\omega_i C}\right)^2} \quad (i=1, 2, \cdots, n) \tag{11-19}$$

式中,U、I 分别为端口电压、电流的有效值。令

$$z_i=\left(\left|\frac{\dot{U}}{\dot{I}}\right|_{\omega=\omega_i}\right)^2 \quad (i=1, 2, \cdots, n) \tag{11-20}$$

则有

$$z_i=R^2+\left(\omega_i L-\frac{1}{\omega_i C}\right)^2=R^2-\frac{2L}{C}+\omega_i^2L^2+\frac{1}{\omega_i^2C^2} \quad (i=1, 2, \cdots, n) \tag{11-21}$$

式(11-19)是关于 R、L、C 的非线性方程。为便于求解,令 $x_1=L^2$,$x_2=R^2-\frac{2L}{C}$,$x_3=\frac{1}{C^2}$,则有

$$z_i=x_1\omega_i^2+x_2+\frac{x_3}{\omega_i^2} \tag{11-22}$$

令

$$y_i=z_i\omega_i^2 \quad (i=1, 2, \cdots, n) \tag{11-23}$$

则式(11-20)变为一个关于 ω_i^2 的一元二次方程,即

$$y_i=x_1\omega_i^4+x_2\omega_i^2+x_3 \tag{11-24}$$

令

$$\boldsymbol{y}=\begin{bmatrix} y_1 \\ \vdots \\ y_n \end{bmatrix},\ \boldsymbol{A}=\begin{bmatrix} \omega_1^4 & \omega_1^2 & 1 \\ \vdots & \vdots & \vdots \\ \omega_n^4 & \omega_n^2 & 1 \end{bmatrix},\ \boldsymbol{x}=\begin{bmatrix} x_1 \\ x_2 \\ x_3 \end{bmatrix} \tag{11-25}$$

则式(11－23)可写成矩阵形式

$$y = \boldsymbol{A}\boldsymbol{x} \tag{11-26}$$

采用最小二乘法求解式(11－23)中的 $\boldsymbol{x}$，得到

$$\boldsymbol{x} = (\boldsymbol{A}^{\mathrm{T}}\boldsymbol{A})^{-1}\boldsymbol{A}^{\mathrm{T}}\boldsymbol{y} \tag{11-27}$$

估计标准偏差定义为

$$\sigma = \sqrt{\frac{\sum_{i=1}^{n}(\hat{y}_i - y_i)^2}{n-3}} \tag{11-28}$$

式中，$\hat{y}_i (i=1, 2, \cdots, n)$ 为实际测得值。

当解得 $\boldsymbol{x} = [x_1, x_2, x_3]^{\mathrm{T}}$ 后，即可得到元件参数 R、L、C 的值为

$$L = \sqrt{x_1},\ C = \sqrt{1/x_3},\ R = \sqrt{x_2 + 2L/C} \tag{11-29}$$

由上面的推导可得采用频率响应法测量参数的步骤如下：

(1) 在图 11－7 所示电路的端口加接正弦电压源，同时接入测量端口电流有效值的电流表。

(2) 改变电压源的激励频率 f_i，记录电压、电流有效值。

(3) 由式(11－18)和式(11－21)计算得到 y_i，同时由 $\omega_i = 2\pi f_i$，利用式(11－25)计算向量 $\boldsymbol{y}$、矩阵 $\boldsymbol{A}$。由式(11－25)计算 $\boldsymbol{x} = [x_0, x_1, x_2]^{\mathrm{T}}$，由式(11－27)计算元件参数 R、L、C 的值。

11.4.2 Multisim 仿真实验

为验证方法的正确性，采用电路仿真软件 Multisim 进行仿真测量，仿真电路如图 11－8 所示，其中 $R=1\ \mathrm{k\Omega}$，$L=1\ \mathrm{H}$，$C=1\ \mu\mathrm{F}$。通过函数信号发生器 XFG1 产生不同频率的正弦波激励，通过数字万用表 XMM1 和 XMM2 分别测量端口电流和电压的有效值，同时用示波器 XSC1 观察端口电压波形，其中激励电压的振幅始终取 20 V，即 $U=14.142$ V。测量数据如表 11－1 所示，通过计算得到 $\boldsymbol{x} = [1.021, -1.091\times10^6, 1.083\times10^{12}]^{\mathrm{T}}$，估计标准偏差为 $\sigma = 0.044$。由式(11－27)得到的 RLC 参数估计结果为：$R=1\,000.13\ \Omega$，$L=0.997\,3$ H，$C=0.96\ \mu\mathrm{F}$。

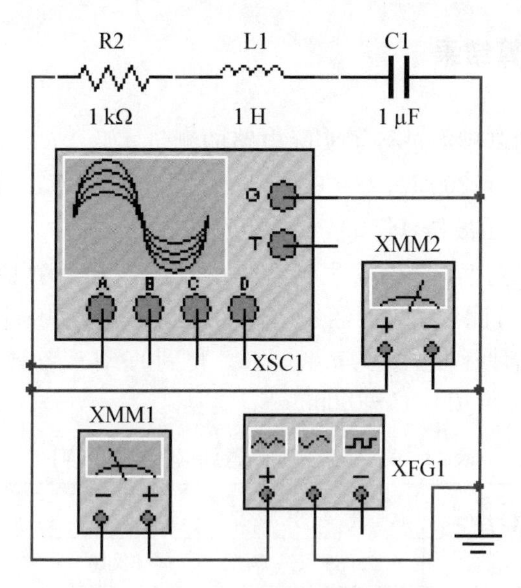

图 11-8　Multisim 仿真实验电路

表 11-1　仿真测量数据(U=14.142 V)

序号	f_i/Hz	ω_i/(rad/s)	I /mA	y_i/(Ω^2 rad^2/s^2)
1	75	471.24	6.771	8.270 56E+11
2	100	628.32	10.186	7.609 85E+11
3	125	785.40	12.711	7.635 61E+11
4	150	942.48	14.045	9.005 8E+11
5	175	1 099.56	13.895	1.252 4E+12
6	200	1 256.64	12.845	1.914 15E+12
7	225	1 413.72	11.552	2.995 26E+12
8	250	1 570.8	10.332	4.622 69E+12
9	275	1 727.88	9.286	6.924 55E+12
10	295	1 853.54	8.565	9.366 40E+12

由计算结果可知：仿真实验能够较为精确地估计出 RLC 参数值。由于仿真实验的条件较为理想，因此估计的标准差也非常小。

11.4.3　实验计算结果

在仿真实验的基础上进行了实际电路的测量实验。*RLC* 串联电路标称参数取 $R=200\ \Omega$，$L=220\ \mu H$，$C=0.1\ \mu F$。测量仪器：DF1641A 函数信号发生器，TDS200 数字式示波器，UT804 台式万用表。

为了简化测量过程，信号发生器产生的正弦电压有效值固定为 19.8 V。表 11 - 2给出了部分测量结果。经过计算，得到 $\boldsymbol{x}=[4.844\times10^{-8}, 3.486\times10^{4}, 1.153\times10^{14}]^{T}$，估计标准偏差为 $\sigma=3.488$。得到的 *RLC* 参数估计结果为：$R=199.00\ \Omega$，$L=220.09\ \mu H$，$C=0.093\ \mu F$。

表 11 - 2　部分实验测量数据(U=19.8 V)

序号	f_i/kHz	ω_i/(rad/s)	I/mA	y_i/(Ω^2 rad^2/s^2)
1	11.4	7.159 2E+04	82.46	2.955 1E+14
2	16.5	1.036 2E+05	92.17	4.954 94E+14
3	20.7	1.300 0E+05	96.01	7.187 16E+14
4	24.2	1.519 8E+05	97.79	9.468 73E+14
5	30.9	1.940 5E+05	99.29	1.497 46E+15
6	36.0	2.260 8E+05	99.54	2.022 36E+15
7	40.7	2.556 0E+05	99.24	2.600 55E+15
8	46.6	2.926 5E+05	98.54	3.457 77E+15
9	58.5	3.673 8E+05	96.30	5.705 7E+15
10	75.2	4.722 6E+05	92.11	1.030 56E+16
11	100.4	6.305 1E+05	84.86	2.164 27E+16

11.4.4　结语

上面讨论了基于频率响应法给出了 *RLC* 串联电路参数的测量方法，从仿真实验和实际电路实验的结果可以看出，该方法是可行的。在实际电路实验中，*RLC* 的标称值本身就有一定的误差，而且在实际测量中不可能完全考虑到电路其他部分对 *RLC* 的影响，如导线电阻、各种电表的内阻以及探头和接线处的接触电阻等，因此实验数据不如仿真实验精确。

RLC 串联电路实际上构成了一个 *LC* 选频网络(或称谐振电路),由电路幅频响应通带和阻带的制约[4],在相同的激励电压下,电流-频率曲线中只有谐振点附近一部分频率区间(过渡带)上电流才有明显变化,在实际实验中,应尽可能让测量点选在端口电流变化较大的区间,也就是过渡带上。

采用上述方法还可以测量等效 *RLC* 串联电路的等效参数,即将一个一端口网络等效为 *RLC* 串联电路,然后测量出 *RLC* 的值。

参考文献

[1] 吕慧显,李京,徐淑华.Matlab 在非正弦/正弦电路分析中的应用[J].电气电子教学学报,2009,31(05): 92-94.

[2] 刘蕴.基于 Matlab 电路辅助分析[J].电气电子教学学报,2005,27(04): 81-83.

[3] 童梅.电路的计算机辅助分析: PSpice 和 Matlab[M].北京: 机械工业出版社,2005.

[4] 赵录怀,杨育霞,张震.电路与系统分析: 使用 Matlab[M].北京: 高等教育出版社,2004.

[5] 陈洪亮,张峰,田社平.电路基础[M].2 版.北京: 高等教育出版社,2015.

[6] 李瀚荪.简明电路分析基础[M].北京: 高等教育出版社,2002.

[7] 任斌,余成,陈卫,等.基于频率法和 MCV 的智能 *RLC* 测量仪研制[J].北京: 微计算机信息,2007,28: 129.

索 引

F

G

H

K

J

L

M

N